全国污染源普查
China Pollution Source Census

第一次全国污染源普查资料文集（之八）

污染源普查培训教材

第一次全国污染源普查资料编纂委员会　编

中国环境科学出版社·北京

图书在版编目（CIP）数据

污染源普查培训教材/第一次全国污染源普查资料编纂委员会编. —北京：中国环境科学出版社，2011.9
（第一次全国污染源普查资料文集）
ISBN 978-7-5111-0603-2

Ⅰ. ①污… Ⅱ. ①第… Ⅲ. ①污染源调查—中国—技术培训—教材 Ⅳ. ①X508.2

中国版本图书馆 CIP 数据核字（2011）第 106904 号

责任编辑 张 杰
责任校对 扣志红
封面设计 张 杰 金 喆

出版发行 中国环境科学出版社
（100062 北京东城区广渠门内大街 16 号）
网 址：http://www.cesp.com.cn
联系电话：010-67112765（总编室）
发行热线：010-67125803，010-67113405（传真）
印 刷 北京中科印刷有限公司
经 销 各地新华书店
版 次 2011 年 9 月第 1 版
印 次 2011 年 9 月第 1 次印刷
开 本 889×1194 1/16
印 张 13.5
字 数 390 千字
定 价 60.00 元

序　　言

应用第一次全国污染源普查成果
积极探索中国环境保护新道路

污染源普查是关系环保事业长远发展的重要基础性工作。“求木之长者，必固其根本；欲流之远者，必浚其泉源”。第一次全国污染源普查从 2006 年 10 月开始，历时三年多，圆满完成各项预定任务，获得大量翔实数据，为全面判断我国环境形势、提高环保监管水平打下坚实基础。要开发应用好普查成果，进一步加强环境保护和污染治理工作，探索走出一条代价小、效益好、排放低、可持续的环境保护新道路，促进经济社会全面协调可持续发展。

一、第一次污染源普查取得丰硕成果

全国污染源普查是新时期一项重大的国情调查。在党中央、国务院的领导下，各级普查机构从环保、农业系统及有关单位抽调精兵强将和业务骨干，组成有 57 万多名普查员和普查指导员的普查队伍，对 157.6 万家工业源、289.9 万家农业源、144.6 万家生活源和 4 790 家集中式污染治理设施，进行规模空前的入户登记、调查、核实，获得各类污染源第一手环境污染数据 11 亿个，总信息量 310 万兆字节，建立全国污染源普查数据库，形成以数据为主、文字为辅、形象图表三位一体的普查技术报告，综合反映各类污染源的污染现状和污染防治情况。

经国务院批准，2010 年 2 月，环境保护部、国家统计局、农业部联合发布第一次全国污染源普查公报，得到社会各界的关注和认可。污染源普查取得的成果，主要体现在以下五个方面。

（一）全面掌握了我国污染源排放的基本情况。查清了全国工业、农业、生活以及集

中式污染处理设施四大类污染源的数量、行业和地区分布，主要污染物种类及其排放量、排放去向、污染治理等情况，较为全面准确地反映了现阶段我国环境污染状况、污染对环境影响范围和程度、污染变化趋势，以及污染的治理能力和现状。

（二）初步建立了统一的全国污染源信息数据库。全国 590 多万家有污染源的单位和个体经营户与环境保护有关的基本数据，已录入污染源普查信息数据库，建立起全国污染源基本单位台账和国家、省、市、县四级数据库。可根据需求，按行业、地区、指标等不同类型分组，进行数据检索和查询。这是目前全国污染源最全面、最准确、最权威的信息数据。

（三）逐步完善了环境统计方式方法。普查的组织方式、技术方法以及新编制的产排污系数，有助于更加客观真实地反映各类污染源主要污染物排放的实际情况。普查获得的污染源信息，弥补了以往常规抽样调查的不足。这些为改革原有环境统计调查体系、建立新的环境统计制度、提高环境统计数据质量提供了难得契机。

（四）培养锻炼了人才队伍。普查工作者通过系统的实用培训、经历普查现场的实际操作，在把握环境政策、掌握监管手段、熟悉监测技术规范、了解主要产污生产工艺以及获取污染源信息方法等方面，得到全面学习和提高。普查工作培养了一批有高度责任心、熟悉政策、精通业务的综合型人才。

（五）进一步提高了全民环境意识。通过各类媒体、多种方式的普查宣传，广泛动员社会各界关心、参与普查和环境保护，全社会的环境意识大大提高，创造了更好的社会氛围。

二、第一次污染源普查的经验十分宝贵

这次污染源普查规模之大、调查项目之多、涉及范围之广、组织之复杂、工作难度之大前所未有，且无任何经验可以借鉴。这项工作既是检验能力的挑战，更是探索创新的过程。第一次全国污染源普查积累了许多宝贵经验。

（一）党中央、国务院的正确领导，是引领普查工作顺利开展的根本指针。开展污染源普查，是党中央、国务院立足我国经济社会发展全局作出的一项重大决策。温家宝总理签署第 508 号国务院令，公布施行《全国污染源普查条例》，国务院办公厅印发《第一次全国污染源普查方案》。国务院成立了普查领导小组，李克强副总理、曾培炎副总理担任组长，领导普查的组织和实施工作。普查实施期间，国务院多次召开会议进行研究部署。

2010 年 1 月，温家宝总理主持召开国务院第 99 次常务会议，专门听取第一次全国污染源普查情况汇报，对普查工作和成果给予充分肯定。党中央、国务院的正确领导，始终为普查工作顺利有序开展指明了方向。

（二）坚持统一领导、共同参与的原则，是推动普查任务全面完成的重要保障。按照"全国统一领导、部门分工协作、地方分级负责、各方共同参与"的原则，各部门各地方主动开展工作，群策群力，通力协作。各级环保部门担当了普查工作的主力军，有效发挥日常组织和综合协调的作用；财政、发展改革等部门在财力和物力上给予保障；统计、工商部门提供大量的基础信息和经验；农业、军队、公安、住房建设等部门很好地完成了本部门、本单位的普查任务；宣传部门和新闻单位广泛深入开展社会宣传动员。地方各级党政领导高度重视，纷纷成立普查工作领导机构和协调办事机构，结合本地实际，抓紧制定本地区普查工作方案。一些分管负责同志深入一线，现场调研、指导，及时解决实际问题，保证了污染源普查的顺利实施。

（三）推行尊重科学、求真务实的工作方法，是确保普查取得实效的基本要求。这次普查在方案设计上，立足中国国情，借鉴国际经验，广泛征求各部门、地方的意见，经过专家严密论证，并在试点检验的基础上加以修改完善。在普查实施过程中，结合地方实践，建立了五级数据审核与逐级质量核查制度；各地也结合实际从组织动员、入户普查、质量把关等方面建章立制，将严格执行规章制度贯穿整个普查过程。在普查手段上，运用现代信息技术，统一开发数据处理软件，对数据录入、审核、汇总、传输和存储，全部进行电子化处理。普查工作体现的科学性，应当成为今后各项环保工作的立足之本。

（四）强化精益求精、注重质量的扎实作风，是普查成功的关键所在。数据质量是污染源普查的生命，是衡量普查成功与否的标准。各级普查机构始终把质量控制贯穿于全过程。建立健全普查数据质量控制的岗位责任制，对每个阶段和每个环节，实行严格的质量控制和检查验收，层层审核把关，确保普查数据真实可靠、经得起实践和历史检验。广大普查人员坚持质量第一的方针，严格执行普查技术规范，依照法律法规的规定和普查的具体要求，按时、如实填报普查数据，不虚报、不瞒报、不拒报、不迟报，不伪造、不篡改，保证了普查数据的质量。

（五）弘扬中国环保精神，是凝聚力量攻坚克难的强大动力。人是要有一点精神的。在妥善应对处置 2005 年松花江重大水环境污染事件中，环保系统广大干部职工形成了"忠于职守、造福人民，科学严谨、求实创新，不畏艰难、无私奉献，团结协作、众志成城"的中国环保精神，一直激励着环保人迎接各种挑战。

这次污染源普查，环保和有关部门广泛动员各方力量，组建了一支经过系统培训、熟悉业务、有战斗力的队伍，走过了不平凡历程。特别是 2008 年，广大普查工作人员克服年初雨雪冰冻灾害对普查工作的影响，经历了 5·12 汶川大地震的洗礼，勇敢面对各种挑战与考验，主动出击，迎难而上，兢兢业业，始终奋战在普查第一线，做了大量卓有成效的工作，出色地完成了普查任务。正是有这样一支队伍作为坚强后盾，正是有这样一股精神作为力量源泉，才赢得了污染源普查任务的圆满完成。

三、进一步做好污染源普查成果开发转化应用工作

污染源普查成果来之不易，凝聚着几十万参与人员的智慧和心血，是全社会共同的宝贵财富。要切实把普查成果开发好、转化好、应用好，全面掌握环境污染的新情况和新特征，准确把握环境状况的新变化和新趋势，统筹处理好经济发展与环境保护、全面推进与重点突破的关系，探寻新思路，谋划新举措，积极探索中国环境保护新道路，不断开创环保工作新局面。

第一，全面分析普查数据，综合判断我国面临的环境形势。这次污染源普查，对全国污染源的数量和区域分布情况进行了全面摸底，有利于准确把握环境形势。我们不能满足于对污染源数据的简单汇总，不能停留在对数据的感性认识，要对普查数据进行认真梳理、全面分析、深入研究，从经济社会全面协调可持续发展的战略高度，分析后金融危机时代面临的环境形势，分析各地环境承载力和目前的环境质量，分析各类产业、企业对环境状况的影响，在新的起点上进一步推进环保工作。

第二，牢牢抓住普查反映的突出问题，集中力量加以解决。污染源普查更加清晰地凸显当前我国突出的环境问题，要出台一批有针对性的污染防治措施，切实有效地加以解决，赢得人民群众的理解、信任与支持。一是集中整治重金属污染。目前全国重金属（镉、总铬、砷、汞、铅）排放量 0.09 万吨，绝大部分为工业源排放，主要集中在湖南、浙江等 10 个省区，占排放总量的 74.4%。要把防治重金属污染摆上环境保护的突出位置，确定重金属污染的行业、重点企业和地区，制定重金属污染综合防治规划，有计划、分步骤地推动解决。二是深化农业源污染防治。目前全国主要水污染物排放量已有 4 成以上来自农业污染源。从根本上解决水污染问题，必须把农业源污染防治列入环境保护的重要议程。要加大畜禽、水产养殖污染控制力度，加强对农业生产的环境监管和土壤污染防治。落实好“以奖促治”、“以奖代补”政策措施，推进农村环境综合整治。三是加强饮用水水源地环境保

全国污染源普查
China Pollution Source Census

护。结合污染源普查成果地理信息系统的应用和各地水源地保护区划定以及核查工作，对各地特别是城市的集中式饮用水水源地，进行污染源及污染物排放情况的排查，确保人民群众的饮水安全。四是研究潜在环境风险防范预案。根据部分污染物的区域和行业分布特点，研究提出潜在环境风险的应对方案，更加自觉主动地化解一些突发环境事件。

第三，深入研究运用普查成果反映出的客观规律，谋划好“十二五”环保工作。今年是“十一五”环保规划的收官之年，也是谋划“十二五”环保思路的关键之年。必须以解决影响可持续发展和危害群众健康的突出环境问题为重点，再接再厉，常抓不懈，确保全面完成“十一五”环保任务，确保年初全国环保工作会议确定的十项重点任务全面完成。在实现“两个确保”的基础上，要充分吸收利用普查成果，扎实谋划好“十二五”环境保护规划，进一步完善、强化环境保护政策和措施。重点包括：科学评估节能减排潜力，适当增加实施总量控制的污染因子，制定可行的节能减排方案，合理确定区域减排目标与排污总量控制计划；分析当前污染排放和污染治理设施运行状况及污染治理水平，加快转变经济发展方式，加大环保基础设施建设力度，推进工程减排、结构减排和管理减排；正确判断主要行业产能与能耗水平，制定完善有利于推动绿色发展、清洁生产、关停淘汰落后工艺的政策和产业准入制度。

周生贤

2010 年 11 月 2 日

第一次全国污染源普查资料编纂委员会

第一次全国污染源普查资料文集编写人员名单

主　编：王玉庆

副主编：陈　斌　赵建中　陈善荣　朱建平

编　委：（按姓氏笔画排序）

马晓溪　孔益民　王利强　叶　琛　刘艳青　安海蓉

佟　羽　吴彩霞　张　珺　张治忠　张战胜　沈　鹏

周　涛　罗建军　高　嵘　曹　东　隋筱婵　景立新

潘　文

第一次全国污染源普查组织领导和工作机构

国务院第一次全国污染源普查领导小组人员名单

（国发[2006]36号文，2006年10月12日）

组　长：曾培炎　国务院副总理

副组长：张　平　国务院副秘书长

周生贤　国家环保总局局长

谢伏瞻　国家统计局局长

成　员：李东生　中宣部副部长

姜伟新　国家发展改革委副主任

朱志刚　财政部副部长

仇保兴　建设部副部长

危朝安　农业部副部长

刘玉亭　国家工商总局副局长

王玉庆　国家环保总局副局长兼领导小组办公室主任

李买富　总后勤部副部长

国务院第一次全国污染源普查领导小组组成人员

（国办函[2008]41号文，2008年4月17日）

组　长： 李克强　国务院副总理

副组长： 周生贤　环境保护部部长

张　勇　国务院副秘书长

谢伏瞻　国家统计局局长

成　员： 李东生　中央宣传部副部长

解振华　国家发展改革委副主任

刘金国　公安部副部长

张少春　财政部副部长

仇保兴　住房和城乡建设部副部长

危朝安　农业部副部长

刘玉亭　国家工商总局副局长

王玉庆　原国家环保总局副局长兼领导小组办公室主任

李买富　总后勤部副部长

国务院第一次全国污染源普查领导小组办公室
成员及联络员名单

主　任：王玉庆　原国家环境保护总局副局长

副主任：舒　庆　环境保护部规财司司长

马京奎　国家统计局社科司司长

（联络员：李锁强处长）

成　员：葛　玮　中宣部新闻局副局长

（联络员：唐献文副处长）

王善成　国家发展改革委环资司副司长

（联络员：陆冬森副处长）

李江平　公安部交管局副局长

（联络员：李晓东处长）

李敬辉　财政部经建司副司长

（联络员：姚劲松处长）

张　悦　住房和城乡建设部城建司副司长

（联络员：章林伟处长）

杨雄年　农业部科教司副司长

（联络员：方放副处长）

王树燕　国家工商总局企业注册局副局长

（联络员：吴力明调研员）

黄开荣　中国人民解放军环保局局长

（联络员：刘彪助理）

陈　斌　环境保护部第一次全国污染源普查工作办公室主任

环境保护部第一次全国污染源普查协调小组人员名单

组　长：周生贤　环境保护部部长

副组长：张力军　环境保护部副部长（2009 年 1 月至今）
　　　　周　建　环境保护部副部长（2007 年 7 月至 2008 年 12 月）
　　　　李干杰　环境保护部副部长（2007 年 2 月至 2007 年 7 月）
　　　　王玉庆　国务院第一次全国污染源普查领导小组办公室主任

成　员：胡保林　办公厅主任
　　　　舒　庆　规财司司长
　　　　赵英民　科技司司长
　　　　樊元生　污防司司长（2007 年 2 月至 2009 年 2 月）
　　　　翟　青　污防司司长（2009 年 3 月至今）
　　　　万本太　生态司司长（2007 年 2 月至 2008 年 8 月）
　　　　庄国泰　生态司司长（2008 年 9 月至今）
　　　　刘　华　核安全司司长
　　　　陆新元　环监局局长（2007 年 2 月至 2009 年 6 月）
　　　　邹首民　环监局局长（2009 年 6 月至今）
　　　　陶德田　宣教司司长
　　　　陈　斌　第一次全国污染源普查工作办公室主任
　　　　孟　伟　中国环境科学研究院院长
　　　　魏山峰　中国环境监测总站站长（2007 年 2 月至 2008 年 8 月）
　　　　罗　毅　中国环境监测总站站长（2008 年 9 月至今）
　　　　陈金元　核安全中心主任（2007 年 2 月至 2009 年 2 月）
　　　　田佳树　核安全中心主任（2009 年 2 月至今）
　　　　邹首民　环境规划院院长（2007 年 2 月至 2009 年 6 月）
　　　　洪亚雄　环境规划院院长（2009 年 6 月至今）
　　　　宋铁栋　信息中心主任

第一次全国污染源普查工作办公室人员名单

主　　任：陈　斌

副 主 任：赵建中　陈善荣　朱建平

综合协调组：佟　羽　张治忠　周　涛　姬　钢　高　嵘　吴彩霞
刘艳青　林　红

监测与技术组：景立新　毛玉如　罗建军　安海蓉　骆　红　付军华
谢依民　陈志良

现场调查组：隋筱婵　马晓溪　张　珺　叶　琛

数据处理组：曹　东　孔益民　潘　文　沈　鹏　王利强　张战胜

农 业 组：刘宏斌　李　峰　江希流　成振华　刘东生　高月香
黄宏坤　陈永杏

污染源普查
培训教材

《污染源普查培训教材》编写人员

主　编：王玉庆

副主编：陈　斌　赵建中　朱建平　陈善荣

各部分主要编写人员：

工业源普查教材：景立新　骆　虹　罗建军
　　　　　　　　佟　羽　周　涛　刘艳青

农业源普查教材：刘宏斌　江希流　陈永杏　高月香
　　　　　　　　刘东生　李绪兴　成振华　沈公铭

生活源普查教材：毛玉如　陈志良　安海蓉　张治忠　潘　文

集中式污染治理
设施普查教材：付军华　谢依民　吴彩霞　高　嵘

普查员和普查
指导员工作细则：隋筱婵　张　珺　马晓溪　叶　琛

数据处理教材：曹　东　孔益民　张战胜　沈　鹏　王利强

目　录

第 1 章 《第一次全国污染源普查方案》编制依据与主要内容

1.1 全国污染源普查工作的背景、目的和意义

为什么要讲这个问题，因为普查方案是根据环保工作大的背景和总的目标来确定的。我们了解什么事都应该从总体到局部，从宏观到微观，从大的方面再到小的方面，这样就能胸有全局，能够站得高，看得远，有利于把具体工作做好。

1.1.1 开展全国污染源普查的背景

污染源普查的背景实际上两句话就可以概括，一句话就是“底数不清”，全国环保工作如果从 1973 年开始，至今已搞了 30 多年了，但是对全国污染源底数并不清楚。“底数不清”就要弄清底数，要弄清底数怎么办呢？普查是最有效的方法。再一个背景就是因为“底数不清”，已经严重影响了当前的环保工作和将来环保事业的发展。正是由于这两条非常简单的原因，国家决定要开展这次普查工作。

（1）“底数不清”可以从两方面来看，一方面过去环境统计调查的主要是工业企业，如每年的污染物排放量、治理情况等。全国环境统计重点调查的企业不过 8 万家左右，测算的工业企业大概在三四十万家。这次开展普查，据国家统计局和相关部门提供的数据，仅是第二产业，也就是工业源这块，大约有 150 万家。可想而知，原来环境统计的范围远远不能适应当前经济发展的现状。当然，我们不能否认几十年开展的环境统计工作所发挥的作用，在环保历史上它的作用还是很大的，虽然现在纳入统计范围的企业数量不多，但是大企业、排污大户还是在环境统计范围内的。

另一个方面就是农业污染源是个空白，生活污染源基本上也是空白，没有纳入我们的环境统计范畴。而农业污染源在环境污染中占的比重越来越大，影响也越来越大。生活污染源，过去只是做了一些测算，比如说，一个县、一个区、一个市人口有多少、燃煤量有多少、供水有多少，然后乘一下人均排污系数，得出来生活污水排放量、烟尘排放量，等等。真正的第三产业给环境带来污染的确切情况，我们并不清楚。所以从整体看，可以说污染源的底数不清。

（2）“影响工作”，包括三个方面。一个就是影响对环境形势的判断。大家知道现在一分析环境形势或看环境状况报告，就那么几句话，如：环境状况基本稳定，污染物排放变化不大，有些地方有点改善，有些地方可能有些恶化等。十几年几乎都是这个调子。但实际的环境状况老百姓并不满意，有的地方大家看到污染还在发展，包括这次太湖蓝藻的爆发等。很明显，农业污染源状况不清楚，只是说农业源排放的氮、磷对湖泊有影响，但到底排了多少？影响有多少？没有一个确切的答案。生活源污染也是如此，我们只知道废水排放量、COD 都在增加，但到底增加到怎样一个程度，也不太清楚。这种状况直接影响到对形势的判断。形势判断不准确，相关的决策就不好作。

第二个就是影响到环境规划、环境政策的制定，甚至影响到国家的宏观调控政策。编制规划的基础首先要搞清楚现状，然后根据现状预测未来的发展，才能确定规划的目标，才能制定相关的政策和措施。前提基础不牢，规划制定就会产生问题。这次制定“十一五”规划，落实到最后就两项指标是

国家严格控制的，一个是 SO_2、另一个是 COD，为什么就这两项指标？实际影响到环境状况的远远不只这两项指标。比如说氨氮影响水环境质量状况很明显；大气污染指标除了 SO_2，还有氮氧化物，还有其他许多，包括 $PM_{2.5}$、PM_{10} 都是影响环境质量非常重要的因素。为什么没定在规划里面？内行的人就会提出这个问题。外行的人不清楚，这两项能完成就已经很不错了。实际上那些指标我们自己都说不明白，怎么制订计划，氨氮排放量很明显跟生活污染、农业污染关系密切，但没有这方面数据，没有这个基础，制定规划就无法把它列进去。其他这方面例子还很多，制定各项政策也是这样。

第三个就是影响环境保护任务的完成，或者是影响环保目标的实现。全国人大通过的国民经济和社会发展第十一个五年规划，明确指出 SO_2、COD 削减 10%的约束性指标必须完成。当时就为了这两个指标的 2005 年基数到底是多少，到 2010 年确定多少，是经过很多次反复的。目前也没有把握说 2005 年基数就很准。基数不清，削减 10%也很难说非常准确。这次普查结束后基数有可能要做调整，当然“十一五”任务已确实并分解下达，不能再动了，调整基数是为了将来制定“十二五”规划。作为环保部门，给中央、给全国人民提供确切的环境基础数据，是应尽的职责。所以说这种状况已经严重影响到我们的工作，迫切需要开展这次全国污染源普查工作。

1.1.2 污染源普查的目的和意义

2006 年 10 月 12 日，国务院下发了《国务院关于开展第一次全国污染源普查的通知》（国发[2006]36 号）（以下简称“通知”）。在这个“通知”里关于这次普查的目的和意义讲得非常清楚，而且讲得也很深刻。其中第一部分讲的就是普查的目的和意义，有这么几段话：“污染源数据是重要的基础环境数据，全国污染源普查是重大的国情调查，是全面掌握我国环境状况的重要手段。开展污染源普查是为了了解各类企事业单位与环境有关的基本信息，建立健全各类重点污染源档案和各级污染源信息数据库，为制定经济社会政策提供依据”。这段话讲明了普查的目的。接着，“通知”里讲了 4 个“有利于”，即“搞好全国污染源普查，准确地了解污染物排放情况，有利于正确判断环境形势，科学制定环境保护的政策和规划；有利于有效实施主要污染物排放总量控制计划，切实改善环境质量状况；有利于提高环境监管和执法水平，保障国家环境安全；有利于加强和改善宏观调控，促进经济结构的调整，推进资源节约型、环境友好型社会建设。”4 个有利于讲清了普查工作的重要意义。

1.2 《全国污染源普查方案》是指导普查工作的纲领性文件

1.2.1 《全国污染源普查方案》的重要性

首先介绍一下《全国污染源普查方案》（以下简称“普查方案”）和国务院“通知”的关系。应该说指导普查工作纲领性文件有两个：一个是国务院的“通知”，另一个是国务院办公厅印发的“普查方案”。“普查方案”是“通知”的具体化，“通知”一共 6 个部分，“普查方案”也是 6 个部分。“通知”的第一部分讲的是普查的目的和意义，而“普查方案”第一部分讲的是普查的工作目标，实际上这个工作目标就是在普查目的和意义基础上，根据普查目的明确为 5 个具体目标。“通知”第二部分是普查的对象和内容，第三部分是时间安排。“普查方案”第二部分是普查的时点、对象范围和内容。实际上把“通知”的第二和第三两个部分合在了一起，并且具体化了。“普查方案”的第三部分是普查的技术路线和步骤，这在国务院“通知”里没有，是增加的内容，是普查方案必需的组成部分。后面的 3 部分从标题到主要内容“普查方案”和“通知”几乎是一致的，只是 “普查方案”内容上更加具体、更加详尽。这两个文件精神是一致的，“普查方案”是根据国务院“通知”精神制定的，但更加深入细致，更加明确具体，更加全面完整。

污染源普查是一项复杂的系统工程，如何能够保证质量，按时完成普查任务是一个重大课题。作为环保部门来讲，要协调全国各个地区、各个部门、几十万人的普查队伍一致行动，就需要有一个科学的、完整的、严密的、可行的行动方案。“普查方案”就是要发挥这个作用。

下面介绍“普查方案”产生的背景。“普查方案”的产生是一个很长的过程，应该说从 2006 年下半年就开始着手，反复修改了至少几十个稿子，经历过五个阶段。第一个阶段是起草工作，从 2006 年 10 月到 2007 年 1 月。第二个阶段是征求意见和反复论证，大概从 2007 年 2 月份到 2007 年 3 月份。先后召开了地方环保部门的座谈会，在工作会议上发给大家，听取意见。然后召开了专家论证会，包括总局环境咨询委员会和科技顾问委员会的专家，以及各部委相关的同志听取了意见，并在局内各司办、直属机关征求了意见。这次征求意见和专家论证阶段经过了约 2 个月。第三个阶段是多方审议阶段，先后经过了总局局务会审议、国务院普查领导小组办公室的审议、总局普查协调小组的审议，先后在 2007 年 3、4 月完成。第四个阶段是领导决策阶段，就是 2007 年 4 月 11 日曾培炎同志主持召开国务院全国污染源普查领导小组会，各有关部门负责同志参加，在会上原则通过了这个方案。第五个阶段是文字的修改完善阶段，差不多花了一个月时间。从国务院领导小组会后，从 2007 年 4 月中旬到 5 月中旬一个月时间，反复修改文字。作为普发文件，国办要求很严格。此次污染源普查，国务院下发通知后，还专门由国办下发“方案”，这在国家组织的全国性普查中很少有，所以对“方案”从内容到文字都要求很高。周生贤局长在全国环保普查工作会议上说，“这个方案是各界有识之士智慧的结晶。”这个“方案”思路清晰、层次分明、概念明确、内容全面、文字简洁，值得我们认真学习。

1.2.2 “普查方案”是指导普查工作纲领性的文件

主要体现在以下四个方面：

（1）“普查方案”是制订普查各项工作细则和各项技术规定的依据。整个普查除了工作的部署、领导讲话这些工作文件之外，从技术文档体系上是这样设计的：国务院“通知”下是“普查方案”，“普查方案”下是工作细则和技术规定两大体系。最后再落实到普查表式和指标解释上。工作细则现已出台 5 个，技术规定现在已完成了 9 个。细则和规定都是依据“普查方案”来制订的，把它具体化。

（2）“普查方案”是普查工作各个环节、各项工作的行动指南。在“普查方案”中对培训就有要求，包括培训的分工、培训的内容等。我们组织培训就按“普查方案”的要求来做的。国务院发布了《全国污染源普查条例》，这个条例很多内容都是根据“普查方案”来制订的。“条例”发布为什么这么快，除了国务院领导的重视，在很大程度上因为有了“普查方案”这个基础。我们编制经费预算，都是依据“方案”的规定。此次普查试点的东部地区国家没有给经费补助，照理说给国家当试点，国家应该拿点钱，但是由于“普查方案”中明确规定，中央财政的经费只补助中西部贫困地区，没有东部，所以就没有申请到。东部试点地区的同志有大局观念，试点工作搞得不错，应充分肯定。

（3）“普查方案”是组织协调各部门参与普查工作的政策根据。普查工作涉及 10 个部门，需要各部门分工合作。环保局作为牵头单位，普查办设在环保局，各部门的职责任务是什么，负责什么，参与什么，协调什么？“普查方案”中都写得很明确。普查工作中要协调组织各部门开展工作，这是个重要的政策根据。

（4）“普查方案”是统一全国普查工作步调的进度表。“普查方案”明确了普查的步骤分三个阶段，以及每个阶段的大致时间安排和主要工作内容。目前就是按这个时间表开展工作的。

从以上四个方面看，“普查方案”是指导我们普查工作的纲领性文件。环保系统和农业系统及有关部门，特别是全体参与和负责普查工作的同志，包括普查员、普查指导员，都要认真学习“普查方案”，深刻理解“普查方案”，正确把握和运用“普查方案”，这是做好普查工作的基础和前提。

1.3 《全国污染源普查方案》的具体内容

“普查方案”共分六个部分。

1.3.1 普查的工作目标

“普查方案”第一部分讲工作目标，共有 5 项：第一项，全面掌握各类污染源的数量、行业和地区分布，主要污染物及其排放量、排放去向，污染治理设施的运行状况，污染治理水平和费用情况，为污染治理和产业结构调整提供依据。简单来说，就一句话：掌握污染源及污染物的排放和治理情况。为污染治理和产业结构调整提供依据。第二项，建立国家和地方各类重点污染源的档案和各级污染源信息数据库，促进污染源信息库共享机制的建立，为污染源的管理奠定基础。第三项，掌握污染源的总体样本，为建立科学的环境统计制度、改革环境统计调查体系、提高统计数据质量创造条件，根据普查结果，建立新的“十二五”环境统计平台。概括起来就是，掌握污染源总体样本，建立新的“十二五”环境统计平台。第四项，提高各级环境保护主管部门，尤其是基层环保部门的管理能力，健全各级环境统计、监测、监督和执法体系。第五项，通过普查工作的宣传和实施，动员社会各界力量广泛参与污染源普查，提高全民的环境保护意识。普查工作的 5 项目标，从污染源污染物的排放、治理到建立污染源的数据库，从加强污染源的监管到建立新的环境统计平台，从加强环保系统的能力建设，到提高全民的环境意识，是很全面的，从宏观到微观，从国家到环保部门，都涵盖了。

《全国污染源普查条例》（以下简称“条例”）没有用工作目标，而是用普查的任务来表述，“条例”第二条规定：污染源普查的任务是，掌握各类污染源的数量、行业和地区分布情况，了解主要污染物的产生、排放和处理情况，建立健全重点污染源档案、污染源信息数据库和环境统计平台，为制定经济社会发展和环境保护政策、规划提供依据。这些内容是从“普查方案”中来，与它的目标内容是一致的，只是更加概括精练了。

1.3.2 普查时点、对象、范围和内容

（1）关于时点“普查方案”写得很清楚，2007 年 12 月 31 日，时期资料是 2007 年度。时点的概念是就某一点来统计的，时期资料就是这个统计资料包括多长时间的。将来普查中污染源的企业数量，就是时点资料，全国一共多少个污染源，就是 12 月 31 日那个时候一共有多少污染源，可能到了 2008 年 1 月或者是 2007 年 11 月就不是这个数据。而污染物的排放量就是时期资料，是 2007 年一年的。普查从 2008 年初开始，但查的是 2007 年的数据，而要想把 2007 年的数据搞清楚，监测工作必须从 2007 年年初就开始，这就是为什么在 2 月份普查方案还没有批准、工作会也没召开，就布置了重点源的监测。但现在看来完成得并不理想，希望 2007 年剩下的时间把重点源的监测工作补一补。

国务院“条例”明确了，以后每 10 年搞一次普查，也就说这次普查要管 10 年。说明普查的工作量是非常大的，不能轻易做，也说明这次普查的重要性。

（2）关于对象范围，对象分 4 个方面，工业源、农业源、生活源、集中式污染治理设施，每一类都有明确的范围界定。先说一下集中式污染治理设施，这一类在国务院的通知中没有单列，虽然对这一类调查是有要求的，这是在“普查方案”新增加的。为什么后来单独列为一类，主要在方案反复研究过程中，听取了建设部门同志的意见，集中式污染治理设施还不完全是一个污染源，比如说污水处理厂、垃圾处理厂，包括危险废物处理厂，建设的目的就是为了处理污染物，虽然处理后依然有污染物排放，但跟其他污染源有本质区别。将其当一般污染源来对待不太合情理。为此，单独列了一个集中式污染治理设施，和工业源、农业源、生活源并列。

“普查方案”中明确普查对象为中华人民共和国境内所有排放污染物的工业源、农业源、生活源和集中式污染治理设施。“所有”这两个字并不是指每一个污染源，而是指这次普查工作覆盖的方面，就是把产生环境污染的污染源所有方面都覆盖到了，但是在每一个方面又突出了重点。所以这次普查叫“全面普查、突出重点”。每一方面都有重点，因为不可能第一次这么短的时间就把所有大小源都查了。例如机动车，讨论再三是否列到这次全国污染源普查范围里面，最早的方案是没有的，后来考虑它对城市特别是大中城市的环境影响越来越大，而且呈发展趋势，如果这次没有列入，要等 10 年以后再搞

就晚了，最后下决心把它列进去了。但大家知道流动污染源不只有机动车，还有火车、船舶污染、飞机噪声污染等，为什么只列了机动车？这就突出了重点。

“条例”考虑长远，不止适用于本次普查，在第十条规定的污染源普查范围是“工业污染源，农业污染源，生活污染源，集中式污染治理设施和其他产生、排放污染物的设施。”显然比这次普查范围更宽，但它在第十二条又明确“每次污染源普查的具体范围和内容，由国务院批准的普查方案确定。”这样就与国务院批准这次的普查方案协调一致了。

工业源是这次普查的重点，即使工业源是重点，也没有全部包括，工业源主要是第二产业，第二产业包括 43 个大的行业。第一，建筑业的 4 个行业没有包括在普查对象中。除了建筑行业的 4 个行业外，还剩 39 个，39 个行业又分为两种情况，一种叫重点源，另一种叫一般源。重点源又分三类，有重金属、放射性物质、有毒有害物质排放是第一类；第二类是 11 个行业，即通常所说的排放污染物比较多的行业，这些行业中所有企业都属于重点源；第三类是 16 个行业规模以上的企业。实际上重点源第一类污染源和第二、第三类污染源是有交叉的。总和起来初步测算全国约有 72 万家。这里大家注意，有的行业是全部的，有的行业是规模以上的。除了重点源之外其他就是一般污染源，包括 16 个行业规模以下的企业及其他 12 个行业。一般源估计有 80 万家。工业源合计测算约 150 万家，数量是非常大的。

在征求地方意见过程中，又通过试点，发现有些划为重点源的行业如细分成小类，许多小类的企业污染物排放量很少，作为一般污染源调查即可。为了实事求是，减轻普查工作量，又把重点源中某些行业中的一些小类划为一般污染源进行调查。

农业源主要是讲第一产业中的，但是第一产业中间我们确定了 3 个方面，不是第一产业的所有方面都包含其中，比如说林业就没有列进去。主要考虑植树造林对环境有益，虽然它施一些农药和化肥对环境有影响，但不是主要的。现在列的是农业、畜牧业和渔业。在农业里头也不是把农业所有的行业都列进去，我们只选择了种植业，农业里头还有农业、服务业等就没有列进去。

这次普查在各方面都体现了突出重点，而且是很明确的。比如养殖业，第一，要是人工养殖的，不包括自然放养的，也不包括自然捕捞等；第二，它是具有一定规模的。在种植业中，我们紧紧抓住和环境关系密切的农药、化肥、地膜和秸秆这四大项进行调查。

生活源面更宽了，这次确定的有三个方面。第一个大的方面就是第三产业，农业源是属于第一产业的，工业源是属于第二产业的，第三产业列到生活源里面。第三产业在行业分类里仅是中等分类就有几十种，比第二产业还要多。我们只选择了其中有污染物排放的 6 个行业或方面作为普查范围。一个是住宿业，第二个是餐饮业，这些都有污水、废气、垃圾的排放。第三个是居民服务和其他服务业。这个行业中又分很多小类，我们只选择了 5 个：洗染、理发和美容、洗浴、彩印、汽车的洗车和保养。这些都可能会有污水或其他污染物排放。第四个是医院。第五个是有独立燃烧设施的机关事业单位，这个是很特殊的。机关事业单位只要有锅炉就在普查范围内，没有就不查。虽然金融业不在普查范围，但如果这个银行有单独的锅炉就要列入普查范围。第六是民用核技术利用单位，这是指第三产中有污染物排放的行业。

再一个大的方面是城镇居民生活污染。不可能一家一户地调查，也没有这个必要。就以区、县、建制镇为单位调查用水量、排水量和能源的消耗量来测算生活污染物排放。这与以前环境统计的方法类似，只不过用新的、更细的排污系数来核算。还有一个比较特殊的方面即机动车，它不是一个单独的产业，现在把它列在生活源里头。生活源中有些是真正有普查对象的，比如三产中有污染物排放的宾馆、餐馆、理发店等。有些如居民生活污染，不是针对每个具体普查对象进行调查，而它是针对一个区域，向某个部门，甚至是政府作调查。所以普查对象是有区别的。这是生活源的一个特殊情况。

集中污染处理设施包括污水处理厂、垃圾处理厂、危险废物处置厂，比较明确。

关于农村生活污染，在国务院的文件和国办转发的方案中都没有明确。这部分在最初讨论中是有点分歧的，包括环保系统内部。没有列入方案作为普查对象主要的考虑是，农村农民的生活污染情况差别大，对环境的直接影响还看不清楚，普查的技术难度非常大，工作量也非常大。

第一，农村一家一户用水量不好统计，很多地方没有统一的上水，他自己设有井或者去山沟里挑点水。

第二，大部分没有统一的下水，也没有直接进入水环境，有些粪便自己用了，有些排到环境里了，情况千差万别。所以这部分考虑再三总体没有列进去，我们认为这是正确的。但是考虑到国家重点治理的水域，特别是湖泊和水库周边，农村生活污染影响又比较大，特别是在一些经济发达地区。根据大家共同研究的意见，在这次全国污染源普查的基础上再搞几个专项调查，即太湖、巢湖、滇池和三峡库区农村生活源调查，并把它们列在农业源中间。

（3）关于内容。方案列得比较具体，对工业源、农业源、生活源调查内容都列出来了。如何考虑具体调查内容，基本原则就是紧紧围绕对环境有影响的、与污染物排放相关的一些因素进行调查。比如说工业源，除了企业基本登记信息外，主要要了解企业排水的去向，原材料消耗情况，包括水的消耗量和使用情况，能源的消耗量和使用情况，燃料中的含硫量，有毒有害原辅材料的使用量等等，还有产生污染物的设施，污染物的治理，污染物的监测和排放等。“条例”第十一条对各类污染源普查的内容作了原则规定。

关于普查污染物的种类，“普查方案”中写得很清楚。一般普查包括哪些污染物，哪些行业普查增加哪些污染物，水增加哪些污染物、大气增加哪些污染物，说得很明确。从环境标准来看，环境质量标准、污染物综合排放标准和各个行业的污染物排放标准，合起来大概有 200 多种污染物，如果都作为普查对象，那工作量就大得不得了，调查时间也很长。这次只选择了 34 种对环境影响较大、对污染防治具有普遍意义的污染物，这样就排除了一些行业特征污染物，排除了一些局部地区比较突出的污染物。对某一地区来说可能某种污染物影响较大，省里可以决定自己单独搞，不作为全国污染物普查，这样就可以抓住一些重点。34 项中还包括农药。农药有很多品种，名称各不相同，很复杂，但是这次普查只选取对环境危害大、持久性存在的那些农药。34 种污染物包括：水 13 种、气 7 种、固体废物 10 种、放射性 2 种，农业是 4 种，其中 2 种是重复的。

“条例”第十八条规定“全国污染源普查领导小组办公室根据全国污染源普查方案拟订污染源普查表，报国家统计局审定。省、自治区、直辖市人民政府污染源普查领导小组办公室，可以根据需要增设本行政区域污染源普查附表，报全国污染源普查领导小组办公室批准后使用。”给了省级政府一定的自主权，增加调查当地一些对环境有影响的污染物。这样既考虑了全国，突出重点，又考虑到地方一些特殊需要。

1.3.3 普查的技术路线和步骤

“普查方案”在考虑技术路线时，提了三条基本原则：第一条是现场监测与物料衡算及排污系数计算相结合，第二条是技术手段与统计手段相结合，第三条是国家指导、地方调查和企业自报相结合。第一个结合是讲方法。环境普查和其他各项普查相比难度大、技术要求高，就在于污染物排放量测算有它的特殊性。其他普查很多内容都是看得见、摸得着的，或者说在企业的台账或在相关部门的资料中可以查到。然而在污染源普查中，污染物的排放量看不见、摸不着，随着废水、废气就走了。准确地填报这些数据是很困难的，技术性也很强。现在要想得到排污量无非是监测的方法、物料衡算的方法、排污系数的方法。我们需要做的是，如何把这三种方法很好地结合起来运用，力争比较准确地得到污染物的排放量。

第二个结合是在手段上，即技术手段和统计手段相结合。有些普查看台账、看企业自己的记录，登记一下或经过计算就完了，这是一般统计的方法；有些就要实际监测，使用技术手段，要很好结合起来。第三个结合就是国家指导、地方调查和企业自报相结合。方案初稿时，只有国家指导和地方调查相结合，后来听取了多方面意见。考虑到环保有排污申报这个基础，加上了企业自报。实际上这个结合也是一种工作方式，是各类普查主体在普查中发挥的作用。国家是指导，体现国家统一部署工作，方案和各种技术规定都是国家统一制定；实际调查工作是地方做，国家并不自己做调查，而是由地方市县区做调查；每个企业有责任、有义务申报排污情况。这 3 个主体都说得很清楚。这样，从方法上、从手段上、从工作方式上把确定普查技术路线的原则明确了。

对各类源具体技术路线，各专题课程里将会讲到。这里仅想强调一点，“普查方案”中明确对工业源中占各省市污染物排放量 65%的污染源、集中式污染处理设施，同时采取现场监测和物料衡算与排污系数相结合的方法。这里出现一个 65%，这是指全省工业污染源按排放量大小顺序排队，当企业排放量加合起来达到全省工业污染物排放总量的 65%时，这些企业要同时采用几种方法核算排放量。有的同志会问污染源都没有普查呢，省的排放总量是怎么来的？总量没有怎么来的 65%？国家环保总局在向国务院汇报的时候说清楚了，“65%”是指在现有的环境统计基础上测算的 65%。这个 65%是省工业污染物排放总量的 65%，同时包括国家的 65%。初步测算全国大概在 3 万多家。这 3 万多家都要求开展监测，然后用监测和排污系数法相互验证来得到它的排污量。大家要注意，这与“普查方案”里写的工业源中要重点调查的重点污染源不是一个概念。

农业源采取面上调查，然后采用分类抽样实地监测得到的排污系数来测算污染物的流失量。生活源也是采取面上普查和用排污系数法来测算排污量。这里需要说明一下，各类污染源的排污系数，国家统一布置，有关省市协助，正在抓紧做。国家拿钱请科研单位牵头，动员了很多行业协会和研究监测单位参加。“普查方案”里讲的抽样监测，主要是国家搞排污系数需要做的，实际上在现场普查时，来不及再去抽样监测了。当然不排斥一些地方有能力，在普查过程中进行一些补测，又或进行一些验证性的抽测，但是在大范围普查过程中不再搞实际监测了。

关于普查的步骤，“方案”中是这样写的：先行试点，再全面普查，分三阶段进行。就是说，试点是一大步，然后再全面普查，从这个角度来讲也可以说分为两步，试点是非常重要的一步，第二步就是全面普查。“三个阶段”就是准备试点阶段、全面普查阶段、总结发布阶段，准备试点阶段就是到 2007 年年底，实际上也包括 2008 年的 1 月。全面普查阶段就是从 2008 年的 2 月份开始，过了春节以后，也可能是过了正月十五，普查员、指导员就要下到普查对象，开展全面普查，包括数据的审核、录入等工作，大约 5 个月时间，然后进行汇总、检查、抽验、地方上报等，到 2008 年年底。2009 年上半年，即总结发布阶段，包括全国汇总、发布普查数据、总结验收等。

强调一下这三个阶段中几个重要的节点。一个就是到 2007 年 10 月初试点工作基本结束；第二个就是 2008 年 2 月份开始的全面普查；第三个节点就是 2008 年 7 月底之前各省要把普查的主要数据汇总上报给国家。

1.3.4 普查的组织和实施

第一是基本原则：全国统一领导，部门分工协作，地方分级负责，各方共同参与。总之就是大家共同协作来搞好这项工作。每级政府都有各自的职责。“普查条例”在总则的第四条对此也作了同样的规定。

第二就是组织机构。“普查方案”明确要求，国务院设立由曾培炎同志任组长（2008 年 3 月后由李克强同志任组长）、10 个部门领导同志参加的领导小组，负责普查的组织和实施。领导小组办公室设在环保总局。这是方案中明确的国家机构框架。环保总局根据需要，专门设立了全国污染源普查工作办公室，是个正司级单位，是实际工作机构。“普查方案”也要求地方各级政府设立领导小组，领导小组下设办公室，放在环保部门，可吸纳各部门代表参加，这是组织机构的框架。注意各级污染源普查领导小组及其办公室是政府的，而不是某个部门的，所以国家级机构的牌子叫“国务院第一次全国污染源普查领导小组办公室”，不是代表环保总局一家的。地方也是这样，这是工作需要。办公室设在环保局，但要注意发挥各个部门的积极性。关于领导小组和办公室的职责任务，“普查方案”中写了 6 条，规定很明确。全国污染源普查不是中央一家的事，是各级政府共同的任务，既是国家任务也是地方的任务，但是要按国家统一要求来做。普查员可以从有关单位抽调，也可以临时聘用。

第三讲的是部门分工，写得很清楚。

第四讲的是培训，“普查方案”中关于培训有两段。第一段讲的是培训的分工，国家培训什么人，省、市培训什么人。这里只讲了省、市培训什么人，没有讲县。我们强调省、市要负责培训县里需要的普查员和普查指导员，原则上县级不要单独搞培训了，因为培训的层次越多，到后面的效果越差。一个市管几个县，市就应该把培训任务承担起来，省里就应该把市里和县里的骨干培训任务承担起来，国家、省、市三级承担培训任务。“普查方案”规定经过培训才能上岗。第二段讲培训内容。

根据“普查方案”，我们制定了很多技术规定和工作细则，要想把这些东西变成环保系统也包括各个部门以及将来招聘的普查员，合起来几十万大军的统一行动，实现普查的目标，培训是个重要的转换过程。技术文件已经发了两大本，将来还有，这些东西变成普查的实际行动，最后形成普查的数据，培训是个非常重要的转换环节。要把这些让大家理解掌握，实际上是一种精神变物质、一种软的东西变成实际成果（硬的数据）这样一个重要的过程。所以说这个环节至关重要。把培训抓住，这是提高普查的质量、搞好普查的基础。

第五讲的是质量保证。质量保证讲了 4 个方面。这样大的一个工程，质量保证非常重要，凡是谈到工程，特别是系统工程都应该有一个质量保证体系，它从另一个角度来确保我们普查的顺利完成，确保普查数据的质量。在“普查方案”中从 4 个方面强调控制质量，建立一个质保系统。

第一个，国家要制定质量保证文件，确定普查工作的评价标准。国家制定了质量管理的技术规定和普查数据审核技术规定，确定了不同阶段的质量管理要求，确定了普查数据审核的程序、方法和要求。这些技术规定来指导全国普查质量保证工作。

第二个，地方普查工作中要建立普查质量保证责任制，要设立专门的质量保证岗位，并对污染源普查过程中的每一个环节施行质量控制和检查验收。各省的普查办一定要按“普查方案”去落实，要明确各个部门、每个同志的质量责任，要专门有同志负责质量保证工作。

第三个，国家在制定各项技术规定和工作细则的时候，要增加科学性和可行性。为了做到这一点，要组织专家论证，要反复征求意见，要使用最新的科研成果，要经过试点的验证，从这些方面来保证技术方案的质量和科学性。例如，国家拿了近一个亿的投资来专门做工业污染源的排污系数，组织了 20 多个行业及中央一级科研机构来搞，就是要利用最新成果来保证普查质量。同时农业源也在做，生活源也在做，都是用最新的科研成果来武装这次污染源普查工作。

第四个，要组织抽样核查。为此，技术规定中有专门的要求，普查第一步工作完了，上级普查机构要按照百分比抽样核查，看普查质量到底如何，不合格的还要重新查，这样才能确保质量。

从上述 4 个方面加强普查的质量管理，但是关键是各级普查机构、每一个普查人员的责任心强不强，定了那么多东西，如果普查机构领导人和普查人员责任心不强，这些东西很难实施，质量保证也很难落实。当然有制度约束和没有制度约束还是有区别的。

关于质量保证问题，“条例”中第二十九条、第三十条作了明确规定，特别是第三十条规定还是很严格的。

第六个讲的是宣传动员。关于动员在“普查方案”中有这几点明确要求：第一，重点普查对象要有专门的机构来负责普查。大中型污染源企业一定要有专门的机构，或者新设机构，或者指定现有机构来负责普查。第二，对其他不是调查重点的各类普查对象，应当指定相关人员负责本单位污染源普查表的填报工作，重点的要有机构，一般的要有专人负责，要明确责任。这一点要求各地的普查机构都要落实到普查对象，要他们明确负责的机构或者人员。第三，各有关单位应该积极推荐符合条件的人担任普查员，这是对各部门提要求了。这些内容在“条例”第二十条、第二十一条第一款都有明确的规定，这是法定的义务。

1.3.5 普查的经费

一共分 4 段，每段都有含义。第一段讲原则，就三点，第一是共同负担，中央、省、市、县各级共同负担；第二按时拨付；第三确保到位。第二段讲中央经费怎么用，写得很清楚，每一句话都经过财政部门和环保局反复斟酌。地方比较关心的是，国家承诺对中西部贫苦地区给予适当补助。地方经费也有一个说法，省里要对财政较困难的市县给予支持。国家给中西部地区，省里给省内贫困市县支持，这样就可以保证各级普查的工作经费了。

1.3.6 普查资料的填报和管理

这里讲两层意思，都非常重要。第一层就是污染源普查对象必须按时、如实填报普查数据，确保基础数据真实可靠。如果虚报、瞒报、漏报、拒报、迟报或者伪造篡改普查资料的应当依据有关法律、法规予以处罚。这里需要解释两点，一是这个处罚是指依据国家的“统计法”进行处罚，而不是依据环境保护法进行处罚，因为“统计法”有明确规定，国家制定有统计文号的普查报表，所有普查对象都必须如实报，不然就要接受法律处罚。二是伪造和篡改普查资料，不完全针对普查对象，还包括我们各级普查部门，包括各级政府的有关部门，如发现这些问题都要受处罚。

第二层就是此次普查得到的普查对象资料严格限定用于污染源普查目的，不得与完成“十一五”总量削减计划挂钩，不作为对普查对象实施处罚和收费的依据。这条对环保部门非常重要，为的是避免完成污染削减计划过高的压力使这次普查数据变形，避免给企业、地方造成巨大的压力。调查是为国家和省、市政府的宏观决策服务的，为今后建立新的统计平台服务，不能因小失大。环保部门要记住，不能拿普查数据说事儿，不能拿这个压企业，这是确保普查取得成功的关键一环。

上述两点在“条例”第九条、第二十四条、第二十六条、第三十五条中都有明确、严格的规定，并对违反第九条、第二十四条、第二十六条的，明确了相应的法律责任。

国务院发布的《全国污染源普查条例》属于法规性文件，体例上与“普查方案”稍有不同，但内容和精神是一致的。“条例”更侧重于普查实施过程中各责任主体的责任、权利和义务，并对普查中一些重大问题作出原则规定。对普查中一些技术性问题或属于第一次普查特有的事项，“条例”中一般不涉及，而由“方案”作出具体规定。这两者都非常重要，要认真学习，深刻领会，贯彻落实，并加以宣传。

第 2 章　工业源

2.1 工业源普查对象

2.1.1 普查对象

按照《第一次全国污染源普查方案》的规定，工业污染源（以下简称工业源）的普查对象为《国民经济行业分类》（GB/T 4754—2002）中采矿业、制造业、电力、燃气及水的生产和供应业 3 个门类 39 个行业的所有产业活动单位。

产业活动单位包括：（1）经各级工商行政管理部门核准登记，领取《营业执照》的各类工业企业生产单位；（2）未经有关部门批准但实际从事工业生产经营活动、有或可能有污染物产生的产业活动单位。

产业活动单位应具备下列条件：（1）在一个场所从事一种或主要从事一种经济活动；（2）相对独立地组织生产、经营或业务活动；（3）能够掌握收入和支出等核算资料。

2.1.2 普查对象的确定

（一）工业源按照属地原则确定普查对象。以县级行政区划为划分属地的基本区域。

（1）大型联合企业所属二级单位，一律纳入该二级单位所在地的普查。

（2）同一企业分布在不同区域的厂区，纳入各厂区所在区域普查。

（3）大型公共供暖企业按照企业各生产场所或生产设施（锅炉）所在区域，纳入区域普查。

（二）至 2007 年 12 月 31 日以前新建已验收的企业纳入本次普查；投入试生产、试运行，已造成事实排污累计 30 天及以上的新建项目，纳入本次普查；投入试生产、试运行，事实排污累计不足 30 天的新建项目，不纳入本次普查。

（三）在 2007 年度停产的产业活动单位，纳入本次普查。

（四）2007 年 12 月 31 日以前关闭的产业活动单位不纳入本次普查。

2.2 普查范围

按照全面普查、突出重点的原则，根据工业源的规模、排污特点和排污量，本次普查将工业源划分为重点污染源（详见表 2-1）和一般污染源（除表 2-1 外其他行业的产业活动单位），分别进行详细调查和简要调查。

表 2-1　重点污染源行业分类

①有重金属、危险废物、放射性物质产生的所有产业活动单位	
②以下工业行业中所有产业活动单位：	
食品制造业（C14）[①]	石油加工、炼焦及核燃料加工业（C25）
化学原料及化学制品制造业（C26）	黑色金属冶炼及压延加工业（C32）
有色金属冶炼及压延加工业（C33）	
农副食品加工业（C13）	
食用植物油加工（1331）	非食用植物油加工（1332）
制糖（1340）	畜禽屠宰（1351）
肉制品及副产品加工（1352）	水产品冷冻加工（1361）
鱼糜制品及水产品干腌制加工（1362）	水产饲料制造（1363）
鱼油提取及制品的制造（1364）	其他水产品加工（1369）
淀粉及淀粉制品的制造（1391）	豆制品制造（1392）
蛋品加工（1393）	其他未列明的农副食品加工（1399）
纺织业（C17）	毛条加工（1721）
棉、化纤印染精加工（1712）	毛染整精加工（1723）
毛纺织（1722）	缫丝加工（1741）
麻纺织（1730）	毛制品制造（1752）
丝印染精加工（1743）	其他纺织制品制造（1759）
无纺布制造（1757）	
皮革毛皮羽毛（绒）及其制品业（C19）	毛皮鞣制加工（1931）
皮革鞣制加工（1910）	
羽毛（绒）加工（1941）	
造纸及纸制品业（C22）	机制纸及纸板制造（2221）
纸浆制造（2210）	纸和纸板容器的制造（2231）
手工纸制造（2222）	
其他纸制品制造（2239）	
非金属矿物制品业（C31）	石灰和石膏制造（3112）
水泥制造（3111）	黏土砖瓦及建筑砌块制造（3131）
石棉水泥制品制造（3123）	建筑用石加工（3133）
建筑陶瓷制品制造（3132）	隔热和隔音材料制造（3135）
防水建筑材料制造（3134）	平板玻璃制造（3141）
其他建筑材料制造（3139）	玻璃纤维及制品制造（3147）
日用玻璃制品及玻璃包装容器制造（3145）	卫生陶瓷制品制造（3151）
玻璃纤维增强塑料制品制造（3148）	日用陶瓷制品制造（3153）
特种陶瓷制品制造（3152）	石棉制品制造（3161）
园林、陈设艺术及其他陶瓷制品制造（3159）	耐火陶瓷制品及其他耐火材料制造（3169）
云母制品制造（3162）	其他非金属矿物制品制造（3199）
石墨及碳素制品制造（3191）	
电力、热力的生产和供应业（D44）	
火力发电（4411）	核力发电（4413）
热力生产和供应（4430）	

③以下工业行业中规模以上的产业活动单位：②	
煤炭开采和洗选业（B06）	黑色金属矿采选业（B08）
有色金属矿采选业（B09）	非金属矿采选业（B10）
医药制造业（C27）	化学纤维制造业（C28）
石油和天然气开采业（B07）	
天然原油和天然气开采（0710）	
饮料制造业（C15）	
酒精制造（1510）	白酒制造（1521）
啤酒制造（1522）	黄酒制造（1523）
葡萄酒制造（1524）	其他酒制造（1529）
果菜汁及果菜汁饮料制造（1533）	含乳饮料和植物蛋白饮料制造（1534）
固体饮料制造（1535）	茶饮料及其他软饮料制造（1539）
木材加工及木竹藤棕草制品业（C20）	
胶合板制造（2021）	纤维板制造（2022）
刨花板制造（2023）	其他人造板、材制造（2029）
通用设备、计算机及其他电子设备制造业（C40）	
广播电视节目制作及发射设备制造（4031）	电子真空器件制造（4051）
半导体分立器件制造（4052）	集成电路制造（4053）
光电子器件及其他电子器件制造（4059）	电子元件及组件制造（4061）
	印制电路板制造（4062）
水的生产和供应业（D46）	
污水处理及其再生利用（4620）	
④以下行业中有电镀、熔炼、喷漆工艺、使用的原辅材料中含重金属和放射性物质，或有危险废物产生的规模以上的产业活动单位	
金属制品业（C34）	专用设备制造业（C36）
通用设备制造业（C35）	交通运输设备制造业（C37）

注：① 括号内数字为《国民经济行业分类》（GB/T 4754—2002）中规定的行业编码。
② 规模以上企业为全部国有工业企业和全部年产品销售收入 500 万元及以上的非国有工业企业。

2.3 普查内容

2.3.1 重点污染源

重点污染源普查内容：

（1）工业企业的基本情况，包括单位名称、代码、位置信息、联系方式、经济规模、登记注册类型、行业分类等；

（2）主要产品、主要原辅材料消耗量、能源结构和消耗量以及与污染物排放相关的燃料含硫量、灰分等；

（3）用水、排水情况，包括排水去向信息；

（4）各类产生污染的设施情况，以及各类污染处理设施建设、运行情况等；

（5）废水、废气、固体废物（包括危险废物）的产、排污及综合利用情况；

（6）污染源监测结果；

（7）电磁辐射设备和放射性同位素与射线装置情况。

稀土、铌/钽、锆石和氧化锆、锡、铅/锌矿、铜、铁、磷酸盐、煤、铝和钒等 11 类矿产资源的采选、冶炼和加工企业，矿石或主要原材料及主要废物经初测达到下列条件之一的，认定为伴生放射性污染源：

（1）矿石或主要原材料（如精矿）中 U、Th 系核素的含量大于 0.1Bq/g；

（2）矿石或主要原材料（如精矿）表面 1m 处的 γ 剂量率超出“当地本底水平＋50nGy/h”；

（3）主要废物（如尾矿、尾渣）表面 1m 处的 γ 剂量率超出“当地本底水平+50nGy/h”。

普查内容增加所开采的伴生放射性矿产品开采量或冶炼加工量、含有放射性核素的固体废物、废水、废气的产生量；γ 辐射空气吸收剂量（nGy/h）以及总α、总β、总铀、钍-232、镭-226 活度浓度。

2.3.2 一般污染源

一般污染源普查内容：

（1）工业企业的基本情况，包括单位名称、代码、位置信息、联系方式、经济规模、登记注册类型、行业类别等；

（2）主要产品、主要原辅材料消耗量、能源结构和消耗量以及与污染物排放相关的燃料含硫量、灰分等；

（3）用水、排水情况，包括排水去向信息；

（4）各类产生污染的设施情况，以及各类污染处理设施建设、运行情况等；

（5）废水、废气、固体废物产、排污及综合利用情况；

（6）污染源监测结果；

（7）电磁辐射设备和放射性同位素与射线装置情况。

2.3.3 持久性有机污染物和消耗臭氧层物质普查

（1）持久性有机污染物普查

化学原料及化学品制造业（C26），普查内容增加持久性有机污染物（氯丹、灭蚁灵、全氟辛基磺酰类化合物、多溴二苯醚、多溴联苯、氯化石蜡 42、氯化石蜡 52、氯化石蜡 70）的生产情况，以及滴滴涕的使用情况。可能涉及的行业中类或小类包括：化学农药制造（2631）、合成材料制造（265）、专用化学产品制造（266）、化学试剂和助剂制造（2661）、涂料制造（2641）等。

纺织业（C17）、造纸及纸制品业（C22）、黑色金属冶炼及压延加工业（C32）、有色金属冶炼及压延加工业（C33）、电气机械及器材制造业（C39）、电力、热力的生产和供应业（D44），有在用、报废含多氯联苯的电容器、变压器的企业，普查内容增加含多氯联苯电容器（变压器）的使用情况。

（2）消耗臭氧层物质普查

生产情况：化学原料及化学制品制造业（C26）生产四氯化碳、甲基溴、含氢氯氟烃的产业活动单位，普查内容增加消耗臭氧层物质（四氯化碳、甲基溴、含氢氯氟烃）生产的情况。可能涉及的行业中类或小类包括：基础化学原料制造业（261）、有机化学原料制造（2614）、化学农药制造业（2631）等。

使用情况：化学原料及化学制品制造业（C26）（可能涉及的行业小类有化学农药制造业（2631）、初级形态的塑料及合成树脂制造（2651）、合成橡胶制造（2652）、香料、香精制造（2674）等）、医药制造业（C27）（可能涉及的行业小类有化学药品原药制造（2710）、化学药品制剂制造（2720）等）、塑料制品业（C30）（可能涉及的行业小类有塑料板、管、型材制造（3020）、泡沫塑料制造（3040）等）、通用设备制造业（C35）（可能涉及的行业小类有制冷、空调设备制造（3573）等）电气机械及器材制造业（C39）（可能涉及的行业小类有家用空气调节器制造（3952）等）中，使用四氯化碳、甲基溴、含氢氯氟烃的产业活动单位，普查内容增加消耗臭氧层物质（四氯化碳、甲基溴、含氢氯氟烃）使用的情况。

四氯化碳、甲基溴、含氢氯氟烃等消耗臭氧层物质的生产或使用企业相对集中在上海、山东、江苏、浙江、四川、安徽、江西、辽宁、云南和河南等省（市）。

2.4 普查污染物的种类

2.4.1 废水普查污染物种类

（一）污染物种类

包括：废水排放量、化学需氧量、氨氮、石油类（或动植物油）、挥发酚、汞、镉、铅、砷、总铬（或六价铬）、氰化物、五日生化需氧量等。

（二）普查污染物种类确定原则

（1）废水排放量、化学需氧量、氨氮、石油类（或动植物油）为普查主要指标。

（2）其他指标可根据普查对象的原辅材料使用情况、产品的生产情况和生产工艺过程中物料存在情况进行填报。

根据不同行业污染物产生特点和排放特征，确定不同行业废水污染物普查种类，部分行业废水中污染物的参考指标见表 2-2。

2.4.2 废气普查污染物种类

（一）污染物种类

包括：废气排放量、烟尘、工业粉尘、二氧化硫、氮氧化物、氟化物等。

（二）普查污染物种类确定原则

（1）废气排放量、烟尘、二氧化硫、氮氧化物为普查主要指标。

（2）工业粉尘、氟化物等指标可根据普查对象的原辅材料使用情况、产品的生产情况和生产工艺过程中物料存在情况进行填报。

根据不同行业污染物产生特点和排放特征，确定不同行业废气污染物普查种类，表 2-3 列出了部分工业行业废气污染物参考指标。

表 2-2　工业源废水污染物普查指标

序号	污染源类型	普查指标	备注
1	煤炭开采和洗选业	废水排放量、化学需氧量、氨氮、石油类、砷、挥发酚	
2	石油和天然气开采业	废水排放量、化学需氧量、氨氮、石油类、砷	
3	黑色金属矿采选业	废水排放量、化学需氧量、氨氮、石油类、六价铬、氰化物、挥发酚	
4	有色金属矿采选业	废水排放量、化学需氧量、氨氮、石油类、重金属类、氰化物	可根据行业特点及生产工艺，适当选择重金属类污染物
5	非金属矿采选业	废水排放量、化学需氧量、氨氮、石油类、砷、氰化物、总磷	
6	其他采矿业	废水排放量、化学需氧量、氨氮、石油类	

序号	污染源类型	普查指标	备注
7	农副食品加工业	废水排放量、化学需氧量、氨氮、动植物油	其中饲料加工（132）、植物油加工（133）、制糖（134）、屠宰及肉类加工（135）、水产品加工（136）、其他农副食品加工（139）行业增加五日生化需氧量
8	食品制造业	废水排放量、化学需氧量、氨氮、动植物油	其中方便食品加工（143）、液体乳及乳制品制造（144）、罐头制造（145）、调味品、发酵制品制造（146）行业增加五日生化需氧量
9	饮料制造业	废水排放量、化学需氧量、氨氮、石油类	其中酒精制造（151）、酒的制造（152）、果菜汁及果菜汁饮料制造（1533）、含乳饮料和植物蛋白饮料制造（1534）行业增加五日生化需氧量
10	烟草制造业	废水排放量、化学需氧量、氨氮、石油类	
11	纺织业	废水排放量、化学需氧量、氨氮、石油类	其中棉、化纤印染精加工（1712）、毛染整精加工（1723）、丝印染精加工（1743）行业增加五日生化需氧量、六价铬
12	纺织服装、鞋、帽制造业	废水排放量、化学需氧量、氨氮、石油类	
13	皮革、毛皮、羽毛（绒）及其制品业	废水排放量、化学需氧量、氨氮、动植物油	其中皮革鞣制加工（1910）、毛皮鞣制加工（1931）行业增加五日生化需氧量、六价铬
14	木材加工及木、竹、藤、棕、草制品业	废水排放量、化学需氧量、氨氮、石油类	
15	家具制造业	废水排放量、化学需氧量、氨氮、石油类	
16	造纸及纸制品业	废水排放量、化学需氧量、氨氮、石油类、挥发酚	其中纸浆制造（221）、造纸（222）行业增加五日生化需氧量
17	印刷业和记录媒介的复制	废水排放量、化学需氧量、氨氮、石油类	
18	文教体育用品制造业	废水排放量、化学需氧量、氨氮、石油类	
19	石油加工、炼焦及核燃料加工业	废水排放量、化学需氧量、氨氮、石油类、氰化物、挥发酚、砷	
20	化学原料及化学制品制造业	废水排放量、化学需氧量、氨氮、石油类	可根据行业特点及生产工艺，适当选择工艺类特征污染物
21	医药制造业	废水排放量、化学需氧量、氨氮、石油类	
22	化学纤维制造业	废水排放量、化学需氧量、氨氮、石油类	
23	橡胶制品业	废水排放量、化学需氧量、氨氮、石油类	
24	塑料制品业	废水排放量、化学需氧量、氨氮、石油类	
25	非金属矿物制品业	废水排放量、化学需氧量、氨氮、石油类、氰化物、挥发酚	
26	黑色金属冶炼及压延加工业	废水排放量、化学需氧量、氨氮、石油类、氰化物、挥发酚、六价铬	
27	有色金属冶炼及压延加工业	废水排放量、化学需氧量、氨氮、石油类、氰化物、砷、重金属	可根据行业特点及生产工艺，适当选择重金属类污染物
28	金属制品业	废水排放量、化学需氧量、氨氮、石油类、六价铬	可根据行业特点及生产工艺，适当选择重金属类污染物
29	通用设备制造业	废水排放量、化学需氧量、氨氮、石油类、氰化物、六价铬	可根据行业特点及生产工艺，适当选择重金属类污染物
30	专用设备制造业	废水排放量、化学需氧量、氨氮、石油类、氰化物、六价铬	可根据行业特点及生产工艺，适当选择重金属类污染物

序号	污染源类型	普查指标	备注
31	交通运输设备制造业	废水排放量、化学需氧量、氨氮、石油类、氰化物、六价铬	可根据行业特点及生产工艺，适当选择重金属类污染物
32	电气机械及器材制造业	废水排放量、化学需氧量、氨氮、石油类、氰化物、六价铬	可根据行业特点及生产工艺，适当选择重金属类污染物
33	通信设备、计算机及其他电子设备制造业	废水排放量、化学需氧量、氨氮、石油类、氰化物、六价铬	可根据行业特点及生产工艺，适当选择重金属类污染物
34	仪器仪表及文化、办公用机械制造业	废水排放量、化学需氧量、氨氮、石油类、氰化物、六价铬	可根据行业特点及生产工艺，适当选择重金属类污染物
35	工艺品及其他制造业	废水排放量、化学需氧量、氨氮、石油类	
36	废弃资源和废旧材料回收加工业	废水排放量、化学需氧量、氨氮、石油类	
37	电力、热力的生产和供应业	废水排放量、化学需氧量、氨氮、石油类	
38	燃气生产和供应业	废水排放量、化学需氧量、氨氮、石油类	
39	水的生产和供应业	废水排放量、化学需氧量、氨氮、石油类	

表 2-3　工业源废气污染物普查指标

序号	污染源类型	普查指标	备注
1	所有行业中具有独立燃料燃烧装置的	废气排放量、烟尘、二氧化硫、氮氧化物，燃料煤中含硫量、灰分，燃料油含硫量	
2	煤炭开采和洗选业	废气排放量、工业粉尘	
3	黑色金属矿采选业	废气排放量、工业粉尘	可根据行业特点及生产工艺，适当选择工艺类特征污染物
4	有色金属矿采选业	废气排放量、工业粉尘	同上
5	非金属矿采选业	废气排放量、工业粉尘	同上
6	其他采矿业	废气排放量、工业粉尘	同上
7	造纸及纸制品业		
8	印刷业和记录媒介的复制		
9	石油加工、炼焦及核燃料加工业	废气排放量、烟尘、二氧化硫、氮氧化物	其中精炼石油产品的制造（251）行业增加氟化物
10	化学原料及化学制品制造业	可根据行业特点及生产工艺，适当选择工艺类特征污染物	
11	医药制造业	可根据行业特点及生产工艺，适当选择工艺类特征污染物	
12	化学纤维制造业	废气排放量、粉尘	
13	橡胶制品业	废气排放量、粉尘	
14	非金属矿物制品业	废气排放量、工业粉尘	其中陶瓷制品制造（315）、水泥制造（3111）行业及磨砂玻璃制造行业增加氟化物
15	黑色金属冶炼及压延加工业	废气排放量、粉尘、二氧化硫、氮氧化物、氟化物	
16	有色金属冶炼及压延加工业	废气排放量、粉尘、二氧化硫、氮氧化物	其中有电解铝生产工艺的行业增加氟化物
17	废弃资源和废旧材料回收加工业	废气排放量、工业粉尘	
18	电力、热力的生产和供应业	废气排放量、烟尘、二氧化硫、氮氧化物、煤质含灰、含硫率	

表 2-2、表 2-3 为按照行业类别划分初步确定的提示性普查污染物种类范围，在实际普查过程中，需按照普查对象的实际情况，结合普查对象特征污染物的排放状况确认具体普查指标。

2.4.3 固体废物普查种类

固体废物普查种类包括：冶炼废渣、粉煤灰、炉渣、煤矸石、尾矿、脱硫设施产生的石膏、污水处理设施产生的污泥、放射性废物、危险废物及其他工业固体废物。

危险废物按照国家危险废物名录分类普查。

2.4.4 伴生放射性污染源普查指标

伴生放射性矿普查指标包括：γ辐射空气吸收剂量率（nGy/h）、总α、总β、总铀、钍-232、镭-226。

2.5 普查表的分类、填报范围及填报主体

工业源普查表分为工业源普查详表（简称详表）和工业源普查简表（简称简表），普查表的内容及填报范围见表 2-4。

重点污染源填报详表，一般污染源填报简表。普查表填报的责任主体是普查对象，普查员指导普查对象填报。

表 2-4 工业源普查表内容及填报范围

表号	表名	填报范围
一、工业源普查详表		
G101	工业企业基本情况表	重点污染源所有产业活动单位
G102	主要产品、原辅材料及能源消费情况普查表	
G103	工业用水、排水情况普查表	
G104	废水处理设施普查表	
G105	废水污染物产生量、排放量普查表	
G105-1	废水污染物产排污系数测算表	
G105-2	废水污染物监测表	
G106	锅炉及废气处理设施普查表	
G107	窑炉及废气处理设施普查表	
G108	生产工艺废气处理设施普查表	
G109	废气及污染物产生量、排放量普查表	
G109-1	废气污染物产排污系数测算表	
G109-2	废气污染物监测表	
G110	工业固体废物普查表	
G111	危险废物普查表	重点污染源中有危险废物产生的产业活动
G112	电磁辐射设备和放射性同位素与射线装置普查表	重点污染源中有该类设备和装置的产业活动单位
G113	伴生放射性污染源普查表	经过初测作为伴生放射性的稀土、铌/钽、锆石和氧化锆、锡、铅/锌矿、铜、铁、磷酸盐、煤、铝和钒等 11 类矿产资源的采选、冶炼和加工业所有产业活动单位
G114	持久性有机污染物普查表	化学原料和化学品制造业（C26）所有产业活动单位

表号	表名	填报范围
G115	含多氯联苯电容器（变压器）普查表	纺织业（C17）、造纸及纸制品业（C22）、黑色金属冶炼及压延加工业（C32）、有色金属冶炼及压延加工业（C33）、电气机械及器材制造业（C39）、电力、热力的生产和供应业（D44）中划为重点污染源的所有产业活动单位
G116	消耗臭氧层物质普查表	化学原料及化学制品制造业（C26）、医药制造业（C27）、塑料制造业（C30）、通用设备制造业（C35）、电气机械及器材制造业（C39）中划为重点污染源的所有产业活动单位
二、工业源普查简表		
G201	工业企业基本情况表	一般污染源所有产业活动单位
G202	主要产品、原辅材料及能源消费情况普查表	
G203	工业用水及废水处理、排放情况普查表	
G203-1	废水监测表	
G204	废气污染物产生及处理、排放情况普查表	
G204-1	废气监测表	
G205	工业固体废物普查表	
G206	电磁辐射设备和放射性同位素与射线装置普查表	一般污染源中有该类设备和装置的产业活动单位
G207	含多氯联苯电容器（变压器）普查表	纺织业（C17）、造纸及纸制品业（C22）、专用设备制造业（C36）、电气机械及器材制造业（C39）、电力、热力的生产和供应业（D44）中大型企业
G208	消耗臭氧层物质普查表	医药制造业（C27）、塑料制造业（C30）、通用设备制造业（C35）、电气机械及器材制造业（C39）中划为一般污染源的所有产业活动单位

2.6 污染物排放量的核算方法

工业源采用实际监测法、产排污系数法及物料衡算法核算污染物的产生量和排放量。

2.6.1 实际监测法

（1）主要内容

实际监测法是依据实际监测普查对象产生和外排废水、废气（流）量及其污染物浓度，计算出废气、废水排放量及各种污染物的产生量和排放量。

监测数据包括普查监测数据、历史监测数据和在线监测数据。其中历史监测数据包括环保部门对该企业进行监督性监测数据（简称监督监测数据）、建设项目环保竣工验收监测数据（简称验收监测数据）、企业委托监测数据和企业自测数据。

（2）监测数据

① 监测数据的认定

各种实际监测法获得的数据必须符合下述规定，才能作为有效数据，用于核算污染物的产生、排放量。

a. 普查监测的数据认定

按照第一次全国污染源普查工作办公室印发的《工业污染源及集中式污染治理设施监测技术规定》和《放射性污染源普查监测技术规定》的规范及要求进行监测得到的数据。

b. 历史监测数据的认定

监督监测数据的认定：近 3 年内，由县（区）及以上环保部门按照监测技术规范要求进行监督监测得到的数据，并且经实地核查，企业 3 年内生产工艺和治污设施没有发生明显变化且运行状况良好。废水污染物年监测频次达到 4 次以上，废气污染物年监测频次达到 2 次以上，并且任意 2 次监测数据不能在同一个月，任意 3 次监测数据不能在同一个季度。监测项目和监测分析方法符合规范要求。

验收监测数据的认定：近 3 年内，县（区）及以上环保部门对新建项目、限期治理项目进行验收监测得到的数据，并且经实地核查，新建或限期治理项目 3 年内生产工艺和治污设施没有发生明显变化且运行状况良好。

委托监测数据的认定：近 3 年内，县（区）及以上环保部门受企业委托出具的监测数据，并且经实地核查，企业 3 年内生产工艺和治污设施没有发生明显变化且运行状况良好。废水污染物年监测频次达到 4 次以上，废气污染物年监测频次达到 2 次以上，并且任意 2 次监测数据不能在同一个月，任意 3 次监测数据不能在同一个季度。监测项目和监测分析方法符合规范要求。企业自送样品的委托监测数据不能作为普查数据使用。

企业自测数据的认定：具有当地县（区）及以上环保部门认可的环境监测资质，在报告期内出具的本企业的监测数据。废水污染物年监测频次达到 4 次以上，废气污染物年监测频次达到 2 次以上，并且任意 2 次监测数据不能在同一月，任意 3 次监测数据不能在同一个季度。监测项目和监测分析方法符合规范要求。企业自测数据必须通过当地县（区）及以上环保监测部门质量审核及认定。

c. 在线监测数据的认定

建设、安装符合有关技术规范、规定的要求，并必须通过县（区）及以上环保部门对比验收监测；并按技术规范、规定的要求进行质量保证/控制，定期校准、校核；日常管理和数据有效性通过环保部门的检查和比对监测实验的认可。

② 监测数据优先采用顺序

a. 普查监测＞历史监测＞在线监测

b. 历史监测数据优先采用顺序：

监督监测＞验收监测＞委托监测＞企业自测

近 3 年内的监测数据：首先采用最近一年的数据，如最近一年没有符合要求的监测数据，可逐年后推，最多推至第 3 年。

③ 产、排污量的计算原则

a. 废水污染物产排污量

有累计流量计的可按废水流量加权平均浓度和年累计废水流量计算得出；没有累计流量计的，通过监测的瞬时排放量（均值）和年生产时间进行核算。

b. 废气污染物产排污量

通过监测的瞬时排放量（均值）和年生产时间进行核算。

2.6.2 产排污系数法

产排污系数法是指根据《产排污系数手册》提供的工业行业产排污系数，核算普查对象污染物的产生量和排放量。具体要求如下：

（1）统一采用第一次全国污染源普查工作办公室印发的《产排污系数手册》，不得采用其他各类产排污系数或经验系数。

（2）根据产品、生产过程中产排污的主导生产工艺、技术水平、规模等，选用相对应的产排污系数，结合本企业原、辅材料消耗、生产管理水平、污染处理设施运行情况，确定产排污系数的具体取值，依据本企业2007年度的实际产量，核算产、排污量。

（3）《产排污系数手册》中没有涉及的行业，可根据企业生产采用的主导工艺、原辅材料，类比采用相近行业的产排污系数进行核算。

2.6.3 物料衡算法

物料衡算法是指根据物质质量守恒原理，对生产过程中使用的物料变化情况进行定量分析的一种方法。即：

投入物料量总和=产出物料量总和=主副产品和回收及综合利用的物质量总和+排出系统外的废物质量（包括可控制与不可控制生产性废物及工艺过程的泄漏等物料流失）

采用物料衡算法核算污染物产生和排放量时，应建立在对企业进行充分了解的基础上，从物料平衡分析着手，对企业的原材料、辅料、能源、水的消耗量、生产工艺过程进行综合分析，使测算出的污染物产生量和排放量能够比较真实地反映企业在生产过程中的实际情况。

2.7 核算污染物排放量的三种方法的使用原则

（1）重点污染源以实际监测法和产排污系数法为主核算污染物的产生量和排放量。有符合“监测数据的认定”要求的监测数据的重点污染源优先采用实际监测法核算污染物产生量和排放量；没有符合要求的监测数据的重点污染源采用产排污系数法核算污染物产生量和排放量。物料衡算法只在无法采用实际监测法和产排污系数法核算时采用。

（2）一般污染源主要采用产排污系数法核算污染物的产生量和排放量，有符合“监测数据的认定”要求的监测数据的，可采用实际监测法。物料衡算法只在无法采用产排污系数法和实际监测法核算时采用。

（3）采用实际监测法得到污染物产、排污量时，可用产排污系数法进行核算。

（4）若产排污系数法、实际监测法核算的污染物产、排污量出现差异：

1）如果两种方法核算的污染物产、排污量相对误差小于20%，以实际监测法为准最终核定污染物产、排污量。

2）两种方法核算的污染物产、排量相对误差大于20%时，应对实际监测时企业的生产工况及生产工艺等进行核实，如实际监测时企业的生产工况不符合相关监测技术规定要求，则以产排污系数法核定污染物产生量和排放量。如产排污系数法适用（工艺水平、规模、原辅材及产品产量）不符合要求或不合理的，应核准企业的生产工艺，并按照重新核定的工艺水平、规模及产品产量，用产排污系数法核定产、排污量。

如监测时生产工况符合相关监测技术规定要求，同时产排污系数的应用正确，则取实际监测法和产排污系数法核算结果中污染物排放量大的数据作为认定数据上报。

（5）核定的污染物产、排污量必须由普查对象与普查机构共同确认。若双方有分歧，普查机构能提供符合本技术规定要求的资料，普查对象不予认可时，普查机构有权最终确认其污染物产、排污量上报，并作出说明。

2.8 普查表格填报

2.8.1 填报方式

普查表的填报工作可采取统一培训、统一发表、分别填报的方式开展，由县（区）普查机构组织召开普查对象负责人、普查表填报人的普查培训会议，进行统一宣讲，发放普查表，并明确要求普查对象在规定的时间，以规定的方式向县（区）普查机构报送。也可采用由普查员入厂上门发放普查表，讲解填表方法，告知收取普查表的时间等方式。两种方法也可结合使用。

2.8.2 填报要求

（1）普查表必须用钢笔或碳素墨水笔填写。需要用文字表述的，必须用汉字工整、清晰地填写；需要填写数字的，一律用阿拉伯数字表示。

（2）填写代码时，每个方格中只填一位代码数字。

（3）普查表中所有指标的计量单位、指标的保留位数应按规定填写。

（4）有填报内容的表格必须有单位负责人、审核人、填表人签名，并注明填表日期，加盖单位公章。

（5）封页必须注明普查表填报的页数（未填的表格不计页数），必须有单位填报人、审核人、负责人签名，加盖单位公章；普查员、普查指导员对普查对象填报的表格内容、填报页数进行审核、确认无误后签名。

2.9 工业源普查详表主要内容、指标解释和填报规定

2.9.1 G101 表　工业企业基本情况表

本表要求重点污染源全部产业活动单位必填。

【1.单位名称】指经有关部门批准正式使用的单位全称。按工商部门登记或法人登记的名称填写。

★填报与审核要求：此栏必填。填写时要求使用规范化汉字全称，与单位公章所使用的名称完全一致。

★填报注意事项：凡经登记主管机关核准或批准，具有两个或两个以上名称的单位，要求填写一个法人单位名称，同时用括号注明其余的单位名称。对于更名的单位，要求填写现用名，同时用括号注明曾用名。

【2.单位代码】指根据中华人民共和国国家标准《全国组织机构代码编制规则》（GB/T 11714—1997），由组织机构代码登记主管部门给每个企业、事业单位、机关、社会团体和民办非企业单位颁发的在全国范围内唯一的、始终不变的法定代码。单位代码由八位无属性的数字（本体码）和一位校验码组成。

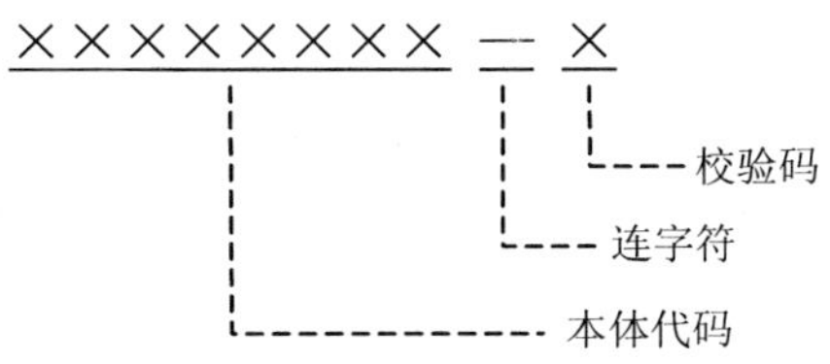

中华人民共和国组织机构代码证样本见图 2-1。

图 2-1　中华人民共和国组织机构代码证样本

对于大型联合企业（或集团）所属二级单位，凡具有法人资格、符合独立核算法人工业企业条件的，填写企业的法人代码。不具有法人资格的二级单位在填写企业法人代码时，除填写其所属单位（联合企业、集团或独立核算单位）的法人代码外，还应在括号内方格中填写二级单位代码（系 2 位码）。二级单位代码指联合企业（或集团）内对其下属的不属于法定赋码范围的二级单位的顺序编号，此码由联合企业（或集团）统一编制。

尚未领取法定代码或不属于法定代码赋码范围的单位，一律按各级普查机构赋予的临时代码填报。

◆临时代码的编码原则：临时代码共 11 位码。前 6 位为所在县（区）行政区划代码，统一按《中华人民共和国行政区划代码》（GB/T 2260）填写，第 7 位为汉语拼音 G（代表工业源），后四位为县（区）普查机构对其进行编码，从 0001～9999。

★填报与审核要求：此栏必填。已经取得法定代码的法人单位或产业活动单位必须按照技术监督部门颁发的《中华人民共和国组织机构代码证》上的代码填写，不得使用临时代码。长度为 9 个字符，不能含有 0—9 或 A—Z（必须大写）之外的字符，中间的“—”不能填。

★填报注意事项：工业源普查单位代码不得填工商注册登记码。

【3.法定代表人】是指依照法律或者法人组织章程规定，代表法人行使职权的负责人。企业法人单位填写企业法定代表人，企业法定代表人按《企业法人营业执照》填写。不具有法人资格的产业活动单位填写本单位的主要负责人。

★填报与审核要求：此栏必填。不能填写职务及职称，如王厂长、王经理等。

【4.单位所在地及行政区划】单位所在地指普查对象生产场所实际所在地的详细地址。

行政区划代码指普查对象生产场所实际所在地的地区行政区划代码。根据普查对象的详细地址，按污染源普查用分类与代码附表 1《行政区划代码》，将相应行政区划代码填写在方格内。不在污染源普查用分类与代码附表 1 提供范围内的县以下地区，由县（区）普查机构按编码规则自行编码填报，自行编码不得与已统一编制的代码重复。

污染源普查用分类与代码附表 1《行政区划代码》为按照 2006 年的全国行政区划编码，共有 12 位阿拉伯数字，分为三段。第一段为 6 位数字，表示县及县以上的行政区划；第二段、第三段 6 位编码，表示县以下的行政区划。

如 2007 年行政区划代码有变动的，按下列方式处理：

（1）县及县以上的行政区划有变动的，则县及县以上的行政区划代码（第 1—6 位码）按最新的《中华人民共和国行政区划代码》（GB/T 2260）填报；

（2）县及县以上行政区划变化但县以下行政区划未变化的，按附表 1《行政区划代码》库中的代码第 7—12 位码填报；

（3）县以下行政区划有变化的，按编码原则自行编码。

县以下行政区划代码编码原则如下：

第二段 3 位数字，表示街道、镇和乡；第二段 3 位代码中的第一位数字为类别标识，以“0”表示街道，“1”表示镇，“2”和“3”表示乡，“4”和“5”表示政企合一的单位；第 2、3 位数字为该代码段中各行政区划的顺序号。

（1）街道的代码从 001～099 由小到大顺序编写；

（2）镇的代码从 100～199 由小到大顺序编写；

（3）乡的代码从 200～399 由小到大顺序编写；

（4）政企合一单位的代码从 400～599 由小到大顺序编写。

第三段 3 位数字，表示居民委员会和村民委员会的代码，用 3 位顺序码表示。具体编码方法如下：

（1）居民委员会的代码从 001～199 由小到大顺序编写；

（2）村民委员会的代码从 200～399 由小到大顺序编写。

行政区划编码中的地址名称应采用民政部门认可的正式名称。

★填报与审核要求：此栏必填。单位详细地址要求写明单位所在的省（自治区、直辖市）、地区（市、州、盟）、县（区、市、旗）、乡（镇）以及具体街（村）的名称和详细的门牌号码，不能填写通信号码或通信信箱号码。大型联合企业所属二级单位，一律按本二级单位所在地址填写；行政区划代码要根据普查对象详细地址按代码表填写在方格内。

★填报注意事项：单位详细地址由普查对象填报；行政区划代码由所在地普查机构统一填写。如 2007 年行政区划代码有变化而自行编码的，应报全国污染源普查工作办公室备案。

【5.地理坐标】

中心经度：指普查对象厂区中心的经度。

中心纬度：指普查对象厂区中心的纬度。

【6.所在工业园区名称】位于国家级、省级工业园区（包括经济技术开发区、高新技术产业开发区、保税区等）内的普查对象填写此栏。

《国家级、省级工业园区名单》详见污染源普查用分类与代码附表 2。

表 2-5　国家级工业园区名单（节选）

行政区划代码	省/市	经济技术开发区	高新技术产业开发区	保税区	边境经济合作区	出口加工区
110000	北京市	北京经济技术开发区	中关村科技园区			天竺出口加工区
120000	天津市	天津经济技术开发区	天津新技术产业园区	天津港保税区		天津出口加工区

★填报与审核要求：所在工业园区名称必须按照《国家级、省级工业园区名单》中的全称规范填写，不能简写。如“北京经济技术开发区”不能简写为“北京经济开发区”。

【7.联系方式】指环保联系人或负责提供普查信息人员的姓名、办公电话、传真和邮政编码等。

★填报与审核要求：此栏必填。

【8.行业类别】根据其从事的社会经济活动性质对各类单位进行分类。一个企业属于哪一个工业行业，是按正常生产情况下生产的主要产品的性质（一般按在工业总产值中占比重较大的产品及重要产品）把整个企业划入某一工业行业小类内。《国民经济行业分类》（GB/T 4754—2002）详见污染源普查用分类与代码附表 3。

★填报与审核要求：此栏必填。

★填报注意事项：本项分 2 部分填报，普查对象应先填写行业名称，再由所在地普查机构按污染源普查用分类与代码附表 3《国民经济行业分类》（GB/T 4754—2002）将行业小类代码统一填写在方格内。行业代码必须与行业类别名称对应。如表 2-6 所示，“无机酸制造业”的代码为“2611”。若某个普查对象生产、经济活动涵盖多个行业小类，可填报中类代码，最后 1 位代码，补“0”。

表 2-6　国民经济行业分类（节选）

代码				类别名称	说明
门类	大类	中类	小类		
	26			化学原料及化学制品制造业	
		261		基础化学原料制造	
			2611	无机酸制造	
			2612	无机碱制造	指烧碱、纯碱的生产
			2613	无机盐制造	
			2614	有机化学原料制造	
			2619	其他基础化学原料制造	

【9.登记注册类型】企业或产业活动单位的登记注册类型，按其在工商行政管理机关登记注册的类型填写。按表 2-7《企业登记注册类型代码表》将相对应的代码填入方格内。

表 2-7　企业登记注册类型代码表

代码	企业登记注册类型	代码	企业登记注册类型
100	内资企业	172	私营合伙企业
110	国有企业	173	私营有限责任公司
120	集体企业	174	私营股份有限公司
130	股份合作企业	190	其他内资企业
140	联营企业	200	港澳台商投资企业
141	国有联营企业	210	与港澳台商合资经营企业
142	集体联营企业	220	与港澳台商合作经营企业
143	国有与集体联营企业	230	港澳台商独资经营企业
149	其他联营企业	240	港澳台商投资股份有限公司
150	有限责任公司	300	外商投资企业
151	国有独资公司	310	中外合资经营企业
159	其他有限责任公司	320	中外合作经营企业
160	股份有限公司	330	外资企业
170	私营企业	340	外商投资股份有限公司
171	私营独资企业	—	—

★主要审核要求：此栏必填。

企业登记注册类型按照国家统计局、国家工商行政管理局《关于划分企业登记注册类型的规定》（国统字[1998]200 号）划分。

登记注册类型：

国有企业：指企业全部资产归国家所有，并按《中华人民共和国企业法人登记管理条例》规定登记注册的非公司制的经济组织。不包括有限责任公司中的国有独资公司。

集体企业：指企业资产归集体所有，并按《中华人民共和国企业法人登记管理条例》规定登记注册的经济组织。

股份合作企业：指以合作制为基础，由企业职工共同出资入股，吸收一定比例的社会资产投资组建，实行自主经营，自负盈亏，共同劳动，民主管理，按劳分配与按股分红相结合的一种集体经济组织。

两个及两个以上相同或不同所有制性质的企业法人或事业单位法人，按自愿、平等、互利的原则，共同投资组成的经济组织称为联营企业。联营企业包括国有联营企业、集体联营企业、国有与集体联营企业和其他联营企业。

国有联营企业：指所有联营单位均为国有。

集体联营企业：指所有联营单位均为集体。

国有与集体联营企业：指联营单位既有国有也有集体。

其他联营企业：指上述三种联营企业之外的其他联营形式的企业。

根据《中华人民共和国公司登记管理条例》规定登记注册，由2个以上50个以下的股东共同出资，每个股东以其所认缴的出资额对公司承担有限责任，公司以其全部资产对其债务承担责任的经济组织称为有限责任公司。有限责任公司分为国有独资公司以及其他有限责任公司。

国有独资公司：指国家授权的投资机构或者国家授权的部门单独投资设立的有限责任公司。

其他有限责任公司：指国有独资公司以外的其他有限责任公司。

股份有限公司：指根据《中华人民共和国公司登记管理条例》规定登记注册，其全部注册资本由等额股份构成并通过发行股票筹集资本，股东以其认购的股份对公司承担有限责任，公司以其全部资产对其债务承担责任的经济组织。

由自然人投资设立或由自然人控股，以雇佣劳动为基础的营利性经济组织称为私营企业。包括按照《公司法》、《合伙企业法》、《私营企业暂行条例》以及《个人独资企业法》规定登记注册的私营独资企业、私营有限责任公司、私营股份有限公司、私营合伙企业和个人独资企业。

私营独资企业：指按《私营企业暂行条例》的规定，由一名自然人投资经营，以雇佣劳动为基础，投资者对企业债务承担无限责任的企业。

个人独资企业指按《个人独资企业法》、《个人独资企业登记管理办法》的规定，由一个自然人投资，财产为投资人个人所有，投资人以其个人财产对企业债务承担无限责任的经营实体。个人独资企业填表时归入私营独资企业。

私营合伙企业：指按《合伙企业法》或《私营企业暂行条例》的规定，由两个以上自然人按照协议共同投资、共同经营、共负盈亏，以雇佣劳动为基础，对债务承担无限责任的企业。

私营有限责任公司：指按《公司法》、《私营企业暂行条例》的规定，由两个以上自然人投资或由单个自然人控股的有限责任公司。

私营股份有限公司：指按《公司法》的规定，由五个以上自然人投资，或由单个自然人控股的股份有限公司。

其他内资企业：指除上述企业、公司之外的其他内资经济组织。

与港澳台商合资经营企业：指港澳台地区投资者与内地的企业依照《中华人民共和国中外合资经营企业法》及有关法律的规定，按合同规定的比例投资设立，分享利润和分担风险的企业。

与港澳台商合作经营企业：指港澳台地区投资者与内地企业依照《中华人民共和国中外合作经营企业法》及有关法律的规定，依照合作合同的约定进行投资或提供条件设立，分配利润、分担风险和亏损的企业。

港澳台商独资经营企业：指依照《中华人民共和国外资企业法》及有关法律的规定，在内地设立的由港澳台地区投资者在内地全额投资设立的企业。

港澳台商投资股份有限公司：指根据国家有关规定，经商务部（包括原外经贸部）批准设立，并且其中港、澳、台商的股本占公司注册资本的比例达25%以上的股份有限公司。凡其中港、澳、台商的股本占公司注册资本的比例小于25%的，属于内资中的股份有限公司。

中外合资经营企业：指外国企业或外国人与中国内地企业依照《中华人民共和国中外合资经营企业法》及有关法律的规定，按合同规定的比例投资设立，分享利润和分担风险的企业。

中外合作经营企业：指外国企业或外国人与中国内地企业依照《中华人民共和国中外合作经营企业法》及有关法律的规定，依照合作合同的约定进行投资或提供条件设立，分配利润、分担风险和亏损的企业。

外资企业：指依照《中华人民共和国外资企业法》及有关法律的规定，在中国内地设立的由外国投资者全额投资设立的企业。

外商投资股份有限公司：指根据国家有关规定，经商务部（包括原外经贸部）批准设立，并且其中外资的股本占公司注册资本的比例达 25%以上的股份有限公司。凡其中外资股本占公司注册资本的比例小于 25%的，属于内资中的股份有限公司。

★填报注意事项：

（1）如单位登记注册类型改变，但未重新办理变更登记，应按原登记注册类型填写。

（2）乡镇企业按有关工商注册管理规定，对应上述分类填报。

（3）若营业执照上的登记注册类型只填写“有限责任公司”，普查人员要认真询问，根据其是否为国家授权的投资机构或者国家授权的部门单独投资设立的公司来确定其登记注册类型是“国有独资公司”还是“其他有限责任公司”，并填写相应的代码；若只填写“私营企业”，普查对象及普查人员要根据私营独资企业、私营有限责任公司、私营股份有限公司、私营合伙企业和个人独资企业的定义的不同判定单位的类型，并填写相应的代码。

审核时注意将工商执照与企业财务中实收资本各类型的比重结合及公司成立的文书结合起来填报，确保该指标的准确性。

（4）判定原则：

1）有照先看执照。

2）不能完全按执照填（如：有限责任公司，不分国有独资、其他有限责任、私营有限责任）。

3）严格控制选“其他”。

（5）根据《中华人民共和国个人独资企业法》及《中华人民共和国合伙企业法》，经各级工商行政管理机关登记注册，领取《营业执照》的不具有法人资格的个人独资企业、合伙企业视同非公司制企业法人。个人独资企业填表时归入私营独资企业。

（6）一些具体情况的判断

1）企业与公司

企业为非公司制的经济组织，所有带“公司”字样的单位如选企业 110、120、130、140（联营）企业类型，应予以纠正。

2）159 有限责任公司与 173 私营有限责任公司、160 股份有限公司与 174 私营股份有限公司。《营业执照》上只写有限责任公司或股份有限公司，可以工商登记号第 7 位区分，第 7 位是 1 的为其他有限责任公司，是 2 的为私营有限责任公司。如工商注册号为“3301841014399”与“33018423×××××”的《营业执照》上注册登记类型均为有限责任公司，以工商注册号第 7 位数判断，工商注册号为“33018423×××××”为私营有限责任公司，“3301841014399” 的为其他有限责任公司。160 股份有限公司与 174 私营股份有限公司也可如此区分。

注意，此法仅适用于已确定为有限责任公司或股份有限公司的前提下对是否私营所作的划分。

【10.企业规模】按普查对象从业人员数、销售额和资产总额三项指标为划分依据确定规模。在相应的类型后打钩。

企业规模按照国家统计局《统计上大中小型企业划分办法（暂行）》（国统字[2003]17 号）的规定划分。工业企业大、中、小型的划分标准见表 2-8。

表 2-8 工业企业大、中、小型划分标准

行业名称	指标名称	计算单位	大型	中型	小型
工业企业	从业人员数	人	2 000 及以上	300～2 000	300 以下
	销售额	万元	30 000 及以上	3 000～30 000	3 000 以下
	资产总额	万元	40 000 及以上	4 000～40 000	4 000 以下

★填报与审核要求：此栏必填。

★填报注意事项：大型和中型企业须同时满足所列各项条件的下限指标，否则下划一档。

如：某工业企业（1）从业人数为 2 500 人、销售额 31 000 万元、资产总额 42 000 万元，三项指标均符合大型企业必须具备的条件，属大型工业企业。

某工业企业（2）从业人数为 2 500 人、销售额 31 000 万元、资产总额 38 000 万元，三项指标中，二项指标符合大型企业必须具备的条件，一项指标不符合，则应划为中型工业企业。

【11.开业时间】分下列几种情况填写：

（1）新中国成立前成立的单位填写最早开工或成立的时间；

（2）新中国成立后成立的单位填写领取营业执照或批准成立的时间（如开业年月早于领取营业执照的时间，填写最早开业年月）；

（3）改制企业按原成立时间填写；

（4）分立、合并企业：合并或兼并企业，按合并前主要企业领取营业执照的时间（或最早开业时间）填写；分立企业按分立后各自领取法人营业执照的时间填写；

（5）与外方或港、澳、台合资的企业，按领取合资企业营业执照的时间填写。

★填报与审核要求：此栏必填。年份填 4 位，月份填 2 位。如：

1 9 9 9 年 0 2 月

【12.最新改扩建时间】指普查对象最新的改、扩建项目的环评批复时间，无环评批复的按改扩建项目建设开工时间填报。

★填报与审核要求：年份填 4 位，月份填 2 位。如：

1 9 9 9 年 0 2 月

【13.年生产时间】指普查对象 2007 年全年实际生产的小时数。

★填报与审核要求：此栏必填。数据应在 0～8 760 之间，保留整数。

【14.工业总产值】指普查对象在 2007 年全年生产的以货币形式表现的工业最终产品和提供工业劳务活动的总价值量。工业总产值包括三部分内容：本期生产成品价值、对外加工费收入、自制半成品在制品期末与期初差额价值。

本期生产成品价值：指普查对象在 2007 年全年生产，并在报告期内不再进行加工，经检验合格、包装入库的已经销售和准备销售的全部工业成品（包括半成品）价值合计。成品价值中包括企业生产的自制设备及提供给本企业在建工程、其他非工业部门和生活福利部门等单位使用的成品价值，但不包括用订货者来料加工的成品（半成品）价值和工业生产中产生的废品、边角余料、废料等。

成品价值按成品实物量乘以 2007 年不含应交增值税（销项税额）的产品实际销售平均单价计算；会计核算中按成本价格转账的自制设备和自产自用的成品，按成本价格计算生产成品价值。

对外加工费收入：指普查对象在 2007 年全年完成的对外承做的工业品加工（包括用订货者来料加工生产）的加工费收入和对外工业品修理作业所收取的加工费收入。对外加工费收入按不含应交增值税（销项税额）的价格计算，可根据会计"产品销售收入"科目的有关资料取得。

对于以对外加工生产为主，对外加工费收入所占比重较大的企业，如果对外加工费收入出现跨年度支付的情况，为保证总产值生产口径计算的准确性，则应将对外加工费收入按实际情况调整，记录 2007 年应实际收取的对外加工费收入。

对于本企业对内非工业部门提供的加工修理、设备安装的劳务收入，如果企业会计核算基础比较好，能取得这部分资料，而且这部分价值所占比重较大，应包括在对外加工费收入中。

自制半成品在制品期末期初差额价值：等于自制半成品在制品期末价值减去期初价值后的余额，如果期末价值小于期初价值，该指标为负值，普查对象在计算产值时，应按负值计算，不能作零处理。本项目的计算原则是：凡是企业会计产品成本核算中计算半成品、在制品成本，则工业总产值中必须包括自制半成品在制品期末期初差额价值，反之，则不包括。

★填报与审核要求：此栏必填。计量单位为万元，允许保留 1 位小数。

★填报注意事项：工业总产值按照现行价格（当年价）计算，即按报告期内销售产品的实际出厂价格计算。

2.9.2 G102 表 主要产品、原辅材料及能源消费情况普查表

2.9.2.1 主要内容、指标解释和填报规定

本表要求重点污染源全部产业活动单位必填。

一、主要产品

主要产品：填报在 2007 年全年工业总产值中占比重较大或较关键的 5 种工业产品。

【1.产品名称、2.代码】按污染源普查用分类与代码附表 4《统计上使用的产品分类目录》填报。

《统计上使用的产品分类目录》分为上、中、下三册。工业源普查中涉及的产品代码主要分布在上册和中册。具体产品名称及相应的大类代码详见表 2-9。

查询时，首先可按普查对象的行业类别及产品的大类，按表 2-9，查出产品大类代码及所处的位置是上册或中册，然后再查具体的产品代码。

表 2-9 工业源普查涉及的产品大类代码及其分布

产品名称	产品大类代码	产品名称	产品大类代码
上册		中册	
煤炭	06	医药	27
石油和天然气	07	化学纤维	28
黑色金属矿	08	橡胶制品	29
有色金属矿	09	塑料制品	30
非金属矿	10	非金属矿物制品	31
农副食品加工产品	13	黑色金属冶炼及压延产品	32
食品	14	有色金属冶炼及压延产品	33
饮料、酒及酒精	15	金属制品	34
烟草制品	16	通用设备	35
纺织产品	17	专用设备	36
服装、鞋、帽	18	交通运输设备	37
皮革、毛皮及其制品	19	电气机械及器材	39
木材及木、竹、藤、棕、草制品	20	通信设备、计算机及其他电子设备	40
家具	21	仪器仪表及文化、办公用机械	41
纸及纸制品	22	工艺品及其他制造产品	42
印刷品、记录媒介的复制品	23	废弃资源和废旧材料回收加工品	43
文教体育用品	24		
中册		电力和热力	44
石油加工、炼焦及核燃料	25	燃气	45
化学原料及化学制品	26	水	46

《统计上使用的产品分类目录》中产品代码编制原则：

《产品分类目录》中的产品代码最多有10位，共分为5层，每层2位代码。具体示例，见表2-10。

第一层：2位代码，对应国民经济行业的大类代码（建筑产品、公共管理除外）。

第二层：4位代码，对应《国民经济行业分类》中行业小类的4位代码（包括行业大类2位代码）；也有部分行业按行业中类代码编制。

第三层～第五层，分别为产品分类及具体产品代码，每层为01～99的两位顺序代码；不易划分细项的或明确其他产品，一般最后用“99”表示。

表2-10　统计上使用的产品分类目录（节选）

产品代码	产品名称	说明	行业代码	CPC	HS	计量单位
26	化学原料及化学制品					
2611	无机基础化学原料					
261101	无机酸类		2611	34230		—
26110101	硫酸类					—
2611010101	硫酸	包括硫磺制酸、硫铁矿制酸、冶炼烟气制酸等		34230	28070000	吨

产品分类目录结构包括：第1列产品代码，第2列产品名称，第3列说明，第4列行业代码，第5列CPC（联合国《产品总分类》的相应产品）代码，第6列HS（《海关统计商品目录》的产品）代码，第7列计量单位，计量单位一般以最小单位为基准，以适应超级汇总基层填报的需要。

★填报与审核要求：此栏必填。产品名称按《统计上使用的产品分类目录》中全称规范填写。必须填写汉字，不能使用符号。如：硫酸，不能填“H_2SO_4”。可根据普查对象主要产品，作为准确划定企业或单位的活动性质，按《国民经济行业分类》进行归类的依据，审核其行业类别填报的准确性。

★填报注意事项：产品代码原则上按《统计上使用的产品分类目录》中第1列具体产品代码填写。如产品为“硫酸”，则其代码为“2611010101”。没有细分到具体产品（10位码）的，按分类代码（8位码、6位码）填写。产品代码不足10位时，填写时靠左侧顶格填写，后面空格不需补“0”。

【3.计量单位】指产品生产能力的计量单位。

【4.生产能力】指普查对象生产该（种）产品的全部设备（包括主要生产设备、辅助生产设备、起重运输设备、动力设备及有关的厂房和生产用建筑物等）在原材料、燃料动力供应充分，劳动力配备合理，设备正常运转的条件下，可能达到的年生产量；或生产设备在单位时间内可能生产的产品数量。

★填报与审核要求：此栏必填。生产能力单位须注明计量时间单位，如吨/年或吨/天。有些产品的生产能力是以设备容量表示的，如发电能力与发电量，其生产能力按发电设备容量“×××万千瓦时”计。生产能力的数值必须与所填写的计量单位相对应，保留整数。

【5.计量单位】指产品实际产量的计量单位。按《统计上使用的产品分类目录》中规定的计量单位填报。

★填报注意事项：普查员应注意核实计量单位是否正确。

【6.实际产量】指普查对象在2007年全年主要产品的实际生产量。

★填报与审核要求：此栏必填。按2007年该种产品的实际产量，按所填写的计量单位填报，允许保留2位小数。

二、主要原辅材料

【1.主要原辅材料名称、2.代码】根据普查对象主要产品和产生污染物的主要工艺，对照《产排污系数手册》中所列的原辅材料，填报名称和代码。

【3.计量单位】按实际使用的计量单位填报。

【4.实际使用量】指普查对象2007年全年该种原辅材料的实际使用量。

★填报与审核要求：若填写原辅材料名称及代码，则此栏必填。按 2007 年该种原辅材料的实际消耗量填报，所填数值要与填写的计量单位相对应，允许保留 1 位小数。

三、能源消费情况

原煤：指从毛煤中选出规定粒度的矸石（包括黄铁矿等杂物）以后的煤。

洗精煤：指煤经精选（干选或湿选）后生产出来的、符合质量要求的产品。

型煤：指用一种和数种煤与一定比例的黏合剂、固硫剂、助燃剂经加工成一定形状和有一定的理化性能（冷强度、热强度、热稳定性、防水性等）的块状燃料。

炼厂干气：指炼厂副产的催化裂化、焦化、重整、加氢裂化等可用作燃料的干气。

电力：电耗量，包括动力用电和照明用电。

综合能源消费量：指 2007 年全年普查对象工业生产消费的各种能源的总和。计算综合能源消费量时，需要先将使用的各种能源折算成标准燃料后再进行计算。根据生产活动的性质，综合能源消费量在不同的企业有不同的计算方法。

非能源加工转换企业综合能源消费量，就是普查对象工业生产消费的各种一次能源和二次能源的总和，只需将其折算成标准燃料进行合计即可。

能源加工转换企业综合能源消费量，是普查对象工业生产消费的各种一次能源和二次能源扣除加工转换产出的二次能源后的实际能源消费量。计算公式为：

综合能源消费量＝工业生产消费的各种能源合计（包括自产自用的二次能源）－本企业加工转换的二次能源产量

按上述公式计算时分别折算为标准量计算。

【4.能源消费总量】指 2007 年全年普查对象实际消费的在生产过程中作为燃料、动力、原料、辅助材料使用的能源以及工艺用能、非生产用能；作为能源加工转换企业，还包括能源加工转换的投入量（这部分能源不能理解为用作原料，用作原料的概念见后面的解释）。

能源消费量具体包括：

（1）用于本企业产品生产、工业性作业和其他生产性活动的能源。

（2）用于技术更新改造措施、新技术研究和新产品试制以及科学试验等方面的能源。

（3）用于经营维修、建筑及设备大修理、机电设备和交通运输工具等方面的能源。

（4）用于劳动保护的能源。

（5）其他非生产消费的能源。

不包括：

（1）由仓库发到车间，但在报告期最后一天没有消费的能源。

（2）回收利用的余热、余能。

（3）拨到外单位，委托外单位加工用的能源。

（4）调出本单位或借给外单位的能源。

★填报与审核要求：根据 2007 年全年该种能源的实际消费情况和给定的计量单位填报，允许保留 2 位小数。

【5.用作原料量】指 2007 年全年普查对象将能源产品不作为能源使用（即不作燃料、动力使用），而作为生产另外一种产品（非能源产品）的原料或作为辅助材料使用的量。如石油化工厂、化工厂、化肥厂生产乙烯、化纤单体、合成氨、合成橡胶等产品所消费的石油、天然气、原煤、焦炭等。这些能源作为原料投入生产过程，通过一系列化学反应，逐步生成新的物质，构成新产品的实体。又如一些能源不构成产品实体，而是作为材料使用，例如洗涤用的汽油、柴油、煤油。用作原材料与用作加工、转换的区别是：用作加工、转换，投入的是能源，产出的主要产品还是能源，或属于加工、转换过程中产生的不作能源使用的其他副产品和联产品。而用作原材料时，投入的是能源，产出的主要产品却是能源范畴以外的产品，包括产出的某种产品在广义上可以用作能源（比如可以燃烧以提供热量），

但通常意义上不作能源使用（能源加工转换产出的不作能源使用的其他副产品和联产品除外）的产品。

★填报与审核要求：根据 2007 年全年该种能源的实际消费情况和给定的计量单位填报，允许保留 2 位小数。

【6.硫分、7.灰分】指能源产品中硫和灰分的含量（气态能源中含硫情况用浓度 mg/m^3 表示）。如果 2007 年全年不同批次能源产品中含硫量、灰分有较大变化时，按加权平均值填报。

例：某普查对象 2007 年全年分 3 批次购进原煤，第 1 次购 200 万吨，含硫 0.9%；第 2 次购 150 万吨，含硫 0.6%；第 3 次购 100 万吨，含硫 0.5%，则：

2007 年内该普查对象

$$\text{所有原煤的含硫量}=\frac{200\times0.9\%+150\times0.6\%+100\times0.5\%}{200+150+100}=0.7\%$$

★填报与审核要求：气态能源中含硫浓度保留 3 位小数，其余能源硫的百分含量允许保留 1 位小数。

★填报注意事项：①对于普查表中标注*的能源（天然气、液化天然气、液化石油气、炼厂干气、原油、汽油、煤油、柴油、燃料油和其他燃料）硫分为选填项。②硫分、灰分栏中画“—”的不必填写。

【8.采用的折标系数】全国各类能源的参考折标系数见表 2-11。

表 2-11　各类能源的参考折标系数表

能源种类		折标系数	能源种类		折标系数
原煤		0.714 3	煤焦油		1.142 9
洗精煤		0.900 0	粗苯		1.428 6
其他洗煤	洗中煤	0.285 7	原油		1.428 6
	煤泥	0.285 7～0.428 6	汽油		1.471 4
型煤		0.5～0.7	煤油		1.471 4
焦炭		0.971 4	柴油		1.457 1
焦炉煤气		0.571 4～0.614 3 千克标准煤/米^3	燃料油		1.428 6
高炉煤气		0.128 6 千克标准煤/米^3	热力		0.034 12 千克标准煤/百万千焦 0.142 86 千克标准煤/1000 千卡
天然气		1.330 0 千克标准煤/米^3	电力		0.122 9 千克标准煤/千瓦时
液化天然气		1.757 2	生物质能	大豆秆、棉花秆	0.543
液化石油气		1.714 3		稻秆	0.429
炼厂干气		1.571 4		麦秆	0.500
其他煤气	发生炉煤气	0.178 6 千克标准煤/米^3		玉米秆	0.529
	重油催化裂解煤气	0.657 1 千克标准煤/米^3		杂草	0.471
	重油热裂解煤气	1.214 3 千克标准煤/米^3		树叶	0.500
	焦炭制气	0.557 1 千克标准煤/米^3		薪柴	0.571
	压力气化煤气	0.514 3 千克标准煤/米^3		沼气	0.714 千克标准煤/米^3
	水煤气	0.357 1 千克标准煤/米^3		—	—

注：除表中标注单位的能源外，其余能源折标系数单位均为：千克标准煤/千克。

★填报与审核要求：各地的能源折标系数由当地普查机构协调统计部门提供。对于不常用的能源，可采用本表给出的参考折标系数。

普查对象也可根据燃料品质分析报告，自行折标填报。若普查对象填报的折标系数与当地统计部门提供的参考折标系数有差异，应重新核对普查对象的进货单、品质分析报告及折算方法。

2.9.2.2 填报案例

（1）主要产品

例：某化肥厂 2007 年生产的主要产品为尿素、普通过磷酸钙、混合肥料，其中，年产尿素 70 000 吨、普通过磷酸钙 23 000 吨、混合肥料 15 000 吨，3 种产品的设计生产能力分别为 200 吨/天、70 吨/天、30 000 吨/年。

具体分析与注意事项：

首先，化肥厂按《国民经济行业分类》属化学原料及化学品制造业（26）。按前面介绍，产品代码前 2 位原则上与《国民经济行业分类》大类代码一致，则其产品大类代码前 2 位数字也应为 26，从表 2-9 中得知其大类产品为化学原料及化学制品，位于《统计上使用的产品分类目录》中册，据此，可查询具体的产品代码。按产品代码填报要求，不足 10 位码时，靠左侧顶格填报，不足部分不补“0”。

此外，填报时要注意两个计量单位的不同，【3.计量单位】为生产能力的计量单位，生产能力可以是年生产能力，也可以是单位时间内的生产能力，为了不引起误解，填报时必须写明是年、月、天或时。而【5.计量单位】为实际产量的计量单位，这里的实际产量指 2007 年全年的产量。

具体填报如下表：

一、主要产品															
1．产品名称	2．产品代码										3．计量单位	4．生产能力	5．计量单位	6．实际产量	7．主要工艺
尿素	2	6	2	0	1	1	0	1			吨/天	200	吨	70 000	水溶液全循环法
普通过磷酸钙	2	6	2	0	1	3	0	1	0	1	吨/天	70	吨	23 000	水溶液全循环法
混合肥	2	6	3	0	2	0	3	0			吨/天	30 000	吨	15 000	物理法

（2）能源折标公式与举例：

能源折标系数=能源的应用基低位发热量÷标准煤的应用基低位发热量（29 307.6kJ）

若当地的原煤 1kg 的平均低位发热量为 16 728kJ，则原煤的折标煤系数=16 728÷2 9307.6=0.6 kg 标准煤/kg 原煤。

2.9.3 G103 工业用水、排水情况普查表

2.9.3.1 主要内容、指标解释和填报规定

一、企业用水、排水情况

【1.用水总量】指 2007 年全年普查对象厂区内用于工业生产活动的水量，它等于取水总量与重复用水量之和。

★填报与审核要求：计量单位为吨，保留整数。

【2.取水总量】指 2007 年全年普查对象从各种水源提取的并用于工业生产活动的水量总和，包括城市自来水用量和自备水（地表水、地下水和其他水）用量。计量单位为吨，保留整数。

工业生产活动用水包括主要工业生产用水、辅助生产（包括机修、运输、空压站等）用水和附属生产（包括厂内绿化、职工食堂、非营业的浴室及保健站、厕所等）用水；不包括①非工业生产单位的用水，如厂内居民家庭用水和企业附属幼儿园、学校、对外营业的浴室、游泳池等的用水量；②生活用水单独计量且生活污水不与工业废水混排的水量。

★填报与审核要求：计量单位为吨，保留整数。普查指导员注意核查普查对象的水平衡关系。

【3.城市自来水用量】指 2007 年全年普查对象通过城镇自来水管道购自公共供水企业的自来水水量。

★填报与审核要求：计量单位为吨，保留整数。

★审核注意事项：自来水用量应根据普查对象2007年全年用水票据（供水部门的收费票据）计算。并可通过记录一段时间内普查对象水表数，核对全年用水量；也可通过产品产量及吨产品耗水量结合水平衡进行核对。

【4.自备水用量】指2007年全年普查对象所消耗的自备水水量，包括地表水、地下水、海水及外来中水等。

★填报与审核要求：计量单位为吨，保留整数。

★审核注意事项：自备水用量应根据普查对象2007年全年水资源费票据（水资源管理部门出具）计算。并可通过记录一段时间内普查对象水表数，或通过自备井的水泵流量及全年使用时间对全年用水量进行核对；外来中水按用水协议填报。

【5.地表水用量】指2007年全年普查对象直接采自当地地表水水源的水量。

地表水包括陆地表面形成的径流及地表贮存的水（如江、河、湖、水库等水）。

【6.地下水用量】指2007年全年普查对象通过自备井直接抽取的地下水水量。

地下水包括地下径流或埋藏于地下的，经过提取可被利用的淡水（如潜水、承压水、岩溶水、裂隙水等）。

【7.其他水用量】指2007年全年普查对象所利用的除地表水、地下水外的其他自备水量。

【8.利用周边工业企业水量】指2007年全年普查对象生产活动中，利用周边工业企业（处理或未处理的）的废水量。不包括城市污水处理厂、工业废水集中处理厂（设施）处理回用的中水量。

★填报与审核要求：地表水、地下水、其他用水量及其中利用周边工业企业量，计量单位为吨，保留整数。

【9.重复用水量】指2007年全年普查对象内部，对生产和生活排放的废水直接利用或经过处理后回收再利用的水量，不包括从城市污水处理厂回用的水量。

复用水量的计算原则：

（1）开放原则。即水的循环在开放系统进行，循环一次计算一次，但锅炉、循环冷却系统等封闭式系统内的循环水不能计算重复用水量。

（2）“源头”计算原则。对循环水来说，使用后的水，又回流到系统的取水源头，流经源头一次，计算一次。循环系统中的中间环节用水不得计算重复用水量。

（3）异地原则。对于非循环系统，根据不同工艺对不同水质的要求，在一个地方（工艺）使用过的水，在另外一个地方（工艺）中又进行使用，使用一次，计算一次。在同一地方（容器）多次使用的水，不得计算重复用水量。

（4）经过净化处理后的水重复再用，在任何情况下都按照重复用水计算。

★填报与审核要求：计量单位为吨，保留整数。

二、废水的产生情况

【1.废水类型名称、2.代码】根据产生废水的生产设施、工艺过程或来源，按《工业废水类型名称及代码表》填报。

表2-12　工业废水类型名称及代码表（节选）

废水代码	工业废水类型名称
0610	煤炭开采废水
0620	煤炭洗选废水
0710	原油开采含油废水
0720	天然气开采废水
0730	油页岩开采废水
…	…

工业废水类型名称及代码表的编码原则：

《工业废水类型名称及代码表》中废水代码由 4 位码组成。原则上前两位代码对应《国民经济行业分类》大类代码，后两位为废水类别代码。

其中，前 2 位代码 06～11 分别对应 B 门类采矿业（06～11）相应的行业大类；13～33 分别对应 C 门类制造业（13～33）相应的大类；38 对应 C 门类其他大类；99 的对应 D 门类电力、燃气及水的生产和供应业（44～46）的所有大类。

★填报与审核要求：废水类型名称必须按全称规范填写。

【3.废水产生量】指 2007 年全年普查对象厂区内工业生产活动产生的废水量。

★填报与审核要求：首先按废水类型分别填报产生量；然后填报产生的废水总量。计量单位为吨，保留整数。

三、废水的排放情况

【1.排水去向类型代码】指普查对象产生的废水直接排向江、河、湖、海等环境水体，还是排入市政管网、污水处理厂等，按《排水去向类型代码表》填报相应代码。

表 2-13 排水去向类型代码表

代码	排水去向类型	代码	排水去向类型
A	直接进入海域	F	直接进入污灌农田
B	直接进入江河湖、库等水环境	G	进入地渗或蒸发地
C	进入城市下水道（再入江河、湖、库）	H	进入其他单位
D	进入城市下水道（再入沿海域）	L	工业废水集中处理厂
E	进入城市污水处理厂	K	其他

★填报与审核要求：有废水排放的普查对象此栏必填。排水去向类型代码不能为 A—K 外的任何字符。

【2.废水排放量】指 2007 年全年经过普查对象所有排放口排到厂区外部的废水量。包括生产废水、外排的直接冷却水和清污不分流的间接冷却水、超标排放的矿井地下水和与工业废水混排的厂区生活污水，不包括独立外排的厂区生活污水及清污分流的间接冷却水和雨水。

直接冷却水：在生产过程中，为满足工艺过程需要，使产品或半成品冷却所用与之直接接触的冷却水（包括调温、调湿使用的直流喷雾水）。

间接冷却水：在工业生产过程中，为保证生产设备能在正常温度下工作，用来吸收或转移生产设备的多余热量，所使用的冷却水（此冷却用水与被冷却介质之间由热交换器壁或设备隔开）。

★填报注意事项：首先填报废水排放总量，然后按排水去向类型分别填报排放量。计量单位为吨，保留整数。

【3.受纳水体名称】指普查对象产生的废水直接排入水体，或经过城市污水管网、集中式污水处理厂后最终排入水体的名称（如××沟、××河、××港、××江、××塘等）。

★填报注意事项：此栏由普查员指导普查对象按水体的全称规范填报。

【4.受纳水体代码】此项由普查对象所在地普查机构统一填报。水体代码要按照统一给定的编码填报（见污染源普查用分类与代码附表 6《河流代码表》）。海域代码分别是：1—渤海，2—黄海，3—东海，4—南海。排入市政管网或污水处理厂的，则填最终排入的水体代码。

《河流代码表》中未编入的河流，可按编码方法在相应的空码上继续编排。如确实编码困难，可按汇入的上一级河流代码填报。对于跨省河流编码，请报全国污染源普查工作办公室统一编码；对于省内河流，如其上一级河流也完全在省内，则由省普查机构编码并报全国污染源普查工作办公室备案；如上一级河流跨省，则需报全国污染源普查工作办公室统一编码。

《河流代码表》编码规则：

海域代码由 1 位码组成，分别为 1—渤海，2—黄海，3—东海，4—南海。河流代码由 8 位码组成，编码采取按线分类分段等长 8 位编码。

××　××　××　××
1 2　3 4　5 6　7 8

1、2 位是流域、大流域干流和支系干流的分类分段码，采用 2 位字母编排；3、4 位是流域、大流域干流的一级支流和支系一级支流码，从 01～99 不间隔顺序排码；5、6 位是上一级河流的支流码（如部分长江的三级支流），从 01～99 不间隔顺序排码；7、8 位是上一级河流以下的各级支流混排码，从 01～99 不间隔顺序排码。

流域及干流对应的代码见表 2-14。

表 2-14　流域划分及代码

流域名称	干流名称	代码
黑龙江流域	海拉尔河	AA
	额尔古纳河	AB
	黑龙江	AC
松花江流域	嫩江	AD
	第二松花江	AE
	松花江	AF
乌苏里江流域		AG
东北地区其他国际河流		AH
辽河流域		BA
大凌河及辽东沿海诸河流域		BB
海滦河流域	海河流域	CA
	滦河流域	CB
华北地区沿海诸河流域		CC
黄河流域	黄河上游干流区间	DA
	黄河中下游干流区间	DB
	汾河流域	DC
	渭河流域	DD
	山东半岛诸河流域	DE
淮河流域	淮河干流	EA
	沂沭泗流域	EB
	里下河地区沿海诸河流域	EC
长江流域	通天河	FA
	金沙江	FB
	长江中下游干流	FC
	雅砻江流域	FD
	岷江流域	FE
	嘉陵江流域	FF
	乌江流域	FG
	洞庭湖水系	FH
	汉江流域	FJ
	鄱阳湖水系	FK
	太湖流域	FM

流域名称	干流名称	代码
东南沿海诸河流域	钱塘江流域	GA
	瓯江流域	GB
	闽江流域	GC
闽东、粤东沿海诸河流域		GD
韩江流域		GE
珠江流域	西江流域	HA
	北江流域	HB
	东江流域	HC
	珠江三角洲河网区	HD
粤桂琼沿海诸河流域		HE
云南、西藏、新疆国际河流诸河流域	元江—红河流域	JA
	澜沧江—湄公河流域	JB
	怒江—伊洛瓦底江流域	JC
	雅鲁藏布江—布拉马普特拉河流域	JD
	狮泉河—印度河流域	JE
	额尔齐斯河流域	JF
海南岛水系		KA
台湾岛水系		LA
内流区	乌裕尔河内流区	MA
	呼伦贝尔内流区	MB
	白城内流区	MC
	扶余内流区	MD
	霍林河内流区	ME
	西辽河内流区	MF
	内蒙古内流区	MG
	鄂尔多斯内流区	MH
	河西走廊—阿拉善河内流区	MJ
	柴达木内流区	MK
	准噶尔内流区	ML
	中亚（伊犁河、额敏河）内流区	MM
	塔里木内流区	MN
	西藏内流区	MP
	青海内流区	MQ
待议地区		NA

★河流代码查询方法：首先了解所在地区所处的流域，然后按表 2-14，查出流域及其干流的相应代码，最后根据干流代码，从污染源普查用分类与代码附表 6《河流代码表》中查找具体的河流代码。

★填报与审核要求：若填此表，则【3.受纳水体名称、4.代码】必填。废水“零排放”的企业，按其所在地归属哪个河流的流域，填报该河流名称及代码。

2.9.3.2 主要指标关系

用水情况中：

【1.用水总量】=【2.取水总量】+【9.重复用水量】;

【2.取水总量】=【3.城市自来水】+【4.自备水】;

【4.自备水】=【5.地表水】+【6.地下水】+【7.其他】;

【7.其他】≥【8.利用周边工业企业量】;

若填【1.用水总量】，则【2.取水总量】和【9.重复用水量】至少填报一项；

若填【2.取水总量】，则【3.城市自来水】和【4.自备水】至少填报一项；

若填【4.自备水】，则【5.地表水】、【6.地下水】、【7.其他】至少填报一项；

废水产生情况中：

若填【1. 2.废水类型名称、代码】，则【3.废水产生量】必填。

2.9.3.3 填报案例

某企业 2007 年工业生产活动中，城市自来水用量为 260 000 吨；重复用水量为 120 000 吨，产生废水 200 000 吨，其中，机械加工废水 90 000 吨、电镀废水 30 000 吨，其他制造废水 80 000 吨，产生的废水全部回用。所在地归属“天堂河”流域。

相关说明：

对于废水全部回用的企业，【废水排放量】和【排水去向类型代码】可以不填；但【受纳水体名称】及【受纳水体代码】必填，按其所在地归属哪个河流的流域，填报该河流名称及代码。

具体填报如下表：

一、用水情况

序号	指标名称	计量单位	年实际
1	用水总量	吨	380 000
2	其中：1. 取水总量	吨	260 000
3	（1）城市自来水	吨	260 000
4	（2）自备水	吨	
5	其中：①地表水	吨	
6	②地下水	吨	
7	③其他	吨	
8	其中：利用周边工业企业水量	吨	
9	其中：2. 重复用水量	吨	120 000

二、废水的产生情况

1. 废水类型名称	2. 废水类型代码	3. 废水产生量/吨
—	—	总计：200 000
机械加工废水	□□□□	90 000
电镀废水	□□□□	30 000
其他制造废水	□□□□	80 000

三、废水的排放情况

1. 排水去向类型代码	2. 废水排放量（吨）	3. 受纳水体名称	4. 受纳水体代码（普查机构填报）
—	总计：	—	—
□		天堂河	
□			
□			

2.9.4 G104 废水处理设施普查表

2.9.4.1 主要内容、指标解释和填报规定

有废水处理设施（报废的除外）的普查对象必须填报本表。

【1.废水处理设施编号】用字母 SZ（代表废水处理设施）和普查对象内部编号组成废水处理设施编号。

★填报与审核要求：有废水处理设施的普查对象此栏必填，无废水处理设施或废水处理设施已报废的普查对象此栏可空。

★填报注意事项：在用和闲置的设施一并编号填报。不同设施编号不得重复。

【2.废水处理设施名称】指普查对象内部对于处理厂区生产废水、生活污水的实有设施（包括构筑物）的命名或名称。

★填报与审核要求：废水处理设施名称必须与废水处理设施编号一一对应。

★填报注意事项：按每个废水处理系统为单位，分行填报。附属于设施内的水处理设备和配套设备不单独填报。

【3.总投资额】指建成污水处理设施并正式投产所需的全部资金，不包括运行费用。

★填报与审核要求：计量单位为万元，允许保留 1 位小数。

【4.设计处理能力】指废水处理设施设计建设的、在设施正常运行时，单位时间内可能处理的废水量。

★填报与审核要求：有废水处理设施的普查对象此栏必填，按设计指标填报，计量单位为吨/日，保留整数。

【5.运行费用】指 2007 年全年维持处理设施正常运行所发生的费用。包括能源消耗、设备维修、人员工资、管理费、药剂费及与污水处理设施运行有关的其他费用等。不包括设备折旧费。

表 2-15 废水处理方法名称及代码表

代码	处理方法名称	代码	处理方法名称	代码	处理方法名称
1000	物理处理法	3600	其他	4330	A^2/O 工艺
1100	过滤	4000	生物处理法	4340	A/O^2 工艺
1200	离心	4100	好氧生物处理	4400	其他
1300	沉淀分离	4110	活性污泥法	5000	组合工艺处理法
1400	上浮分离	4111	普通活性污泥法	5100	物理+化学
1500	其他	4112	高浓度活性污泥法	5200	物理+生物
2000	化学处理法	4113	接触稳定法	5210	物理+好氧生物处理
2100	化学混凝法	4114	氧化沟	5220	物理+厌氧生物处理
2110	化学混凝沉淀法	4115	SBR	5230	物理+组合生物处理
2120	化学混凝气浮法	4120	生物膜法	5300	化学+物化
2200	中和法	4121	普通生物滤池	5400	化学+生物
2300	化学沉淀法	4122	生物转盘	5410	化学+好氧生物处理
2400	氧化还原法	4123	生物接触氧化法	5420	化学+厌氧生物处理
2500	其他	4200	厌氧生物处理法	5430	化学+组合生物处理
3000	物理化学处理法	4210	厌氧滤器工艺	5500	物化+生物
3100	吸附	4220	上流式厌氧污泥床工艺	5510	物化+好氧生物处理
3200	离子交换	4230	厌氧折流板反应器工艺	5520	物化+厌氧生物处理
3300	电渗析	4300	厌氧/好氧生物组合工艺	5530	物化+组合生物处理
3400	反渗透	4310	两段好氧生物处理工艺	5600	其他
3500	超过滤	4320	A/O 工艺	—	—

★填报与审核要求：计量单位为万元，允许保留 1 位小数。

【6.运行小时】指 2007 年全年废水处理设施实际运行的小时数。

★填报与审核要求：若填写，不能为 0～8 760 之外的数值，保留整数。

【7.耗电量】指 2007 年全年废水处理设施运行的实际耗电量。

★填报与审核要求：计量单位为万千瓦时，允许保留 2 位小数。

【8、9.废水实际处理量】指废水处理设施在 2007 年全年实际处理的生产废水和厂区生活污水量。

★填报与审核要求：按 2007 年的实际处理量填报，计量单位为吨，保留整数。

★填报注意事项：①废水实际处理量包括处理后外排的和处理后回用的废水量。虽经处理但未达到国家或地方排放标准的废水量也应计算在内。按处理本单位量和处理外单位量分别填报。②废水实际处理量与设计处理能力的计量单位不同。

【10.处理的废水类型、11.代码】根据废水的产生来源，按《工业废水类型名称及代码表》填写。

【12.处理方法名称、13.代码】根据废水处理的工艺方法，按《废水处理方法名称及代码表》填写。

【14、17、20.处理的污染物名称、15、18、21.代码】根据处理设施所处理的废水类型、所含污染物，按《废水主要污染物名称、代码表》填报。

表 2-16　废水主要污染物名称、代码表

代码	污染物名称	代码	污染物名称	代码	污染物名称
1010	生化需氧量	1011	化学需氧量	1020	汞
1022	镉	1023	总铬	1024	六价铬
1026	砷	1027	铅	1060	氨氮
1070	氰化物（总氰化合物）	1080	石油类	1110	挥发酚
1990	其他水污染物	—	—	—	—

【16、19、22.处理效率】按近三年内的实测数据（全年平均水平）填报。若无，可填报验收监测的结果。

★填报与审核要求：数值的范围在 0～100 之间。允许保留 1 位小数。

2.9.4.2 主要指标关系

要注意【5.运行费用】、【6.运行小时】、【7.耗电量】和【8、9.废水实际处理量】等指标间的逻辑关系。如果发现其中一项指标未填报数据，则应核查其他几项指标的填报情况。

例如：若未填【6.运行小时】，则应核实是否该设施 2007 年全年均未运行或闲置。注意核查该设施相应的【5.运行费用】、【7.耗电量】和【8、9.废水实际处理量】栏，是否填报数据。

2.9.4.3 填报案例

某企业只有一套电镀废水处理装置，由于 2007 年电镀委托其他企业完成，所以电镀废水处理装置未运行。装置总投资 20 万元、设计处理能力为 50 吨/日，处理的主要污染物为氰化物，2006 年项目验收监测，处理效率为 86%。

具体分析及填报注意事项：

按要求闲置的设施也需填报，因为该企业只有一套废水处理装置，所以，电镀废水处理装置编号为 SZ-1。

这里要注意的是：虽然装置未运行（报废的除外），但也需填报处理方法、处理的污染物及设计处理能力，如近 3 年有处理效率的监测数据，也需同时填报。

具体填报如下表：

处理设施基本情况								
废水处理设施		3.总投资额（万元）	4.设计处理能力（吨/日）	5.运行费用（万元）	6.运行小时	7.耗电量（万千瓦时）	废水实际处理量（吨）	
1．编号	2.名称						8.处理本单位量	9.处理外单位量
SZ—1	电镀废水处理装置	20.0	100					
SZ—								
SZ—								

处理方法及主要污染物													
1.废水处理设施编号	10.处理废水类型	11.废水类型代码	12.处理方法名称	13.处理方法代码	处理的污染物								
					14.名称	15.代码	16.处理效率（%）	17.名称	18.代码	19.处理效率（%）	20.名称	21.代码	22.处理效率（%）
SZ—1	电镀废水	3 8 2 0	物理+化学	5 1 0 0	氰化物	1 0 7 0	86.0						
SZ—1													

2.9.5 G105 废水污染物产生量、排放量普查表

2.9.5.1 主要内容、指标解释和填报规定

根据《第一次全国污染源普查方案》，第一次全国污染源普查采用产排污系数、实际监测与物料衡算计算相结合、技术手段与统计手段相结合的技术路线。

产排污系数法：根据产品、生产过程中产排污的主导生产工艺、技术水平、规模等，选用相对应的产排污系数，结合本企业原、辅材料消耗、生产管理水平、污染处理设施运行情况，确定产排污系数的具体取值，依据本企业 2007 年度的实际产量，核算产、排污量，填报 G105-1 表。

实际监测法：根据 G105-2 表中废水流量及污染物的监测浓度计算。有累计流量计的可按废水流量加权平均浓度和年累计废水流量得出；没有累计流量计的可通过监测的瞬时排放量（均值）和年生产时间进行核算。

物料衡算法：在无法根据产排污系数和实际监测法核算污染物排放量的情况下，使用物料衡算法。

普查对象根据产排污系数、实际监测和物料衡算法核算污染物产生、排放量，普查机构结合日常监管情况，对普查对象填报的产生、排放量进行核定。将最终认可的污染物排放量，填报在 G105 表。

核定的污染物产排污量必须由普查对象与普查机构共同确认。若双方有分歧，普查机构能提供符合《工业污染源及集中式污染治理设施普查技术规定》要求的资料，普查对象不予认可时，普查机构有权最终确认其污染物产排污量上报，并作出说明。

总计：填报全厂废水污染物产生及排放量。

【1.排水去向类型】指普查对象产生的废水直接排向江、河、湖、海等环境水体，还是排入市政管网、污水处理厂等，按《排水去向类型代码表》填报相应的代码。

★填报与审核要求：与 G103 表排水去向类型保持一致。

【2.数据来源】根据确认排放量的核算方法，按照：1 产排污系数、2 实际监测、3 物料衡算，将代码填入表格内。

★填报与审核要求：若填写此表，此栏必填。名称必须按全称规范填写。

【污染物产生量】指 2007 年全年普查对象生产过程中产生的未经过处理的废水中所含的汞、镉、铅、铬等重金属和砷、氰化物、挥发酚、化学需氧量、氨氮等污染物本身的纯质量。

【污染物排放量】指 2007 年全年普查对象排放的工业废水中所含的汞、镉、铅、铬等重金属和砷、氰化物、挥发酚、石油类、化学需氧量、氨氮等污染物本身的纯质量。

★填报与审核要求：化学需氧量、氨氮、石油类、挥发酚、生化需氧量等污染物的排放量计量单位为吨，保留 2 位小数；氰化物、砷、铬（六价铬）、铅、镉、汞等污染物的排放量计量单位为千克，保留 2 位小数。

★填报注意事项：表中各种污染物的产生、排放量按废水实际含有的污染物种类填报，确定不存在的可空，不填报。

2.9.5.2 主要指标关系

【污染物产生量】≥【污染物排放量】。

若填写此表，则【1.排水去向类型】和【2.数据来源】栏必填。主要污染物产生及排放量根据废水中实际存在情况选填。

2.9.5.3 废水污染物监测表

监测数据必须符合《工业污染源及集中式污染治理设施普查技术规定》的认定要求，否则为无效数据。

重点工业源 2007 年普查监测结果、污染源历年的监督监测数据，由地方普查机构提供给普查对象。

此表有处理设施的普查对象以处理设施为单位填报，每套处理设施填报一表。同时，填报处理设施对应的排放口编号及排放口相应的排水去向类型。

未经过处理设施处理直接外排的废水或没有处理设施的普查对象以排放口为单位填报，每个排放口填报一表。在“对应的排放口编号”栏中填“排放口编号”。“处理设施编号”不填。

【处理设施编号】处理设施编号、范围与 G104 表一致。

★填报与审核要求：编号的开头字母必为 SZ。

【对应的排放口编号】用字母 FS（代表废水排放口）和普查对象内部编号组成废水排放口编号，不同排放口编号不得重复。排放口名称可在编号后用括号注明。

★填报与审核要求：编号的开头字母必为 FS。

【排水去向类型】根据排放口排水的去向，按《排水去向类型代码表》（见表 2-13）填报相应的代码。

【数据来源】指获取监测数据的监测活动方式。按 a.普查监测、b.监督监测、c.验收监测、d.委托监测、e.企业自测、f.在线监测，将代码填入表格内。

★填报与审核要求：名称必须按全称规范填写。

【2.废水流量】按监测的废水流量折算为小时流量填报。

★填报与审核要求：计量单位为米^3/时，保留整数。

【污染物浓度】根据普查对象的废水类型，所含污染物种类等实际情况填报。企业所排废水中未含有的污染物不填报。

★填报与审核要求：污染物浓度单位除汞为微克/升外，其余均为毫克/升。有效数字按监测方法所对应的实际有效数字填报。

2.9.6 G106 锅炉及废气处理设施普查表

2.9.6.1 主要内容、指标解释与填报规定

有锅炉（报废的除外）的普查对象必须填报本表。

一、锅炉基本情况

【1.锅炉编号】用字母 GL（代表锅炉）和普查对象内部编号组成锅炉编号。

★填报注意事项：在用及备用锅炉一并编号填报，不同锅炉编号不得重复。

【2.锅炉型号】按照锅炉铭牌上的型号填报。

【3.锅炉类型代码】根据锅炉用途、规模，按《锅炉类型代码表》填报。

★填报与审核要求：严格按锅炉种类和规模对应的代码填报。

表 2-17 锅炉类型代码表

代码	锅炉名称
一、火电厂锅炉	
A05	小于 45.5MW（<65t/h）煤粉发电锅炉
A08	45.5～<91MW（65～<130t/h）燃煤发电锅炉
A11	91～<210MW（130～<300t/h）燃煤发电锅炉
A14	210～<287MW（300～<410t/h）燃煤发电锅炉
A17	287～<469MW（410～<670t/h）燃煤发电锅炉
A21	469～<700MW（670～<1 000t/h）燃煤发电锅炉
A24	700～<1 400MW（1000～<2 000t/h）燃煤发电锅炉
A27	≤1 400MW（≤2 000t/h）燃煤发电锅炉
A36	≤45.5MW（≤65t/h）燃油发电锅炉

代码	锅炉名称
A38	≤45.5MW（≤65t/h）燃气发电锅炉
A39	其他发电锅炉
	二、工业（蒸汽）锅炉
A41	≤0.7MW（≤1t/h）燃煤蒸汽锅炉
A42	≤0.7MW（≤1t/h）燃油蒸汽锅炉
A43	≤0.7MW（≤1t/h）燃气蒸汽锅炉
A44	＞0.7～2.8MW（＞1.0～4t/h）燃煤蒸汽锅炉
A45	＞0.7～2.8MW（＞1.0～4t/h）燃油蒸汽锅炉
A46	＞0.7～2.8MW（＞1.0～4t/h）燃气蒸汽锅炉
A47	＞2.8～7.0MW（＞4.0～10t/h）燃煤蒸汽锅炉
A48	＞2.8～7.0MW（＞4.0～10t/h）燃油蒸汽锅炉
A49	＞2.8～7.0MW（＞4.0～10t/h）燃气蒸汽锅炉
A50	＞7.0～24.5MW（＞10.0～35 t/h）燃煤蒸汽锅炉
A51	＞7.0～24.5MW（＞10.0～35 t/h）燃油蒸汽锅炉
A52	＞7.0～24.5MW（＞10.0～35 t/h）燃气蒸汽锅炉
A53	＞24.5MW（35t/h 及以上）燃煤蒸汽锅炉
A54	＞24.5MW（35t/h 及以上）燃油蒸汽锅炉
A55	＞24.5MW（35t/h 及以上）燃气蒸汽锅炉
A59	其他蒸汽锅炉
	三、工业（热水）锅炉
A70	＜1.4MW（＜120 万大卡/时）燃煤热水锅炉
A71	＜1.4MW（＜120 万大卡/时）燃油热水锅炉
A72	＜1.4MW（＜120 万大卡/时）燃气热水锅炉
A73	1.4～2.8MW（120 万～240 万大卡/时）燃煤热水锅炉
A74	1.4～2.8MW（120 万～240 万大卡/时）燃油热水锅炉
A75	1.4～2.8MW（120 万～240 万大卡/时）燃气热水锅炉
A76	＞2.8～7.0MW（＞240 万～600 万大卡/时）燃煤热水锅炉
A77	＞2.8～7.0MW（＞240 万～600 万大卡/时）燃油热水锅炉
A78	＞2.8～7.0MW（＞240 万～600 万大卡/时）燃气热水锅炉
A79	＞7.0MW（＞600 万大卡/时）燃煤热水锅炉
A80	＞7.0MW（＞600 万大卡/时）燃油热水锅炉
A81	＞7.0MW（＞600 万大卡/时）燃气热水锅炉
A89	其他热水锅炉
	四、常压（茶浴及采暖）锅炉
A90	≤0.7MW（≤60 万大卡/时）燃煤常压（茶浴或采暖）锅炉
A91	≤0.7MW（≤60 万大卡/时）燃油常压（茶浴或采暖）锅炉
A92	≤0.7MW（≤60 万大卡/时）燃气常压（茶浴或采暖）锅炉
A93	＞0.7MW（＞60 万大卡/时）燃煤常压（茶浴或采暖）锅炉
A94	＞0.7MW（＞60 万大卡/时）燃油常压（茶浴或采暖）锅炉
A95	＞0.7MW（＞60 万大卡/时）燃气常压（茶浴或采暖）锅炉
A99	其他常压（茶浴或采暖）锅炉
	五、其他设备（主要是机组和直燃机组两类）
Y01	≤25MW 燃油发电机组
Y03	＞25～＜125MW 燃油发电机组
Y05	125～＜300MW 燃油发电机组
Y07	≤300MW 燃油发电机组
Y11	燃煤（采暖、空调）直燃机组
Y13	燃油（采暖、空调）直燃机组
Y15	燃气（采暖、空调）直燃机组

【5.额定出力】统一按兆瓦单位填报。

换算关系：60 万大卡/小时≈1 蒸吨/小时（t/h）≈0.7 兆瓦（MW）

★填报与审核要求：允许保留 1 位小数。

【6.运行小时】指 2007 年全年锅炉的实际运行小时数。

★填报与审核要求：所填数值不能在 0～8 760 之外，保留整数。

【7.能源名称】根据锅炉使用的能源种类，按《能源种类代码表》所列名称规范填报。对于双燃料设备，只填报一种主要燃料。

★填报与审核要求：能源名称必须按全称规范填写。审核能源种类与锅炉类型代码所对应的能源种类是否一致。

★填报注意事项：对于双燃料设备，只填报一种主要燃料。

表 2-18　能源种类代码表

代码	能源种类	计量单位	代码	能源种类	计量单位
100	煤炭	—	300	油	—
101	原煤	吨	301	原油	吨
102	洗精煤	吨	302	汽油	吨
103	其他洗煤	吨	303	煤油	吨
104	型煤	吨	304	柴油	吨
105	焦炭	吨	305	燃料油	吨
106	其他	吨	306	其他	吨
200	气	—	700	生物质	—
201	焦炉煤气	万米^3	701	大豆秆、棉花秆	吨
202	高炉煤气	万米^3	702	稻秆	吨
203	其他煤气	万米^3	703	麦秆	吨
204	天然气	万米^3	704	玉米秆	吨
205	液化天然气	吨	705	杂草	吨
206	液化石油气	吨	706	树叶	吨
207	炼厂干气	吨	707	薪柴	吨
208	其他	万米^3	708	沼气	万米^3

【8.能源计量单位】按《能源种类代码表》中能源对应的计量单位填报。

【9.能源消耗量】指 2007 年全年该锅炉实际消耗的能源量。

★填报与审核要求：允许保留 2 位小数。

【10.燃烧方式、11.代码】根据锅炉燃烧方式，按《锅炉燃烧方式代码表》填报。

表 2-19　锅炉燃烧方式代码表

代码	燃烧方式	代码	燃烧方式
RF01	层燃（手烧及机械烧）	RF02	室燃（煤粉、油、气燃烧）
RF03	沸腾燃烧（循环流化床、沸腾炉）	RF04	其他燃烧方式

【12.对应的处理设施编号】与本表第二部分《处理设施基本情况》中处理设施的编号对应、一致。

二、处理设施基本情况

【1.处理设施编号】用字母 QZ（代表废气处理设施）和普查对象内部编号组成处理设施编号。

★填报注意事项：所有废气处理设施（锅炉、窑炉废气和生产工艺废气处理设施）统一编号；在用和闲置的设施一并编号填报。不同处理设施编号不得重复。

【2.总投资额】指建成该处理设施（除尘、脱硫设施一并统计）并正式投运所投入的全部资金，不包括运行费用。

★填报与审核要求：计量单位为万元，允许保留 1 位小数。

【3.设计处理能力】指废气处理设施设计建设的、设施正常运行时，单位时间内可能处理的废气量。

★填报与审核要求：计量单位为米^3/时，保留整数。

【4.运行费用】指 2007 年全年维持该处理设施（除尘、脱硫设施一并统计）正常运行所发生的费用。包括能源消耗、设备维修、人员工资、管理费、药剂费及与废气处理设施运行有关的其他费用等。不包括设备折旧费。

★填报与审核要求：计量单位为万元，允许保留 1 位小数。

【5.耗电量】指 2007 年全年该处理设施运行的实际耗电量。

★填报与审核要求：计量单位为万元，允许保留 1 位小数。

【6、9.除尘、脱硫方法名称】按废气处理设施采用的除尘、脱硫方式，按《废气除尘、脱硫方法代码表》填报。

★填报与审核要求：除尘、脱硫方法名称必须按全称规范填写。如：湿法除尘法，不能简写为“湿法”。

★填报注意事项：脱硫设施指专门设计、建设的去除烟气二氧化硫的设施，湿法除尘不计入脱硫设施。

表 2-20　废气除尘、脱硫方法代码表

代码	除尘方法	代码	脱硫方法
A	重力沉降法	X0	炉内脱硫法
B	惯性除尘法	X1	循环流化床锅炉
C	湿法除尘法	X2	炉内喷钙法
D	静电除尘法	X9	其他炉内脱硫法
E	过滤式除尘法	Y0	烟气脱硫法
F	单筒旋风除尘法	Y1	石灰石石膏法
G	多管旋风除尘法	Y2	旋转喷雾干燥法
W	其他除尘方法	Y9	其他烟气脱硫法
—	—	Z0	炉内脱硫与烟气脱硫组合法

【7.除尘效率、10.脱硫效率】按近三年内的实测数据（全年平均水平）填报。若无，可填报验收监测的结果。

★填报与审核要求：数值在 0～100 之间，允许保留 1 位小数。

【8. 、11.运行小时】指 2007 年全年处理设施的实际运行小时数。

★填报与审核要求：数值在 0～8 760 之间，保留整数。

【12.废气实际处理量】指 2007 年全年经该设施实际处理的废气总量。

★填报与审核要求：计量单位为万米^3，允许保留 2 位小数。

2.9.6.2 主要指标关系与填报要求

一、锅炉基本情况

若填锅炉基本情况，则【1.锅炉编号】、【3.锅炉分类代码】、【4.投入使用时间】、【5.额定出力】和【燃烧方式】必填；

锅炉基本情况中，注意【6.运行小时】和【9.能源消耗量】之间的逻辑关系。如：【6.运行小时】未填报数据，则说明该锅炉 2007 年全年均未运行或闲置，应注意核查【9.能源消耗量】是否填报了数据。

二、处理设施基本情况

若填处理设施的基本情况，则【1.处理设施编号】、【2.总投资额】和【3.设计处理能力】必填。

处理设施的基本情况中，注意【4.运行费用】、【5.耗电量】、【8. 、11.运行小时】和【12.废气实际处理量】等指标间的逻辑关系。如果发现其中一项指标未填报数据，则应核查其他几项指标的填报情况。

2.9.7 G107 窑炉及废气处理设施普查表

2.9.7.1 主要内容、指标解释与填报规定

有窑炉（报废的除外）的普查对象必须填报本表。

一、窑炉基本情况

【1.窑炉编号】用字母 YL（代表窑炉）和普查对象内部编号组成窑炉编号。

★填报注意事项：在用及备用窑炉一并编号填报，不同窑炉编号不得重复。

【2.窑炉类别、3.代码】按《工业炉窑类别代码表》填报。

表 2-21 工业炉窑类别代码表

代码	工业炉窑类别	代码	工业炉窑类别	代码	工业炉窑类别
010	熔炼炉	043	裂解炉	086	砖瓦窑
011	高炉	049	其他石化炉	087	搪瓷烧成窑
012	炼钢炉混铁炉	050	热处理炉（<1 000℃）	088	其他烧成窑
013	铁合金熔炼炉	051	钢铁热处理炉	090	干燥炉（窑）
014	有色金属熔炼炉	052	有色金属热处理炉	091	铸造干燥炉（窑）
015	其他熔炼炉	053	非金属热处理炉	092	水泥干燥炉（窑）
020	熔化炉	054	其他热处理炉	099	其他干燥炉（窑）
021	钢铁熔化炉	060	烧结炉（黑色冶金）	100	熔煅烧炉（窑）
022	有色金属熔化炉	061	烧结机	110	电弧炉
023	非金属熔化炉、冶炼炉	062	球团竖炉、带式球团	120	感应炉（高温冶炼）
024	冲天炉	063	其他烧结炉	130	炼焦炉
025	其他熔化炉	070	化工用炉	131	煤炼焦炉
030	加热炉	071	电石炉	132	油炼焦炉
031	钢铁连续加热炉	072	煅烧炉	133	其他炼焦炉
032	有色金属加热炉	073	沸腾炉	140	焚烧炉
033	钢铁间隙加热炉	079	其他化工炉	141	固废焚烧炉
034	均热炉	080	烧成窑	142	碱回收炉
035	非金属加热炉	081	水泥窑	145	气体焚烧炉
039	其他加热、保温炉	082	石灰窑	149	其他焚烧炉
040	石化用炉	083	耐火材料用炉	190	其他工业炉窑
041	管式炉	084	日用陶瓷窑	—	—
042	接触反应炉	085	建筑卫生陶瓷窑	—	—

【6.设计生产能力】指设备设计制造出品时给定的或经过技术更新改造后，在设备正常运转的条件下，在单位时间内可能生产的产品数量，或可能达到的生产量。

★填报与审核要求：对应所填写的计量单位填报，保留整数。

【7.运行小时】指 2007 年全年窑炉的实际运行小时数。

★填报与审核要求：保留整数。

【8.能源名称】指窑炉加热或燃烧所使用的能源种类。按《能源种类代码表》填报。对于双燃料设备，只填报一种主要燃料。

【9.能源计量单位】按《能源种类代码表》中能源对应的计量单位填报。

【10.能源消耗量】指 2007 年全年该窑炉实际消耗的能源量。

★填报与审核要求：对应所填写的计量单位填报，允许保留 2 位小数。

【11.原辅材料名称】指使用该窑炉加工的主要原辅材料，按污染源普查用分类与代码附表 4《统计上使用的产品分类目录》。

★填报与审核要求：按使用量由高到低，填写主要的 3 种。

【12.原辅材料计量单位】按污染源普查用分类与代码附表 4《统计上使用的产品分类目录》中规定的计量单位填报。

【13.原辅材料使用量】指 2007 年全年原辅材料的年实际使用量。

★填报与审核要求：对应所填写的计量单位填报，允许保留 2 位小数。

【14.对应的处理设施编号】与本表第二部分《处理设施基本情况》中处理设施编号相对应、一致。

二、处理设施基本情况

【1.处理设施编号】用字母 QZ（代表废气处理设施）和普查对象内部编号组成处理设施编号。

★填报注意事项：所有废气处理设施（锅炉、窑炉废气和生产工艺废气处理设施）统一编号；在用和闲置的设施一并编号填报，不同处理设施编号不得重复。

【2.总投资额】指建成该处理设施（除尘、脱硫设施一并统计）并正式投产所需的全部资金，不包括运行费用。

★填报与审核要求：计量单位为万元，允许保留 1 位小数。

【3.设计处理能力】指废气处理设施设计建设的、设施正常运行时，单位时间内可能处理的废气量。

★填报与审核要求：计量单位为米^3/时，保留整数。

【4.运行费用】指 2007 年全年维持该处理设施正常运行所发生的费用。包括能源消耗、设备维修、人员工资、管理费、药剂费及与废气处理设施运行有关的其他费用等。不包括设备折旧费。

★填报与审核要求：单位为万元，允许保留 1 位小数。

【5.运行小时】指 2007 年全年处理设施实际运行的小时数。

★填报与审核要求：保留整数。

【6.耗电量】指 2007 年全年该处理设施运行的实际耗电量。

★填报与审核要求：计量单位为万千瓦时，允许保留 2 位小数。

【7.净化方法名称、8.代码】按《废气除尘、脱硫方法代码表》填报。

【9.处理的主要污染物名称、10.代码】按《废气主要污染物名称、代码表》填报。

表 2-22　废气主要污染物名称、代码表

代码	污染物名称	代码	污染物名称	代码	污染物名称
2001	烟尘	2002	二氧化硫	2003	氮氧化物
2006	氟化物	2100	粉尘	2099	其他气污染物

【11.处理效率】按近三年内的实测数据（全年平均水平）填报。若无，可填报验收监测的结果。

★填报与审核要求：数值在 0～100 之间，允许保留 1 位小数。

【12.废气实际处理量】指 2007 年全年经该设施实际处理的废气总量。

★填报与审核要求：计量单位为万米^3，允许保留 2 位小数。

2.9.7.2 主要指标关系

一、窑炉基本情况

若填窑炉基本情况，则【1.窑炉编号】、【2.窑炉类别】、【3.窑炉类别代码】、【4.投入使用时间】和

【6.设计生产能力】必填。

窑炉基本情况中，注意【7.运行小时】、【10.能源消耗量】和【13.原辅材料的使用量】之间的逻辑关系。如：【7.运行小时】未填报数据，则说明该窑炉 2007 年全年均未运行或闲置，出现此情况，应注意核查【10.能源消耗量】和【13.原辅材料的使用量】是否填报了数据。

二、处理设施基本情况

若填处理设施的基本情况，则【1.处理设施编号】、【2.总投资额】和【3.设计处理能力】必填。

处理设施的基本情况中，注意【4.运行费用】、【5.运行小时】、【6.耗电量】和【12.废气实际处理量】等指标间的逻辑关系。如果发现其中一项指标未填报数据，则应核查其他几项指标的填报情况。

2.9.8 G108 生产工艺废气处理设施普查表

2.9.8.1 主要内容、指标解释与填报规定

有除锅炉、窑炉配套处理设施外的其他废气处理设施的普查对象必须填报本表。

【1.处理设施编号】用字母 QZ（代表废气处理设施）和普查对象内部编号组成处理设施编号。

★填报注意事项：所有废气处理设施（锅炉、窑炉废气和生产工艺废气处理设施）统一编号；在用和闲置的设施一并编号填报，不同处理设施编号不得重复。

【2.处理设施名称】指普查对象内处理设施的命名或名称。

【3.总投资额】指建成该处理设施并正式投运所需的全部资金，不包括运行费用。

★填报与审核要求：计量单位为万元，允许保留 1 位小数。

【4.设计处理能力】指废气处理设施设计建设的、设施正常运行时，单位时间内可能处理的废气量。

★填报与审核要求：计量单位为米^3/时，保留整数。

【5.运行费用】指 2007 年全年维持该处理设施正常运行所发生的费用。包括能源消耗、设备维修、人员工资、管理费、药剂费及与废气处理设施运行有关的其他费用等。不包括设备折旧费。

★填报与审核要求：计量单位为万元，允许保留 1 位小数。

【6.运行小时】指 2007 年全年处理设施实际运行的小时数。

★填报与审核要求：保留整数。

【7.耗电量】指 2007 年全年该废气处理设施运行的实际耗电量。

★填报与审核要求：计量单位为万千瓦时，允许保留 2 位小数。

【8.废气实际处理量】指 2007 年全年经该设施实际处理的废气总量。

★填报与审核要求：计量单位为万米^3，允许保留 2 位小数。

【9.产生废气的主要生产工艺】优先按污染源普查用分类与代码附表 5《部分工业行业主导工艺名录》中名称填报。在此范围之外的可根据实际情况填报。

【10.净化方法名称、11.代码】按《工艺废气净化方法、代码表》填报。

表 2-23 工艺废气净化方法、代码表

代码	工艺废气净化方法	代码	工艺废气净化方法	代码	工艺废气净化方法
J1	冷凝法	J4	直接燃烧法	J7	催化还原法
J2	吸收法	J5	催化燃烧法	J8	冷凝净化法
J3	吸附法	J6	催化氧化法	J9	其他净化方法

【12、15、18.处理的污染物名称、13、16、19.代码】填报废气处理设施去除的主要污染物名称和代码。污染物代码按《废气主要污染物名称、代码表》填报。

【14、17、20.处理效率】按近3年内的实测数据（全年平均水平）填报。若无，可填报验收监测的结果。

★填报与审核要求：数值在0～100之间，允许保留1位小数。

2.9.8.2 主要指标关系

建设有除锅炉、窑炉配套处理设施外的其他废气处理设施的普查对象，此表必填。

要注意【5.运行费用】、【6.运行小时】、【7.耗电量】和【8.废气实际处理量】等指标间的逻辑关系。如果发现其中一项指标未填报数据，则应核查其他几项指标的填报情况。

例如：若未填【6.运行小时】，则应核实是否该设施2007年未运行或闲置。注意核查该设施相应的【5.运行费用】、【7.耗电量】和【8.废气实际处理量】栏，是否填报数据。

2.9.9 G109 废气及其污染物排放量普查表

2.9.9.1 主要内容、指标解释和填报规定

根据《第一次全国污染源普查方案》，第一次全国污染源普查采用产排污系数、实际监测与物料衡算计算相结合、技术手段与统计手段相结合的技术路线。

产排污系数法：根据产品、生产过程中产排污的主导生产工艺、技术水平、规模等，选用相对应的产排污系数，结合本企业原、辅材料消耗、生产管理水平、污染处理设施运行情况，确定产排污系数的具体取值，依据本企业2007年度的实际产量，核算产、排污量，填报G109-1表。

实际监测法：根据G109-2表中废气污染物的监测浓度、流量，通过监测的瞬时排放量（均值）和年生产时间进行核算。

物料衡算法：在无法根据产排污系数和实际监测法核算污染物排放量的情况下，使用物料衡算法。

普查对象根据产排污系数、实际监测和物料衡算法核算污染物产生、排放量，普查机构结合日常监管情况，对普查对象填报的产生、排放量进行核定。将最终认可的污染物排放量，填报在G109表。

核定的污染物产排污量必须由普查对象与普查机构共同确认。若双方有分歧，普查机构能提供符合《工业污染源及集中式污染治理设施普查技术规定》要求的资料，普查对象不予认可时，普查机构有权最终确认其污染物产排污量上报，并作出说明。

除水泥、钢铁、电力和焦化行业产排污系数已包括无组织排放外，其他行业均不考虑无组织排放情况。

【数据来源】根据确认排放量的核算方法，按照：1产排污系数、2实际监测、3物料衡算，将代码填入表格内。

一、燃烧过程

【2.废气排放量】指2007年全年普查对象厂区内燃料燃烧过程中产生的排入空气中的各种废气总量。

★填报与审核要求：计量单位为万米^3，允许保留2位小数。

【燃烧过程中污染物产生量】指在燃料燃烧过程中产生的烟尘、二氧化硫、氮氧化物量。

【燃烧过程中污染物排放量】指在燃料燃烧过程中排入大气的烟尘、二氧化硫、氮氧化物量。

二、工艺过程

【2.废气排放量】指2007年全年普查对象厂区内生产工艺过程中产生的排入空气中的各种废气总量。

★填报与审核要求：计量单位为万米^3，允许保留2位小数。

【工艺过程中污染物产生量】指在生产工艺过程中产生的粉尘、二氧化硫、氮氧化物和氟化物的量。

【工艺过程中污染物排放量】指在生产工艺过程中排入大气的粉尘、二氧化硫、氮氧化物和氟化物的量。

★填报与审核要求：烟尘、二氧化硫、氮氧化物、工业粉尘等污染物的产生、排放量计量单位为

吨，保留 2 位小数；氟化物的产生、排放量的计量单位为千克，保留 1 位小数。

2.9.9.2 主要指标关系

【污染物产生量】≥【污染物排放量】

若填写此表，则【1.数据来源】和【2.废气排放量】栏必填。主要污染物产生及排放量，根据废气中所含有的污染物情况选填。

2.9.9.3 废气污染物监测表（G109-2）

一、主要内容、指标解释和填报规定

监测数据必须符合《工业污染源及集中式污染治理设施普查技术规定》的认定要求，否则为无效数据。

重点工业源 2007 年普查监测结果、污染源历年的监督监测数据，由地方普查机构提供给普查对象。

此表有处理设施的普查对象以处理设施为单位填报，同时，填报处理设施对应的排放口编号。

未经过处理设施处理直接外排的废气或没有处理设施的普查对象以排放口为单位填报。在“对应的排放口编号”栏中填“排放口编号”。“处理设施编号”不填。

【数据来源】指获取监测数据的监测活动方式。按 a.普查监测、b.监督监测、c.验收监测、d.委托监测、e.企业自测、f.在线监测，将代码填入表格内。

【1.处理设施编号】用字母 QZ（代表废气处理设施）和普查对象内部编号组成处理设施编号。

★填报注意事项：处理设施的编号、数量、范围与 G106 表、G107 表和 G108 表相对应、保持一致。

【2.对应的排放口编号】用字母 FQ（代表废气排放口）和普查对象内部编号组成废气排放口编号。

★填报注意事项：不同排放口编号不得重复。

【4、5.废气流量】处理设施前、后废气流量均填报标准状态下的烟气流量。

★填报与审核要求：计量单位为米^3/时，保留整数。

【污染物浓度】烟（粉）尘、二氧化硫和氮氧化物的进口浓度均指实测浓度。排口折算浓度是指将排气中污染物实测浓度折算到排放标准规定的过量空气系数时相应的污染物浓度。

★填报注意事项：污染物的种类按普查对象排放废气的实际情况填报，所排废气中不存在的污染物不填报。有效数字按监测方法所对应的实际有效数字填报。

二、主要指标关系

【6、9、12.污染物进口浓度】≥【7、10、13.污染物实测浓度】

【15、17.污染物进口浓度】≥【16、18.污染物排口浓度】

2.9.10 G110 工业固体废物普查表

2.9.10.1 主要内容、指标解释和填报规定

有工业固体废物和放射性废物产生的普查对象必须填报本表。

一、工业固体废物产生、综合利用与处置情况

工业固体废物：指在工业生产活动中产生的丧失原有利用价值或者虽未丧失利用价值但被抛弃或者放弃的固态、半固态和置于容器中的气态的物品、物质以及法律、行政法规规定纳入固体废物管理的物品、物质。

根据《固废法》放射性废物不属于工业固体废物范畴，但为了统计方便，将其放在工业固体废物普查表中，一并统计填报，不再单独列出。

填报时，首先按表格中所列工业固体废物种类分别填报，然后在“总计”栏填报总量。计量单位为吨，允许保留 2 位小数。

冶炼废渣：指在冶炼生产中产生的高炉渣、钢渣、铁合金渣以及有色金属矿渣等。

粉煤灰：又称飞灰或烟道灰。指锅炉、煤粉炉在燃煤过程中产生的烟气中的细灰，主要从烟道气体收集而得，应与其烟尘去除量基本相等。

炉渣：指企业燃烧设备从炉膛排出的灰渣，不包括燃料燃烧过程中产生的烟尘。

煤矸石：指与煤层伴生的一种含碳量低、比煤坚硬的黑色岩石。通常由煤矿开采、洗煤及耗煤单位排出。

尾矿：指各种金属和非金属矿矿石经过选矿或水冶作业后，存于水溶液中的残留脉石、矿砂等，统称为尾矿。尾矿产生量是指选矿厂和水冶厂排放的尾矿量，包括赤泥。选矿厂包括各种金属和非金属矿石的选矿厂。赤泥指以铝土矿为原料的氧化铝厂的生产废料。

脱硫石膏：指废气脱硫的湿式石灰石/石膏法工艺中，吸收剂与烟气中 SO_2 等反应后生成的副产物。

污泥：指污水处理厂污水处理中排出的、以干泥量计的固体沉淀物。

放射性废物：指含有天然放射性核素，并其比活度大于 2×10^4Bq/kg 的尾矿砂、废矿石及其他放射性固体废物（指放射性浓度或活度或污染水平超过规定下限的固体废物）。

其他废物：指机械工业切削碎屑、研磨碎屑、废砂型等；食品工业的活性炭渣；硅酸盐工业和建材工业的砖、瓦、碎砾、混凝土碎块等。

【3.工业固体废物产生量】指 2007 年全年普查对象实际产生的工业固体废物的量。

【4.工业固体废物综合利用量】指 2007 年全年普查对象从工业固体废物中提取物质作为原材料或者燃料的活动中消纳固体废物的量。包括本单位利用或委托、提供给外单位利用的量。

【5.工业固体废物综合利用往年贮存量】指 2007 年全年普查对象对往年贮存的工业固体废物进行综合利用的量。

【6.工业固体废物综合利用方式代码】按《工业固体废物综合利用方式代码表》填报。

表 2-24　工业固体废物综合利用方式代码表

代码	综合利用方式	代码	综合利用方式
Z01	铺路	Z09	再循环/再利用不是用作溶剂的有机物
Z02	建筑材料	Z10	再循环/再利用金属和金属化合物
Z03	农肥或土壤改良剂	Z11	再循环/再利用其他无机物
Z04	矿渣棉	Z12	再生酸或碱
Z05	铸石	Z13	回收污染减除剂的组分
Z06	其他	Z14	回收催化剂组分
Z07	作为燃料（直接燃烧除外）或以其他方式产生能量	Z15	废油再提炼或其他废油的再利用
Z08	溶剂回收/再生（如蒸馏、萃取等）	Z16	其他有效成分回收

【7.工业固体废物处置量】指 2007 年全年普查对象将工业固体废物焚烧和用其他改变工业固体废物的物理、化学、生物特性的方法，达到减少或者消除其危险成分的活动，或者将工业固体废物最终置于符合环境保护规定要求的填埋场的活动中，所消纳固体废物的量。包括本单位处置或委托给外单位处置的量。

【8.工业固体废物处置往年贮存量】指 2007 年全年普查对象对往年贮存的工业固体废物进行处置的量。

【9.工业固体废物处置方式代码】按《工业固体废物处置方式代码表》填报。

表 2-25　工业固体废物处置方式代码表

代码	处置方式
10	围隔堆存（属永久性处置）
20	填埋
21	置放于地下或地上（如填埋、填坑、填浜）
22	特别设计填埋
30	海洋处置
31	经海洋管理部门同意的投海处置
32	埋入海床
40	焚化
41	陆上焚化
42	海上焚化
43	水泥窑共处置（指在水泥生产工艺中使用工业固体废物或液态废物作为替代燃料或原料，消纳处理工业固体或液态废物的方式）
50	固化
60	其他处置（属于未在上面 5 种指明的处置作业方式外的处置）
62	废矿井永久性堆存（包括将容器置于矿井）
63	土地处理（属于生物降解，适合于液态固废或污泥固废）
64	地表存放（将液态固废或污泥固废放入坑、氧化塘、池中）
65	生物处理
66	物理化学处理
67	经环保管理部门同意的排入海洋之外的水体（或水域）
70	其他处理方法

【10.工业固体废物本年贮存量】指将 2007 年产生的工业固体废物临时置于特定设施或者场所中的量。

【11.符合环保要求的贮存量】指置于选址、设计、建设符合《一般工业固体废物贮存、填埋场污染控制标准》（GB 18599—2001）等相关环保法律法规要求，具有防扩散、防流失、防渗漏、防止污染大气和水体措施的场所和设施的工业固体废物的量。

【12.工业固体废物往年贮存量】指 2007 年以前将产生的工业固体废物临时置于特定设施或者场所中的量。

【13.工业固体废物贮存方式代码】按《工业固体废物贮存方式代码表》填报。

表 2-26　工业固体废物贮存方式代码表

代码	贮存方式	代码	贮存方式
C01	灰场堆放	C03	尾矿库堆放
C02	渣场堆放	C04	其他贮存（不包括永久性贮存）

【14.工业固体废物倾倒丢弃量】指 2007 年全年普查对象将所产生的固体废物排放到固体废物污染防治设施、场所以外的量。

【15.工业固体废物倾倒丢弃方式代码】按《工业固体废物倾倒丢弃方式代码表》填报。

表 2-27　工业固体废物倾倒丢弃方式代码表

代码	排放方式	代码	排放方式
P01	向水体排放废油类、废酸碱及其他高浓度废液态废物	P06	混入生活垃圾进行堆置的废物
P02	在江河、湖泊、运河、渠道、海洋的滩场和岸坡倾倒、堆放和存贮废物	P07	未经海洋管理部门批准同意，向海洋倾倒废物
P03	利用渗井、渗坑、渗裂隙和溶洞倾倒废物	P08	其他去向不明的废物
P04	向路边、荒地、荒滩倾倒废物	P09	深层灌注
P05	未经环保部门同意用作填坑、填河和土地填埋固体废物	—	—

二、工业固体废物堆存、处置设施情况

【1.贮存场所容量】指普查对象用于贮存工业固体废物的场所，设计建设的总容量。

★填报与审核要求：计量单位为米^3，保留整数。

【2.填埋场所容量】指符合环保要求的用于填埋工业固体废物的场所，设计建设的总容量。

★填报与审核要求：计量单位为米^3，保留整数。

【3.处理设施数量】指普查对象用于处理工业固体废物的装置数量。计量单位为台。

【4.处理设施的设计处理能力】指普查对象用于处理工业固体废物的所有设施的总设计能力。

★填报与审核要求：计量单位为吨/天，允许保留 1 位小数。

【5.总投资额】指建成工业固体废物贮存、填埋场所及处理设施并正式投入使用所需的全部资金，不包括运行费用。

★填报与审核要求：计量单位为万元，允许保留 1 位小数。

【6.运行费用】指 2007 年全年维持工业固体废物贮存、填埋场所及处理设施正常运行所发生的费用。包括能源消耗、设备维修、人员工资、管理费、药剂费及与处理设施运行有关的其他费用等。不包括设备折旧费。

★填报与审核要求：计量单位为万元，允许保留 1 位小数。

2.9.10.2 主要指标关系

若填【3.产生量】，则【4.综合利用量】、【7.处置量】、【10.本年贮存量】和【14.倾倒丢弃量】至少有一项必填；

【3.产生量】≥【10.本年贮存量】；

【4.综合利用量】≥【5.其中：利用往年贮存量】；

【7.处置量】≥【8.其中：处置往年贮存量】；

【10.本年贮存量】≥【11.其中：符合环保要求贮存量】。

【3.产生量】=【4.综合利用量】+【7.处置量】+【10.本年贮存量】−（【5.其中：利用往年贮存量】+【8.其中：处置往年贮存量】）+【14.倾倒丢弃量】。

2.9.10.3 案例分析

下表为一企业填报实例，节选了其中部分填报内容。从表中可以得到如下信息：①该企业本年实际产生污泥 60.27 吨，②综合利用量 11.60 吨，【5.其中：利用往年贮存量】为空，则表示综合利用的只是本年产生的污泥量；③处置量 81.67 吨，【8.其中：处置往年贮存量】为空，说明处置的是本年产生的污泥；④【10.本年贮存量】、【11.其中：符合环保要求贮存量】、【12.往年贮存量】和【14.倾倒丢弃量】均未填报数据，说明产生的污泥或被综合利用或处置了。⑤“总计”行没有填报数据。

通过分析，不难看出，填报数据的指标项【3.产生量】和【7.处置量】之间出现了明显的逻辑错误，这说明两者之间必有一项指标填报错误，或是有其他指标漏填。而且，填报规定中已经明确，填报时，首先要按表格中所列废物种类分别填报，然后在“总计”行填报“各类固体废物合计量”。但表中填报了具体废物的产生、综合利用和处置量，却没有填报总量，明显为漏填。

所以，填报或审核此表时，重点是指标间的逻辑关系是否正确。同时要注意：①示例表中三角“▲”所指的指标项均指“总量”，包括“本年量”和“往年量”。②如果有工业固体废物产生、利用、处置、贮存和倾倒丢弃等信息，填报分量后，“总量”一定要填。

一、工业固体废物产生、综合利用与处置情况														
			综合利用			处置			贮存				倾倒丢弃	
1.废物名称	2.代码	3.产生量（吨）	4.利用量（吨）▲	5.其中：利用往年贮存量（吨）	6.利用方式代码	7.处置量（吨）▲	8.其中：处置往年贮存量（吨）	9.处置方式代码	10.本年贮存量（吨）	11.其中：符合环保要求的贮存量（吨）	12.往年贮存量（吨）	13.贮存方式代码	14.倾倒丢弃量（吨）▲	15.倾倒丢弃方式代码
总计					—			—				—		—
…	…	…	…	…	… … …	…	…	… …	…	…	…	… … …	…	… … …
污泥	7	60.27	11.60		… … …	81.67		… …				… … …		… … …
…	…	…	…	…	… … …	…	…	… …	…	…	…	… … …	…	… … …

2.9.11 G111 危险废物普查表

2.9.11.1 主要内容、指标解释与填报规定

有危险废物产生的普查对象必须填报本表。

一、危险废物产生、综合利用与处置情况

危险废物：是指列入国家危险废物名录或者根据国家规定的危险废物鉴别标准和鉴别方法认定的具有危险特性的固体废物。

按原国家环保局、国家经贸委、外经贸部、公安部联合颁布的《国家危险废物名录》（详见污染源普查用分类与代码附表 7）中的危险废物名称和代码填报。

填报时，首先按危险废物类别分别填报，然后在“总计”栏填报总量。计量单位为吨，允许保留 2 位小数。

表 2-28 《国家危险废物名录》中危险废物分类及代码

编号	废物类别	编号	废物类别
HW01	医院临床废物	HW25	含硒废物
HW02	医药废物	HW26	含镉废物
HW03	废药物、药品	HW27	含锑废物
HW04	农药废物	HW28	含碲废物
HW05	木材防腐剂废物	HW29	含汞废物
HW06	有机溶剂废物	HW30	含铊废物
HW07	热处理含氰废物	HW31	含铅废物
HW08	废矿物油	HW32	无机氟化物废物
HW09	废乳化液	HW33	无机氰化物废物
HW10	含多氯联苯废物	HW34	废酸

编号	废物类别	编号	废物类别
HW11	精（蒸）馏残渣	HW35	废碱
HW12	染料、涂料废物	HW36	石棉废物
HW13	有机树酯类废物	HW37	有机磷化合物废物
HW14	新化学品废物	HW38	有机氰化物废物
HW15	爆炸性废物	HW39	含酚废物
HW16	感光材料废物	HW40	含醚废物
HW17	表面处理废物	HW41	废卤化有机溶剂
HW18	焚烧处置残渣	HW42	废有机溶剂
HW19	含金属羰基化合物废物	HW43	含多氯苯并呋喃类废物
HW20	含铍废物	HW44	含多氯苯并二噁英废物
HW21	含铬废物	HW45	含有机卤化物废物
HW22	含铜废物	HW46	含镍废物
HW23	含锌废物	HW47	含钡废物
HW24	含砷废物	—	—

注：废物来源、常见危害组分或废物名称详见附表 7《国家危险废物名录》。

【3.危险废物产生量】指 2007 年全年普查对象实际产生的危险废物的量。

【4.危险废物综合利用量】指 2007 年全年普查对象从危险废物中提取物质作为原材料或者燃料的活动中消纳危险废物的量。包括本单位利用或委托、提供给外单位利用的量。

【5.危险废物综合利用往年贮存量】指 2007 年全年普查对象对往年贮存的危险废物进行综合利用的量。

【6.危险废物综合利用方式代码】按《工业固体废物综合利用方式代码表》填报。

【7.危险废物处置量】指 2007 年全年普查对象将危险废物焚烧和用其他改变危险废物的物理、化学、生物特性的方法，达到减少已产生的危险废物数量、缩小危险废物体积、减少或者消除其危险成分的活动，或者将危险废物最终置于符合环境保护规定要求的填埋场的活动中，所消纳危险废物的量。包括本单位处置或委托外单位处置的量。

【8.危险废物处置往年贮存量】指 2007 年全年普查对象对往年贮存的危险废物进行处置的量。

【9.危险废物处置方式代码】按《工业固体废物处置方式代码表》填报。

【10.危险废物本年贮存量】指将 2007 年产生的危险废物临时置于特定设施或者场所中的量。

【11.符合环保要求的贮存量】指置于选址、设计、建设符合相关环保法律法规要求，具有防扩散、防流失、防渗漏、防止污染大气和水体措施的场所和设施的危险废物的量。

【12.危险废物往年贮存量】指 2007 年以前将产生的危险废物临时置于特定设施或者场所中的量。

【13.危险废物贮存方式代码】按《工业固体废物贮存方式代码表》填报。

【14.危险废物倾倒丢弃量】指 2007 年全年普查对象将所产生的危险废物排放到危险废物污染防治设施、场所以外的量。

【15.危险废物倾倒丢弃方式代码】按《工业固体废物倾倒丢弃方式代码表》填报。

二、危险废物贮存、处置设施情况

【1.贮存场所容量】指普查对象用于贮存危险废物的场所，设计建设的总容量。

★填报与审核要求：计量单位为米^3，保留整数。

【2.填埋场所容量】指符合环保要求的用于填埋危险废物的场所，设计建设的总容量。

★填报与审核要求：计量单位为米^3，保留整数。

【3.处理装置数量】指普查对象用于处理危险废物的装置数量。计量单位为台。

【4.处理装置的设计处理能力】指普查对象用于处理危险废物的所有设施的总设计能力。

★填报与审核要求：计量单位为吨/天，允许保留 1 位小数。

【5.总投资额】指建成危险废物贮存、填埋场所及处理装置并正式投入使用所需的全部资金，不包括运行费用。

★填报与审核要求：计量单位为万元，允许保留 1 位小数。

【6.运行费用】指 2007 年全年维持危险废物贮存、填埋场所及处理设施正常运行所发生的费用。包括能源消耗、设备维修、人员工资、管理费、药剂费及与处理设施运行有关的其他费用等。不包括设备折旧费。

★填报与审核要求：计量单位为万元，允许保留 1 位小数。

2.9.11.2 主要指标关系

若填【3.产生量】，则【4.综合利用量】、【7.处置量】、【10.本年贮存量】和【14.倾倒丢弃量】至少有一项必填；

【3.产生量】≥【10.本年贮存量】；

【4.综合利用量】≥【5.其中：利用往年贮存量】；

【7.处置量】≥【8.其中：处置往年贮存量】；

【10.本年贮存量】≥【11.其中：符合环保要求贮存量】。

【3.产生量】=【4.综合利用量】+【7.处置量】+【10.本年贮存量】－（【5.其中：利用往年贮存量】+【8.其中：处置往年贮存量】）+【14.倾倒丢弃量】。

2.9.12 G112 电磁辐射设备和放射性同位素与射线装置普查表

2.9.12.1 总体说明

有电磁辐射设备、放射源和射线装置的普查对象必须填报本表。

一、电磁辐射设备

电磁辐射是指能量以电磁波的形式通过空间传播。电磁辐射设备是指产生电磁辐射并用于企业生产及辅助活动、医疗和科学研究的设备。工业、科学、医疗电磁辐射设备本身希望产生电磁能，但不希望电磁能向外环境发射，其对周围环境产生的电磁波不载有信息（信号）。

电磁辐射对人体的危害主要是热效应、非热效应和累积效应等。

热效应：人体中水分子受到电磁波辐射后相互摩擦，引起机体升温，从而影响到体内器官的正常工作。

非热效应：人体的器官和组织都存在微弱的电磁场，它们是稳定和有序的，一旦受到外界电磁场的干扰，处于平衡状态的微弱电磁场即将遭到破坏，人体也会遭受损伤。

累积效应：热效应和非热效应作用于人体后，对人体的伤害尚未来得及自我修复之前（通常所说的人体承受力——内抗力），再次受到电磁波辐射，伤害程度就会发生累积，久之会成为永久性病态，危及生命。对于长期接触电磁波辐射的群体，即使功率很小，频率很低，也可能会诱发意想不到的病变。

我国日益加强对电磁辐射源监管，本次污染源普查按照国家电磁辐射设备（设施）申报登记和监督管理要求，频率大于 500Hz 且功率 5kW 以上的工业、医疗应用中产生电磁辐射的中、高频设备纳入本次电磁辐射设备普查的范围。发射系统（例如：电视、广播（调频）发射台）、工频强辐射系统（例如：送、变电系统）不在本次污染源普查范围之内。

目前，工业用电磁辐射设备主要有以下几类：

1．感应加热设备

依靠高频或中频感应，在被加工物内产生涡流加热。被加工设备为导体或半导体。工作频率一般数百 kHz。如高频熔炼设备、高频淬火设备、高频焊接设备。主要应用于热处理（各种金属的局部或整体淬火、退火、回火、透热）、热锻热成型（各种金属棒料整料锻打、局部锻打、热镦、热轧）、焊接（各种金属制品钎焊、各种硬质合金刀具、锯片锯齿的焊接、钢管、铜管焊接、同种异种金属焊接）、金属熔炼（金、银、铜、铁、铝等金属的（真空）熔炼、粉末冶金烧结和金属熔炼）以及瓶口热封、牙膏皮热封、粉末涂装等其他需对金属加热的场合。

2．介质加热设备

依靠高频感应电磁场在介质内的损耗加热。被加工物一般为绝缘体。工作频率数 MHz 或数十 MHz。如塑料热合机、高频干燥处理机、高频灭菌处理机、介质加热联动机。主要应用于塑料（PVC 塑料热合、溶接、压花、箔印）、纺织（合成纤维、毛纺品、羊毛的烘干、杀菌、染料固色）、化工（各类粉、粒、块状化工原料的烘干、成形）、食品（粮食干燥和杀菌，鱼、肉类解冻和杀菌，大豆的软化）、药品（各种中草药、粉粒药品烘干、杀菌）、木材加工（木材烘干、杀虫、曲木成型、木制品胶合）等行业。

3．工业微波加热设备

依靠微波在介质内的损耗加热。被加工物应为绝缘体或导电不良的物体。工作频率为数 GHz。如微波加热设备、微波灭菌设备、微波干燥设备。主要应用于药品（中西药材、药粉、药丸干燥灭菌）、食品（微波灭菌、加热、解冻）、化工（微波橡胶硫化，石油产品加热和原油解冻）、木材加工（木材干燥杀虫）、纺织（玻璃纤维、化纤烘干）等行业。

4．射频溅射设备

用几十电子伏或更高动能的荷能粒子轰击材料表面，使其原子获得足够的能量而溅出进入气相，这种溅出的、复杂的粒子散射过程称为溅射。射频溅射是用频率为 13.56MHz 的射频电场加速电子来获得更高的动能而达到溅射的目的。溅射技术以其在制备薄膜中的独特优点，成为获得高性能纳米材料的重要手段。射频溅射镀膜设备的功率为数百瓦至数千瓦。溅射法镀制薄膜原则上可溅射任何物质，可以方便地制备各种纳米发光材料，是应用较广的物理沉积纳米复合薄膜的方法。主要应用于半导体和光电产品的制造。

5．工业超声设备

超声产生的原理：①高频振荡器产生超声频电流，传给换能器（由绕有线圈的环状镍块组成）；②当超声频电流通过换能器线圈时产生电磁场，在电磁场的作用下，由于镍有磁致伸缩效应，使换能器镍环的直径大小周期性的变化，于是换能器镍环将发生振动，其振动频率约为 20kHz（超声频范围）。工业超声设备应用于超声清洗、超声焊接、超声探测、超声检测（超声探伤、超声成像、超声测厚）等。超声清洗设备频率较低，但功率可以达到数千瓦；超声检测设备频率一般为数 MHz，超声探测设备频率较高为十几 MHz，但功率较低。

工业用电磁辐射设备涉及的单位，参见表 2-29。

二、含放射源设备与射线装置

放射源：指除研究堆和动力堆核燃料循环范畴的材料以外，永久密封在容器中或者有严密包层并呈固态的放射性材料。放射性同位素，是指某种发生放射性衰变的元素中具有相同原子序数但质量不同的核素。

射线装置：指 X 线机、加速器、中子发生器。

在普查中，含放射源设备、射线装置的普查不针对放射性核素、核素活度和射线类型等专业指标，只对工业企业中使用含放射性设备和射线装置，以及医院中使用含放射源设备与射线装置进行普查。科研院所中使用的放射源与射线装置，由于管理完善、国家监管严格，不在这次普查的范围。非密封放射源不进行普查。

表 2-29　工业用电磁设备及可能涉及单位

设备名录	应用领域	一般涉及单位
高频、中频感应加热设备（高频熔炼设备、高频淬火设备、高频焊接设备）	热处理、热锻热成型、焊接、金属熔炼、其他需对金属加热的场合	钢铁厂、汽车制造厂、发动机制造厂、机械厂、铸造厂、锅炉厂、造船厂、金属研究所、材料研究所、焊材生产厂、摩托车零部件生产厂、五金工具生产厂、钢管生产厂、不锈钢厂、金属网架生产厂、特种金属加工厂、热处理厂、电器厂等
高频介质加热设备（塑料热合机、高频干燥处理机、高频灭菌处理机、介质加热联动机）	塑料、纺织、化工、食品、药品、建材等行业	包装厂、制药厂、制鞋厂、塑料玩具厂、塑料彩印厂、花边厂、袋装食品厂、日用品生产厂、塑料工艺品生产厂、各类需要进行吸塑包装产品的生产厂等
微波加热设备（微波加热设备、微波灭菌设备、微波干燥设备）	药品、食品、化工、建材等行业	食品厂、化工厂、调味品厂、木材加工厂、制药厂等
射频溅射设备（射频溅射镀膜设备）	半导体和光电产品的制造	半导体、光电产品生产厂、镀膜玻璃生产厂、工艺礼品生产厂等

放射源在工业上的应用非常广泛，利用放射性同位素发出的各种射线与物质相互作用的各种效应可制成各种检测、控制、计量、分析核仪表（如测厚仪、料位计、核子秤、核子湿/密度仪等）；利用射线与不同物质相互作用的差别可进行地质探矿（如测井仪）；利用辐射接枝、交联的方法对高分子材料进行辐射改性；利用 X 射线具有穿透性的特点制成工业射线探伤机等。所以放射性同位素和射线装置可用于工业生产、加工、计量、检测等各个环节，使工业生产连续化、自动化，提高生产效率。

使用含放射性设备和射线装置涉及的行业、单位有：辐照装置、医疗机构、建材、纺织、地质和煤田勘探与开采、石油开采与炼油、机械制造与安装、仪表和钟表制造、荧光灯生产、卷烟、造船、电力、制药、育种、造纸、冶金、电影制片、木材、塑料、面粉、饲料加工、电缆等。

2.9.12.2 主要内容、指标解释和填报规定

一、工业用电磁辐射设备

当电磁辐射设备（设施）频率大于 500Hz 且功率 5kW 以上，产生的电磁能和辐射强度一般就可能达到或者超过国家规定的下限值，纳入普查范围。

【1.电磁辐射设备类别】和【2.设备代码】应按照表 2-30 电磁辐射设备类别代码表中设备名称和相应代码填写，一定要注意设备类别与代码的一一对应。

表 2-30　电磁辐射设备类别代码表

设备代码	设备类别	设备代码	设备类别	设备代码	设备类别
131PG01	高频熔炼设备	131PG06	高频灭菌处理机	131PG11	超声清洗
131PG02	高频淬火设备	131PG07	介质加热联动机	131PG12	超声焊接
131PG03	高频焊接设备	131PG08	微波加热设备	131PG13	超声探测
131PG04	塑料热合、压花、热合、溶接、箔印设备	131PG09	微波灭菌设备	131PG14	超声检测（超声探伤、超声成像、超声测厚）
131PG05	高频干燥处理机	131PG10	微波干燥设备	131PG15	射频溅射镀膜设备

【3.设备型号】应按照设备铭牌上的型号填写，如果某些电磁辐射设备由于历史年代久远，铭牌上的型号无法识读，可空，但这种情况极为少见，一旦普查对象填写，普查员、普查指导员和普查机构应重点审核。

【4.标称功率】是反映电磁辐射能量强弱的指标，所以是普查表填报的重要内容；如果某些电磁辐射设备由于历史年代久远，这两项指标无法核查，可以空，但这种情况极为少见，一旦普查对象填写，普查员、普查指导员和普查机构应重点审核。填报时，应注意功率单位为千瓦，并按铭牌或说明书上内容填写。

【5.工作频率】是反映电磁辐射能量强弱的指标，所以是普查表填报的重要内容；如果某些电磁辐射设备由于历史年代久远，这两项指标无法核查，可以空，但这种情况极为少见，一旦普查对象填写，普查员、普查指导员和普查机构应重点审核。填报时，应注意频率单位千赫，填报设备铭牌或说明书上的最大工作频率，如有的塑料热合机频率为27.12MHz，应该填“27 120”。

【6.启用时间】是反映电磁辐射设备开始对环境和人体产生影响的指标，应填写电磁辐射设备第一次使用的时间。例：若设备2000年6月启用，则填写“2000.06”。

【7.设备使用状态】指如果至2007年末普查对象的电磁辐射设备在使用，或者暂停使用但以后还需使用的，应在“在用”后的“□”中划√，一定要注意“备用”也属于“在用”；如设备已经废弃或闲置不再使用，或已报废，但尚未送相关废物处理处置单位处理处置的，应在“终止使用”后的“□”中划√，一定要注意已经送往废物处置地的报废设备，不填报。

★ 填报与审核要求：普查对象如果有电磁辐射设备则应填写1～7项，如果设备铭牌上的型号、标称功率、工作频率等无法识读时，相关指标项可空，但普查员应认真核实。

二、工业用含放射源设备

国家对放射源采用编码管理，即身份证管理。每一个（枚）放射源都有唯一放射源编码（即放射源编码卡上12位国家编码）。放射源编码是原国家环保总局、省级环境保护部门、放射源生产单位依据国家统一要求编制的对含放射源设备中放射源的唯一编码。普查对象应根据放射源编码卡（见图2-2）填报【11.放射源编码】，如果没有放射源编码，则空或者向当地省级环境保护部门申请后填报，这种情况极为少见，一旦普查对象填报了其他指标但该指标为“空”，则普查员、普查指导员和普查机构应重点审核，并应报告省级辐射环境监管机构，进行重点审核。

部分含放射源设备中含有多个（枚），则每个（枚）放射源填报一行，顺序填写，其他指标也相应填写。

核素名称		
出厂活度	______________________贝可	
出厂日期	年　　月　　日	
生产厂家		
源外形尺寸		
标号		
国家编码		

图2-2　放射源编码卡

★填报与审核要求：含放射源设备必须与放射源编码对应，放射源编码是唯一编码，不应重复。

【8.含放射源设备类别】和【9.设备代码】按照表2-31含放射源设备类别代码表填报中设备名称和相应代码填写，一定要注意设备类别与代码的一一对应。

表 2-31　含放射源设备类别代码表

设备代码	设备类别	设备代码	设备类别	设备代码	设备类别
512PG01	γ 源辐照设备	541PG01	测厚仪	542PG03	水份仪
521PG01	γ 射线探伤机	541PG02	液位计	544PG01	静电消除仪
521PG02	γ 射线集装箱检查系统	541PG03	核子秤	554PG01	穆斯堡尔谱仪
531PG01	料位计	542PG01	密度仪	555PG01	校验源
532PG01	测井仪	542PG02	温度计	—	—

【10.设备型号】应按照设备铭牌上的型号填写，如果某些设备由于历史年代久远，铭牌上的型号无法识别，或者对于终止使用的放射源的设备，放射源与设备已经分离，难以找到设备型号，可空，但这种情况比较少见，一旦普查对象填写，普查员、普查指导员和普查机构应重点审核。

【12.出厂时间】是反映放射源开始对环境和公众产生影响的指标，由于放射源不断衰变，通过出厂时间和放射源编码记录能大致计算出放射源的当前活度，放射源的强弱程度。例：若设备 2000 年 6 月出厂，则填写“2000.06”。

【13.设备使用状态】如果至 2007 年末普查对象的含放射源设备在使用，或者暂停使用但以后还需使用的，则在“在用”后的“□”中划 √；如果设备已经废弃或闲置不再使用，或已报废，但尚未送相关废物处置单位处置的，则在“终止使用”后的“□”中划 √。注意：已经送往城市废放射源库或废物处置地的报废放射源，不填报。

★填报与审核要求：普查对象如果有放射源则应填报 8～13 项，如果设备铭牌上的【设备型号】无法识读时，可空，但普查员应认真核实。

三、工业用射线装置

【14.射线装置名称】和【15.设备代码】按表 2-32 填报，注意设备名称与代码的一一对应。

表 2-32　射线装置名称代码表

设备代码	装置名称	设备代码	装置名称	设备代码	装置名称
111PG01	X 射线探伤机	111PG03	其他工业用 X 射线机	130PG01	中子发生器
111PG02	工业 CT 机	122PG01	加速器	—	—

【16.装置型号】应按照设备铭牌上的型号填报，如果某些射线装置由于历史年代久远，铭牌上的型号无法识别，可空，但这种情况极为少见，一旦普查对象填写，普查员、普查指导员和普查机构应重点审核。

【17.射线装置类别】根据射线装置对人体健康和环境可能造成危害的程度，从高到低将射线装置分为 Ⅰ 类、Ⅱ 类、Ⅲ类。按照使用用途分医用射线装置和非医用射线装置。Ⅰ 类为高危险射线装置，Ⅲ 类为低危险射线装置。普查对象应根据表 2-33 射线装置分类表中列出非医用射线装置的各种射线装置按自有的射线装置填报出 Ⅰ 、Ⅱ 、Ⅲ，填写在“□”内。

【18.启用时间】是反映射线装置开始对环境和人体产生影响的指标，应填写装置第一次使用的时间。例：若设备 2000 年 6 月启用，则填写“2000.06”。

【19.装置使用状态】如果至 2007 年末普查对象的射线装置在使用，或者暂停使用但以后还需使用的，则在“在用”后的“□”中划 √；如果设备已经废弃或闲置不再使用，或已报废，但尚未送相关废物处置单位处置的，则在“终止使用”后的“□”中划 √。注意：已经送往城市废放射源库或废物处置地的报废放射源，不填报。

★填报与审核要求：普查对象如果有射线装置则应填报 14－19 项，如果设备铭牌上的【设备型号】无法识读时，可空，但普查员应认真核实。

表 2-33　射线装置分类表

装置类别	非医用射线装置
I 类射线装置	生产放射性同位素的加速器（不含制备 PET 用放射性药物的加速器）
	能量大于 100 兆电子伏的加速器
II 类射线装置	工业探伤加速器
	安全检查用加速器
	辐照装置用加速器
	其他非医用加速器
	中子发生器
	工业用 X 射线 CT 机
	X 射线探伤机
III 类射线装置	X 射线行李包检查装置
	X 射线衍射仪
	其他高于豁免水平的 X 射线机

2.9.13　G113 伴生放射性污染源普查表

经各级辐射环境部门初测认定的伴生放射性采矿行业、矿产资源冶炼和加工行业的普查对象填报，其他普查对象不填。

2.9.13.1 伴生放射性污染源的认定和普查对象

自然界中有很多矿物资源是与天然放射性核素共生的，当矿物中的放射性物质含量达到一定比例时就称为伴生放射性矿，即含有较高水平天然放射性核素浓度的非铀矿（如稀土矿和磷酸盐矿等）称为伴生放射性矿。

伴生放射性污染源是指从事伴生放射性矿物资源开采、冶炼和加工的工业企业。

本次普查印发的《放射性污染源普查监测技术规定》和《伴生放射性污染源普查监测有关问题的说明》明确要求必须重点监测的污染源为：稀土、铌钽、锆石和氧化锆、锡、铅/锌矿、铜、铁、磷酸盐、煤、铝、钒等 11 类矿物资源开采、冶炼和加工的工业企业。鉴于伴生放射性矿物资源中放射性水平受成矿条件等多种因素的影响，这些矿物资源并不一定都含有较高的放射性水平，所以这些企业矿石或主要原材料及主要废物经初测达到以下条件中任何一条：①矿石或主要原材料（如精矿）中 U、Th 系核素的含量大于 0.1Bq/g；②矿石或主要原材料（如精矿）表面 1m 处的 γ 剂量率超出“当地本底水平＋50nGy/h”；③主要废物（如尾矿、尾渣）表面 1m 处的 γ 剂量率超出“当地本底水平+50nGy/h”，就要依据《伴生放射性污染源普查监测有关问题的说明》的规定对原料（包括伴生矿原矿、精矿）及产生的废气（气溶胶）、废液（废水）、固体废物（尾矿、废渣）中放射性核素含量进行监测，并填报普查表。

采矿行业的矿产品中如果既有原矿又有精矿，主要对原矿进行取样监测。

2.9.13.2 主要内容、指标解释和填报规定

该表放射性核素活度浓度监测数据，由各省辐射监督监测单位指导普查对象填报，即将 2007 年监测数据结果提供给普查对象填报本表，并抄送普查对象所在区县普查机构。若无，可填报历史监督性监测数据，数据由各级辐射环境管理部门提供给普查对象。如果填报相关历史数据，则该数据必须符合《放射性污染源普查监测技术规定》的要求。普查表格和数据统一按属地管理原则由普查对象所在地区、县普查机构存档、上报。

【矿产品、原料（原矿、精矿）名称及代码】按表 2-34 填写。注意名称与代码的一一对应。

表 2-34　矿产品、原料（原矿、精矿）名称及代码表

代码	矿产品、原料（原矿、精矿）名称	代码	矿产品、原料（原矿、精矿）名称	代码	矿产品、原料（原矿、精矿）名称
0905020000	独居石原矿	0907080000	锆石	1020120000	磷酸岩（磷灰石）
0905020101	独居石精矿	0907080201	锆精矿	0610000000	原煤
0905010000	氟碳铈镧原矿	0901050000	锡矿	0690040000	煤矸石
0905010200	氟碳铈镧精矿	0901050201	锡精矿	0901070200	铝原矿
0905030000	磷钇原矿	0901020000	铅/锌矿	0901070100	铝精矿
0905030200	磷钇精矿	0901020203	铅/锌精矿	1013410000	铝钒土
0905090000	离子型稀土原矿	0901010000	铜矿	0907070100	钒原矿
0905090001	离子型稀土精矿	0901010201	铜精矿	0907070200	钒精矿
0907040000	铌/钽原矿	0801010000	铁矿石原矿	—	—
0907040109	铌/钽精矿	0801020400	铁精矿	—	—

矿产品、原料（原矿、精矿）代码为 10 位。

★填报与审核要求：原料、固体废物中天然铀的放射性活度浓度不应超过 2.56×10^7 贝克/千克，钍-232 的放射性活度不应超过 4.07×10^6 贝克/千克，否则必须经重新审核监测数据后填报。

【开采量（或使用量、产生量）】采选企业填报含有放射性的矿产品开采量，以及含有放射性的固体废物、废水、废气的产生量；冶炼加工企业填报伴生放射性原料（矿产品）冶炼加工量以及含有放射性的固体废物、废水、废气的产生量。

2.9.14　G116 持久性有机污染物普查表指标解释与填报说明

化学原料和化学制品制造业（C26）的产业活动单位填报此表。

持久性有机污染物普查种类包括：氯丹、灭蚁灵、全氟辛基磺酰类化合物、多溴二苯醚、多溴联苯、氯化石蜡和滴滴涕。生产氯丹、灭蚁灵、全氟辛基磺酰类化合物、多溴二苯醚、多溴联苯、氯化石蜡的普查对象，填报产品的生产量、销售量、库存量和废弃量。使用滴滴涕作为原辅材料的普查对象，填报使用量、库存量和废弃量。

氯丹（CAS：57-74-9）、灭蚁灵（CAS：2385-85-5）：为有机氯高毒杀虫剂。

全氟辛基磺酰类化合物（PFOS）：用于表面活性剂、整理剂以及氟硅合成材料制造。

多溴二苯醚（CAS：32534-81-9）、多溴联苯（CAS：6355-1-8）：主要用于阻燃剂方面。

氯化石蜡（CAS：85535-84-8）：用于阻燃剂、增塑剂等。填报氯化石蜡 42、氯化石蜡 52 和氯化石蜡 70 产品的生产情况及三种产品中短链氯化石蜡的含量。短链氯化石蜡是指碳链为 10 到 13 之间的氯化石蜡。

滴滴涕（CAS：50-29-3）：作为中间体生产三氯杀螨醇，作为助剂生产船舶防污漆等。

【生产量】指 2007 年全年，检验合格并办理入库手续的产品产量。规定要求包装的产品，必须包装好，才能计算产品产量。

【销售量】指 2007 年全年所销售的产品总量。

【库存量】指至 2007 年年末的库存量。

【废弃量】指至 2007 年，累计废弃量（包括当年废弃和往年废弃量）。

【使用量】指 2007 年全年在生产中所消耗的量。

★填报与审核要求：表中各项指标的计量单位均为千克，允许保留 1 位小数。

★填报注意事项：滴滴涕的使用分为用作生产三氯杀螨醇的中间体和用作船舶防污漆助剂 2 种用途，分别调查其使用情况。

2.9.15 G115 表 含多氯联苯电容器（变压器）普查表指标解释与填报说明

纺织业（C17）、造纸及纸制品业（C22）、黑色金属冶炼及压延加工业（C32）、有色金属冶炼及压延加工业（C33）、专用设备制造业电力（C36）、电气机械及器材制造业（C39）、电力、热力的生产和供应业（D44），有在用、报废含多氯联苯的电容器、变压器的企业，普查内容增加含多氯联苯电容器（变压器）的使用情况。一般主要集中在 1980 年代前建厂的大型企业。

（1）电容器：在 1974 年前生产、型号中“第二个字母是 L 的电容器均为调查对象，型号举例：YL10.5-30-1；RLST0.5-90-2.5；CL1-20-1。

（2）变压器：1980 年前进口的变压器。

【在用 PCBs 电容器（变压器）】指仍然在网上运行，和其他由于下网修理，暂时不运行的电容器（变压器）。

【报废 PCBs 电容器（变压器）】指达到退役年限被弃置不用，和虽未达到退役年限，但由于部件损毁不能修复导致设备不能发挥应有作用而被弃置不用，并且按照国家规定已经被临时暂存或进行处理的电容器（变压器）。

【疑似 PCBs 电容器（变压器）】指 20 世纪六七十年代生产，无标牌、标牌不清或无法证明其不含 PCBs 的电容器（变压器）。

【投运时间】指设备正式入网运行的时间。

【报废时间】指设备由于不能发挥作用而被弃置不用的时间。

★填报注意事项：在用电容器（变压器）不填报报废时间。

2.9.16 G116 表 消耗臭氧层物质普查表指标解释与填报说明

普查范围：生产或使用普查表中所列消耗臭氧层物质（四氯化碳、甲基溴、含氢氯氟烃）的普查对象。作为产品生产或副产品的填报生产量、销毁量和库存量；作为原辅材料使用的填报采购量、使用量和库存量。

四氯化碳：主要用作化工原料、加工助剂。产品生产情况调查基础化学原料制造业（261），生产企业相对集中在山东、江苏、浙江和四川省；作为原辅材料使用情况调查化学农药制造业（2631）和化学药品原药制造业（2710），使用企业主要集中在浙江、江苏、安徽、江西、山东、辽宁、云南、四川、上海、河南等省（市）。

甲基溴：也称溴甲烷。产品生产情况调查化学农药制造业（2631），主要分布在山东和江苏省；作为原辅材料使用情况调查化学农药制造（2631）、香料、香精制造（2674）、化学药品原药制造（2710）、化学药品制剂制造（2720）。

含氢氯氟烃（HCFCs）：包括表 2-35 中的 6 种物质，主要用作制冷剂、发泡剂、化工原料。产品生产情况调查有机化学原料制造业（2614），主要分布在山东、江苏、浙江和四川省；作为原辅材料使用情况调查初级形态的塑料及合成树脂制造（2651）、合成橡胶制造（2652）、塑料板、管、型材制造业（3020）、泡沫塑料制造业（3040）、制冷、空调设备制造（3573）和家用空气调节器制造业（3952）等行业。

【生产量】指 2007 年全年，检验合格并办理入库手续的产品产量。规定要求包装的产品，必须包装好，才能计算产品产量。

【销售量】指 2007 年全年所销售的产品总量。

【销毁量】指 2007 年全年，经销毁进行处置（销毁指通过焚烧或其他方式使消耗臭氧层物质完成永久性转变或分解）的量。

【采购量】在报告期内，检验合格并办理入库手续的购入的原辅材料数量。

【使用量】用于生产其他产品或商品时作为原辅材料实际使用的用量。

【库存量】指至 2007 年年末的库存量。

★填报与审核要求：表中各项指标的计量单位均为千克，允许保留 1 位小数。

表 2-35　含氢氯氟烃（HCFCs）

物质代码	化学式	化学名称	异构体数目	消耗臭氧潜能值（ODP 值）	我国生产与消费情况
HCFC-22	CHF_2C1	一氯二氟甲烷	1	0.055	有生产及消费
HCFC-123	$C_2HF_3Cl_2$	二氯三氟乙烷	3	0.02～0.06	有生产及消费
HCFC-124**	$CHFClCF_3$	1-氯 1,2,2,2-四氟乙烷	—	0.022	有生产及消费
HCFC-133	$C_2H_2F_3Cl$	一氯三氟乙烷	3	0.02～0.06	
HCFC-141b**	CH_3CFCl_2	1,1-二氯 1-氟乙烷	—	0.11	有生产及消费
HCFC-142b**	CH_3CF_2Cl	1-氯 1,1-二氟乙烷	—	0.065	有生产及消费

2.10 工业源普查简表主要内容、指标解释和填报规定

一般工业源普查对象填报工业源普查简表，普查简表中“G201 工业企业基本情况表、G204-1 废气污染物监测表、G205 工业固体废物普查表、G206 电磁辐射设备和放射性同位素与射线装置普查表、G207 含多氯联苯电容器（变压器）普查表、G208 消耗臭氧层物质普查表”与工业源普查详表“G101 工业企业基本情况表、G109-1 废气污染物监测表、G112 工业固体废物普查表、G114 电磁辐射设备和放射性同位素与射线装置普查表、G117 含多氯联苯电容器（变压器）普查表、G118 消耗臭氧层物质普查表”内容、指标完全相同，仅表号不同。

工业源普查简表“G202 主要产品、原辅材料及能源消费情况普查表”与工业源详表“G102 主要产品、原辅材料及能源消费情况普查表”基本相同，在 G202 表中增加了“7. 主要工艺”，供核算污染物产生、排放量用。简表“G203-1 废水污染物监测表”、与工业源详表“G105-2 废水污染源监测表”、格式、指标基本相同，按照工业源普查对象的分类，有重金属排放的工业源归入重点工业源普查，故简表中“废水污染物监测表”没有重金属指标。以上表格的解释不再赘述。

若普查过程中，发现普查对象有重金属、危险废物、放射性废物产生的，改列入重点工业源，并请普查对象改填详表。

2.10.1 G203 用水及废水处理、排放情况普查表

2.10.1.1 主要内容、指标解释和填报规定

一、用水及废水处理、排放量情况

【1.用水总量】指 2007 年全年普查对象厂区内用于工业生产活动的水量，它等于取水总量与重复用水量之和。

★填报与审核要求：计量单位为吨，保留整数。

【2.取水总量】指 2007 年全年普查对象从各种水源提取的并用于工业生产活动的水量总和，包括城市自来水用量和自备水（地表水、地下水和其他水）用量。

工业生产活动用水包括主要工业生产用水、辅助生产（包括机修、运输、空压站等）用水和附属

生产（包括厂内绿化、职工食堂、非营业的浴室及保健站、厕所等）用水；不包括①非工业生产单位的用水，如厂内居民家庭用水和企业附属幼儿园、学校、对外营业的浴室、游泳池等的用水量；②生活用水单独计量且生活污水不与工业废水混排的水量。

★填报与审核要求：计量单位为吨，保留整数。注意核查普查对象的水平衡关系。

【3.自备水】指2007年全年普查对象工业生产活动所消耗的自备水水量，包括地表水、地下水、海水及外来中水等。

★填报与审核要求：计量单位为吨，保留整数。

★审核注意事项：自备水用量应根据普查对象2007年全年水资源费票据（水资源管理部门出具）计算。并可通过记录一段时间内普查对象水表数，或通过自备井的水泵流量及全年使用时间对全年用水量进行核对；外来中水按用水协议填报。

【4.重复用水量】指2007年全年普查对象内部，对生产和生活排放的废水直接或经过处理后回收再利用的水量，不包括从城市污水处理厂回用的中水量。

重复用水量的计算原则：

（1）开放原则。即水的循环在开放系统进行，循环一次计算一次，但锅炉、循环冷却系统等封闭式系统内的循环水不能计算重复用水量。

（2）“源头”计算原则。对循环水来说，使用后的水，又回流到系统的取水源头，流经源头一次，计算一次。循环系统中的中间环节用水不得计算重复用水量。

（3）异地原则。对于非循环系统，根据不同工艺对不同水质的要求，在一个地方（工艺）使用过的水，在另外一个地方（工艺）中又进行使用，使用一次，计算一次。在同一地方（容器）多次使用的水，不得计算重复用水量。

（4）经过净化处理后的水重复再用，在任何情况下都按照重复用水计算。

【5.废水产生量】指2007年全年普查对象厂区内工业生产活动产生的废水量。

★填报与审核要求：计量单位为吨，保留整数。

【6.废水实际处理量】指废水处理设施在2007年全年实际处理的工业废水和厂区生活污水量，包括处理后外排的和处理后回用的工业废水量。虽经处理但未达到国家或地方排放标准的废水量也应计算在内。

★填报与审核要求：按2007年的实际处理量填报，单位为吨，保留整数。

★填报注意事项：废水年实际处理量包括处理后外排的和处理后回用的工业废水量。虽经处理但未达到国家或地方排放标准的废水量也计算在内。

【7.废水排放量】指2007年全年经过普查对象所有排放口排到厂区外部的废水量。包括生产废水、外排的直接冷却水和清污不分流的间接冷却水、超标排放的矿井地下水和与工业废水混排的厂区生活污水，不包括独立外排的厂区生活污水及清污分流的间接冷却水和雨水。

直接冷却水：在生产过程中，为满足工艺过程需要，使产品或半成品冷却所用与之直接接触的冷却水（包括调温、调湿使用的直流喷雾水）。

间接冷却水：在工业生产过程中，为保证生产设备能在正常温度下工作，用来吸收或转移生产设备的多余热量，所使用的冷却水（此冷却用水与被冷却介质之间由热交换器壁或设备隔开）。

★填报与审核要求：计量单位为吨，保留整数。若不填，则表示普查对象没有废水排放。

【8.排入水体量】指2007年全年普查对象产生的废水未经过污水集中处理厂（城镇污水处理厂、工业废水集中处理设施）处理直接或者经过市政管网，排入江河、湖泊、渠道、水库、海洋、沼泽等地表水体的废水量。

★填报与审核要求：计量单位为吨，保留整数。若此项不填，则应核实普查对象的废水是否全部排入污水集中处理厂（城镇污水处理厂、工业废水集中处理设施）。

【9.直排入海量】指经普查对象位于海边的排放口，直接排入海域的废水量。

直排入海是指废水经过工厂的排污口直接排入海域，而未经过城市下水道或其他中间体，也不受其他水体的影响。

★填报与审核要求：计量单位为吨，保留整数。

【10.排入污水集中处理厂量】指 2007 年全年普查对象产生的废水直接或经市政管网排入污水处理厂的废水量，包括排入专业化的工业废水集中处理设施的废水量。

工业废水集中处理设施是指提供社会化有偿服务，为工业园区、联片工业企业或周边企业承担工业废水处理（包括一并处理周边地区生活污水）专业化运营管理的单位或专门设施。

★填报与审核要求：计量单位为吨，保留整数。若填报此项，应核实【12.废水主要排水去向类型代码】是否为“E”或“L”，接纳废水的单位，或是否在城镇污水处理厂的截污范围。

【11.排入其他单位量】指 2007 年全年普查对象产生的废水直接排到其他单位的废水量。

★填报与审核要求：计量单位为吨，保留整数。排入城镇污水处理厂、工业废水集中处理设施，不填报此项。如果本指标占普查对象废水排放量的大部分，则应审核【12.废水主要排水去向类型代码】是否填“H”（进入其他单位）。

【12.废水主要排水去向类型代码】指普查对象产生的废水是直接排向江、河、湖、海等环境水体，还是排入市政管网、污水处理厂等，按普查对象废水的大部分或主要部分排水去向，按表 2-36 排水去向类型代码表填报相应代码。

表 2-36　排水去向类型代码表

代码	排水去向类型	代码	排水去向类型
A	直接进入海域	F	直接进入污灌农田
B	直接进入江河湖、库等水环境	G	进入地渗或蒸发地
C	进入城市下水道（再入江河、湖、库）	H	进入其他单位
D	进入城市下水道（再入沿海海域）	L	工业废水集中处理厂
E	进入城市污水处理厂	K	其他

【13.受纳水体名称】指普查对象产生的废水直接排入水体，或经过城市污水管网、集中式污水处理厂后最终排入水体的名称（如××沟、××河、××港、××江、××塘等）。

★填报注意事项：此栏由普查员指导普查对象按水体的全称规范填报。

【14.受纳水体代码】此项由普查对象所在地普查机构统一填报。水体代码要按照统一给定的编码填报（见污染源普查用分类与代码附表 6《河流代码表》）。海域代码分别是：1—渤海，2—黄海，3—东海，4—南海。排入市政管网或污水处理厂的，则填最终排入的水体代码。

《河流代码表》中未编入的河流，可按编码方法在相应的空码上继续编排。如确实编码困难，可按汇入的上一级河流代码填报。对于跨省河流编码，请报全国污染源普查工作办公室统一编码；对于省内河流，如其上一级河流也完全在省内，则由省普查机构编码并报全国污染源普查工作办公室备案；如上一级河流跨省，则需报全国污染源普查工作办公室统一编码。

★填报与审核要求：若填此表，则【13.受纳水体名称、14.代码】必填。对于废水“零排放”的企业，应按其所在地归属哪个河流的流域，填报该河流名称及代码。

二、污染物排放情况

根据《第一次全国污染源普查方案》，第一次全国污染源普查采用产排污系数、实际监测与物料衡算计算相结合的方式，核算废水排放量。

产排污系数法：根据产品、生产过程中产排污的主导生产工艺、技术水平、规模等，选用相对应的产排污系数，结合本企业原、辅材料消耗、生产管理水平、污染处理设施运行情况，确定产排污系数的具体取值，依据本企业 2007 年度的实际产量，核算产、排污量。

实际监测法：根据 G203-1 表中废水流量及污染物的监测浓度计算产、排污量。有累计流量计的可按废水流量加权平均浓度和年累计废水流量得出；没有累计流量计的可通过监测的瞬时排放量（均值）和年生产时间进行核算。

物料衡算法：在无法根据产排污系数和实际监测法核算污染物排放量的情况下，使用物料衡算法。

普查对象根据产排污系数、实际监测和物料衡算法核算污染物产生、排放量，普查机构结合日常监管情况，对普查对象填报的产生、排放量进行核定。将最终认可的污染物排放量，填报在本表。

核定的污染物产排污量必须由普查对象与普查机构共同确认。若双方有分歧，普查机构能提供符合《工业污染源及集中式污染处理设施普查技术规定》要求的资料，普查对象不予认可时，普查机构有权最终确认其污染物产排污量上报，并作出说明。

【污染物产生量】指报告期内普查对象生产过程中产生的未经处理的废水中所含化学需氧量、氨氮、石油类、挥发酚、生化需氧量、氰化物、砷等污染物本身的纯质量。

【污染物排放量】指报告期内普查对象污水外排口排放的工业废水中所含化学需氧量、氨氮、石油类、挥发酚、生化需氧量、氰化物、砷等污染物本身的纯质量。

★填报与审核要求：化学需氧量、氨氮、石油类、挥发酚、生化需氧量等污染物的排放量计量单位为：吨；氰化物、砷等污染物的排放量计量单位为：千克，允许保留 2 位小数。

★填报注意事项：表中各种污染物的产生、排放量按废水实际含有的污染物种类填报，确定不存在的可不填报。

【22.废水数据来源】普查对象根据产排污系数手册和监测数据，按核算的废水污染物排放量填报，并在数据来源栏按：1 产排污系数、2 实际监测、3 物料衡算，将代码填入表格“□”内。

当地普查机构，结合日常监管情况，核定其排污量，如有疑义，普查对象应提供证明材料，出现较大差异的，则由普查对象重新填报。

★填报与审核要求：若填写此表，此栏必填。

三、废水处理设施情况

【23.设施数】指普查对象用于处理厂区生产废水、生活污水的实有设施（包括构筑物）的数量，按每个处理系统为单位统计总数量，附属于设施内的水处理设备和配套设备不单独统计。

【24.设施建设总投资额】指建成污水处理设施并正式投产所需的全部资金，不包括运行费用。

★填报与审核要求：计量单位为万元，允许保留 1 位小数。

【25.运行费用】指 2007 年全年维持处理设施正常运行所发生的费用。包括能源消耗、设备维修、人员工资、管理费、药剂费及与污水处理设施运行有关的其他费用等。

★填报与审核要求：计量单位为万元，允许保留 1 位小数。

【26.设计处理能力】指废水处理设施按设计建设的、在设施正常运行时，单位时间内可能处理的废水量。

★填报与审核要求：有废水处理设施的普查对象此栏必填，按设计指标填报，计量单位为吨/日，保留整数。填报所有废水处理设施的设计处理总能力，在用、闲置的一并统计。

【27.耗电量】指 2007 年全年普查对象所有废水处理设施运行的实际耗电总量。

★填报与审核要求：按 2007 年该处理设施的实际耗电量填报，计量单位为万千瓦时，允许保留 2 位小数。注意审核此栏与【6.年实际处理量】数据间的逻辑相关性。

【28.受委托处理单位名称】指普查对象委托其处理工业生产废水的单位名称。

【29.废水类型名称、30.代码】根据产生废水的生产设施、工艺过程或来源，按表 2-37 工业废水类型名称及代码表填报经废水处理设施处理排放量前 3 位的工业废水类型名称及代码。

表 2-37　工业废水类型名称及代码表

废水代码	工业废水类型名称
0610	煤炭开采废水
0620	煤炭洗选废水
0710	原油开采含油废水
0720	天然气开采废水
0730	油页岩开采废水
0810	铁矿采选废水
0820	锰矿采选废水
0830	铬矿采选废水
0911	铜矿采选废水
0912	铅锌矿采选废水
0914	镍钴矿采选废水
0915	锡矿采选废水
0916	锑矿采选废水
0917	汞矿采选废水
0919	其他重有色金属矿采选废水
0931	铝矿采选废水
0932	镁矿采选废水（包括作耐火材料的菱镁矿采选废水）
0939	其他轻有色金属矿采选废水
0950	贵金属矿采选（包括金、银、其他贵金属矿采选废水）
0961	钨钼矿采选废水
0962	放射性金属矿采选废水
0969	其他稀有金属矿采选废水
1010	建筑材料采选废水（包括土砂石、耐火土石等开采废水）
1021	硫矿采选废水（包括硫铁矿、硫磺矿等采选废水）
1022	磷矿采选废水（包括磷灰石、鸟粪层等的采选废水）
1023	钾盐采选废水
1024	硼矿采选废水
1029	其他化学矿采选废水（包括天然碱、天然芒硝、天然硝石、明矾石、砷矿等的采选）
1030	采盐废水
1091	石棉采选废水
1092	云母采选废水
1094	石墨采选废水
1094	石膏采选废水
1095	宝石、玉石采选废水
1096	水晶采选废水
1099	其他非金属矿采选废水（包括金刚石、滑石、蛭石、瓷土、珍珠岩等非金属矿的采选废水）
1100	其他矿采选废水
1310	植物油加工废水
1320	制糖废水
1330	屠宰及肉类加工废水
1399	其他农副食品加工废水
1410	发酵制品业废水（包括氨基酸、味精、柠檬酸、酵母、酶制剂及其他发酵制品业）
1420	罐头食品制造业废水
1499	其他食品制造业废水
1510	酒精制造废水（指发酵酒精的生产，不包括合成酒精、木材水解酒精的生产）
1520	白酒制造废水

废水代码	工业废水类型名称
1530	啤酒制造废水
1540	葡萄酒和果露酒制造废水
1599	其他饮料制造废水
1600	烟草加工废水
1710	棉纺及棉制品加工废水
1720	毛纺织加工废水（包括毛涤加工、毛纺、毛织毛制品等）
1730	化纤纺织废水
1740	麻纺废水
1750	丝绢纺织废水（包括丝绢纺及丝制品业）
1760	印染、漂染废水（包括棉、麻、丝、毛印染、漂染）
1799	其他纺织废水
1910	制革业废水
1920	毛皮鞣制废水
1999	其他皮革、毛皮、羽绒及其制品废水
2000	木材加工及木、竹、藤、棕、草制品废水
2210	造纸制浆黑液（红液）废水
2220	造纸制浆中段废水
2230	造纸机白水
2299	其他造纸及纸制造废水
2510	石油加工废水（包括页岩原油、煤炼油、合成液体燃料生产、天然原油、人造原油加工、液化气、干气、烷基苯、石油沥青等生产废水）
2520	炼焦含酚废水
2530	煤气生产含酚废水
2540	煤制品生产废水
2599	其他石油加工及炼焦废水
2611	无机酸制造废水
2612	电石渣废水
2613	制碱含汞废水
2614	制碱其他废水
2615	无机盐制造废水
2619	其他基础化学原料制造废水
2621	氮肥制造废水
2622	磷肥制造废水
2623	钾肥制造废水
2629	其他化肥制造废水
2631	有机磷农药制造废水
2632	氨基甲酸酯农药制造废水
2633	除虫菊酯农药制造废水
2634	有机氯农药制造废水
2639	其他农药制造废水
2641	涂料制造废水
2642	颜料制造废水
2643	染料制造废水
2649	其他有机化学产品制造废水
2651	塑料制造废水
2652	有机硅氟材料制造废水
2653	合成橡胶制造废水

废水代码	工业废水类型名称
2654	合成纤维单体制造废水
2659	其他合成材料制造废水
2661	化学试剂、助剂制造废水
2662	林产化学产品制造废水
2663	炸药及火工制造废水
2664	放射性化学产品制造废水
2669	其他专用化学产品制造废水
2671	肥皂及合成洗涤剂制造废水
2672	合成脂肪酸制造废水
2679	其他日用化学产品制造废水
2710	医药无机废水
2720	医药有机废水
2730	中药生产废水
2740	生物药品生产废水
2750	畜用药品生产废水
2799	其他医药制造废水
2810	化纤浆粕废水
2820	黏胶纤维制造废水
2830	合成纤维制造废水（包括锦纶、涤纶、腈纶、维纶等纤维制造的废水）
2899	其他纤维制造废水
2900	橡胶制品制造废水
3010	人造革制造废水
3020	泡沫塑料制造废水
3099	其他塑料制品制造废水
3110	水泥制造废水
3120	石棉废水
3131	建筑材料制品制造废水
3132	防水建筑材料制品制造废水
3140	玻璃制品制造废水
3150	陶瓷制品制造废水
3160	耐火材料制品制造废水
3199	其他非金属矿物制品制造废水
3210	黑色冶炼冲渣水
3220	黑色冶炼冷却水（不包括专管外排的间接冷却水）
3230	黑色冶炼酸洗水
3240	黑色金属压延加工废水
3311	重有色金属冶炼废水（含铜、铅、锌、镍、钴、锡、锑、汞等冶炼废水）
3312	重有色金属压延加工废水
3321	轻有色金属冶炼废水（铝、镁、钛等冶炼业废水）
3322	轻有色金属压延加工废水
3330	贵金属冶炼废水（金、银贵金属冶炼废水）
3340	稀有金属冶炼废水
3810	机械加工废水
3820	电镀废水
3830	其他制造废水
9900	其他工业废水

★填报与审核要求：废水处理量为 0 时此栏可空。注意：废水类型和代码须正确对应。

【31.处理方法名称、32.代码】根据废水处理的工艺方法，按表 2-38 废水处理方法名称、代码表填写。

表 2-38 废水处理方法名称、代码表

代码	处理方法名称	代码	处理方法名称	代码	处理方法名称
1000	物理处理法	3600	其他	4330	A^2/O 工艺
1100	过滤	4000	生物处理法	4340	A/O^2 工艺
1200	离心	4100	好氧生物处理	4400	其他
1300	沉淀分离	4110	活性污泥法	5000	组合工艺处理法
1400	上浮分离	4111	普通活性污泥法	5100	物理+化学
1500	其他	4112	高浓度活性污泥法	5200	物理+生物
2000	化学处理法	4113	接触稳定法	5210	物理+好氧生物处理
2100	化学混凝法	4114	氧化沟	5220	物理+厌氧生物处理
2110	化学混凝沉淀法	4115	SBR	5230	物理+组合生物处理
2120	化学混凝气浮法	4120	生物膜法	5300	化学+物化
2200	中和法	4121	普通生物滤池	5400	化学+生物
2300	化学沉淀法	4122	生物转盘	5410	化学+好氧生物处理
2400	氧化还原法	4123	生物接触氧化法	5420	化学+厌氧生物处理
2500	其他	4200	厌氧生物处理法	5430	化学+组合生物处理
3000	物理化学处理法	4210	厌氧滤器工艺	5500	物化+生物
3100	吸附	4220	上流式厌氧污泥床工艺	5510	物化+好氧生物处理
3200	离子交换	4230	厌氧折流板反应器工艺	5520	物化+厌氧生物处理
3300	电渗析	4300	厌氧/好氧生物组合工艺	5530	物化+组合生物处理
3400	反渗透	4310	两段好氧生物处理工艺	5600	其他
3500	超过滤	4320	A/O 工艺	—	—

2.10.1.2 主要指标关系

【1.用水总量】≥【2.取水总量】;

【1.用水总量】=【2.取水总量】+【4.重复用水量】;

【2. 取水总量】≥【3.自备水】;

【7.废水排放量】≥【8.排入水体量】;

【7.废水排放量】≥【9.直排入海量】;

【8.排入水体量】≥【9.直排入海量】;

【7.废水排放量】≥【10.排入污水集中处理厂量】;

【7.废水排放量】≥【11.排入其他单位量】。

若填【1.用水总量】，则【2.取水总量】和【4.重复用水量】至少填报一项；若填【28、29.废水类型名称、代码】，则【5.废水产生量】必填。

应注意【6.废水实际处理量】、【23.设施数】、【25.运行费用】和【27.耗电量】等指标间的逻辑关系。如果发现其中一项指标未填报数据，则应核查其他几项指标的填报情况。

例如：若不填【6.废水实际处理量】，应注意核查该设施相应的【5.运行费用】、【7.耗电量】，是否填报数据，数据是否合理。

对于废水全部回用的企业，【废水排放量】和【废水主要排水去向类型代码】可以不填；但【受纳水体名称】及【受纳水体代码】必填，按其所在地归属哪个河流的流域，填报该河流名称及代码。对于废水排放量填报为“0”的企业，应重点审核其水平衡关系，核实废水最终去向。

2.10.2 G204 废气污染物产生及处理、排放情况普查表

2.10.2.1 主要内容、指标解释和填报规定

一、废气产生、处理设施情况

【1.工业锅炉数】指截至 2007 年年末普查对象厂区内用于生产和生活的蒸汽锅炉、热水锅炉总台数，包括燃煤、燃油、燃气和电锅炉，不包括茶炉。

★填报与审核要求：在用和闲置（备用）的锅炉一并统计，填报数为整数。

【2.工业锅炉总额定出力】2007 年年末普查对象厂区内所有普查锅炉额定出力总和，统一按兆瓦单位填报，允许保留 1 位小数。

换算关系：60 万大卡/时≈1 蒸吨/时（1t/h）≈0.7 兆瓦（MW）

★填报与审核要求：注意是否所有锅炉（在用、闲置）的全部统计。

【3.工业窑炉数】指截至 2007 年年末普查对象生产用的炉窑总数，如炼铁高炉、炼钢炉、冲天炉、烘干炉窑、锻造加热炉、水泥窑、石灰窑等。

★填报与审核要求：在用和闲置（备用）的窑炉一并统计；填报数为整数。

【4.废气处理设施数】指截至 2007 年年末普查对象厂区建成并用于废气处理的设施数量。按每个处理系统为单位统计总数量。

★填报与审核要求：注意：在用和闲置的设施一并统计。注意：按废气处理系统为单位统计，附属于设施内的废气处理设备和配套设备不单独统计，如一套废气处理系统包含除尘、脱硫等设施，则应按一个统计。

【5.除尘设施数】指截至 2007 年年末普查对象建成并使用废气除尘设施的数量。

★填报与审核要求：填报数为整数。

【6.脱硫设施数】指截至 2007 年年末普查对象建成并使用废气脱硫设施的数量。

★填报与审核要求：注意：脱硫设施指专门设计、建设的去除烟气二氧化硫的设施，湿法除尘不计入脱硫设施。

【7.设施建设总投资额】指普查对象厂区所有废气处理设施建成并正式投入使用的全部建设资金，不包括运行费用。

★填报与审核要求：计量单位为万元，允许保留 1 位小数。注意：此指标为所有废气处理设施的投资总额。

【8.设施运行费用】指 2007 年全年维持废气处理设施正常运行所发生的费用。包括能源消耗、设备维修、人员工资、管理费、药剂费及与废气处理设施运行有关的其他费用等。

★填报与审核要求：该指标为普查对象所有废气处理设施 2007 年全年运行费用的总和。单位为万元，允许保留 1 位小数。注意：运行费用与设施设计处理能力、废气处理量等指标的逻辑关系。

【9.设施设计处理能力】指废气处理设施设计建设的、设施正常运行时，单位时间内可能处理的废气量。填报普查对象厂区所有废气处理设施总的设计处理能力；除尘、脱硫设施串联的，处理能力不重复统计。

★填报与审核要求：计量单位为米^3/时，保留整数。

【10.设施实际处理量】指 2007 年全年经厂区所有废气处理设施处理的废气总量。

★填报与审核要求：计量单位为万米^3，允许保留 2 位小数。注意：1 套废气处理设施串联多个处理工艺或设施的，其废气量只统计 1 次，不得重复统计。

【11.设施运行耗电量】指2007年全年普查对象厂区内所有废气处理设施运行耗电总量。

★填报与审核要求：按2007年该处理设施的实际耗电量填报，单位为万千瓦时，允许保留2位小数。注意审核此栏与【10.设施年实际处理量】数据间的逻辑相关性。

二、废气排放情况

根据《第一次全国污染源普查方案》，工业源普查采用产排污系数、实际监测与物料衡算计算相结合的方式，核算废气排放量。

产排污系数法：根据产品、生产过程中产排污的主导生产工艺、技术水平、规模等，选用相对应的产排污系数，结合本企业原、辅材料消耗、生产管理水平、污染处理设施运行情况，确定产排污系数的具体取值，依据本企业2007年度的实际产量，核算产、排污量。

实际监测法：根据G204-1表中废气污染物的监测浓度、流量，通过监测的瞬时排放量（均值）和年生产时间进行核算。

物料衡算法：在无法根据产排污系数和实际监测法核算污染物排放量的情况下，使用物料衡算法。

普查对象根据产排污系数、实际监测和物料衡算法核算污染物产生量、排放量，普查机构结合日常监管情况，对普查对象填报的产生量、排放量进行核定。将最终认可的污染物排放量，填报在本表。

核定的污染物产排污量必须由普查对象与普查机构共同确认。若双方有分歧，普查机构能提供符合本《工业污染源及集中式污染治理设施普查技术规定》要求的资料，普查对象不予认可时，普查机构有权最终确认其污染物产排污量上报，并作出说明。

【12.废气排放量】指2007年普查对象厂区内燃料燃烧和生产工艺过程中产生的排入空气中的各种废气总量。

★填报与审核要求：计量单位为万米^3，允许保留2位小数。

【13.燃烧废气排放量】指各种锅炉、锻造加热炉、退火炉及其他工业炉窑在燃烧过程中所排废气的总量。

★填报与审核要求：计量单位为万米^3，允许保留2位小数。

【14.工艺废气排放量】指生产工艺过程中排放的废气总量。如：化工、冶炼、化纤等行业生产工艺过程中排放的废气。

★填报与审核要求：计量单位为万米^3，允许保留2位小数。

【废气中污染物产生量】指2007年全年普查对象生产过程中产生的未经处理的燃烧废气、工艺废气中所含的烟尘、粉尘、二氧化硫、氮氧化物等固态、气态污染物的纯质量，计量单位为吨，允许保留2位小数。氟化物的产生、排放量的计量单位为千克，允许保留1位小数。

★填报与审核要求：除氟化物单位为千克外，其他污染物的产生量计量单位均为吨。

【废气中污染物排放量】指2007年全年普查对象生产过程中排放到大气中的燃烧废气、工艺废气（包括处理过的、未经过处理）中所含的烟尘、粉尘、二氧化硫、氮氧化物等固态、气态污染物的纯质量，单位为吨，允许保留2位小数。氟化物的产生量、排放量的计量单位为千克，允许保留1位小数。

★填报与审核要求：除氟化物单位为千克外，其他污染物的排放量计量单位均为吨。

【22.废气数据来源】普查对象根据核算废气污染物排放量的方法，在数据来源栏选择：1 产排污系数、2 实际监测、3 物料衡算，将代码填入表格“□”内。

★填报与审核要求：若填写此表，此栏必填。

2.10.2.2 主要指标关系

【4.废气处理设施数】≥【5.除尘设施数】；

【4.废气处理设施数】≥【6.脱硫设施数】；

【12.废气排放量】=【13.燃烧废气排放量】+【14.工艺废气排放量】；

【16.二氧化硫产生量或排放量】≥【17.燃烧废气中二氧化硫产生量或排放量】；

【18.氮氧化物产生量或排放量】≥【19.燃烧废气中氮氧化物产生量或排放量】;

【污染物产生量】≥【污染物排放量】。

应注意【10.废气实际处理量】、【4.废气处理设施数】、【8.设施运行费用】和【11.设施耗电量】等指标间的逻辑关系。如果发现其中一项指标未填报数据，则应核查其他几项指标的填报情况。

例如：若不填【10.废气实际处理量】，应注意核查该设施相应的【8.设施运行费用】、【11.设施耗电量】栏，是否填报数据，数据是否合理。

若填写废气中含有的污染物情况，则【12.废气排放量】和【22.数据来源】栏必填。主要污染物产生及排放量，根据废气中所含有的污染物情况填报。

第 3 章　生活源

3.1 生活源普查对象与范围

3.1.1 普查对象

生活源普查对象包括：

（1）第三产业中具有一定规模的住宿业、餐饮业、居民服务和其他服务业（包括洗染服务业、理发及美容保健服务业、洗浴服务业、摄影扩印服务业、汽车、摩托车维护与保养业）、医院、独立燃烧设施和机动车；

（2）城镇居民生活污染普查对象为设区城市的区、县城（县级市）、建制镇（不包括村庄和集镇）。

3.1.2 普查对象的确定

第三产业普查对象规模要求见表 3-1，达到规模低限以上的纳入普查。

表 3-1　第三产业普查对象规模要求

普查对象	划分单位	规模低限
住宿业	床位数	≥30 张
餐饮业	餐位数	≥30 个
洗染服务业	设备总容量	≥20 公斤
理发及美容保健服务业	理发座位数	≥3 个
	美容和保健床位总数	≥3 张
洗浴服务业	澡堂（桑拿）衣柜数	≥20 个
	沐足座位数	
摄影扩印服务业	设备容量	有扩印设备
汽车、摩托车维护与保养业（洗车业）	专业洗车设备或经营面积	有专业洗车设备或经营面积≥20 米 ^{2}
医院	床位数	≥20 张
独立燃烧设施	锅炉额定出力	≥0.7 兆瓦（1 蒸吨/时）

（1）本次普查只普查到设区城市的区、县城（县级市）、建制镇。住宿业、餐饮业、居民服务和其他服务业、医院、独立燃烧设施普查对象满足普查规模要求均纳入普查范围。

（2）住宿业、餐饮业、居民服务和其他服务业、医院普查对象拥有的锅炉，不论额定出力大小，一律全部填报。

（3）机关、社会团体、企事业单位相对集中居住区（家属区），非生产性的企事业单位办公区、机务段和客运段的非社会化运营的供暖锅炉和热水锅炉，额定出力大于等于 0.7 兆瓦（1 蒸吨/时）的蒸汽锅炉、热水锅炉，包括燃煤、燃油和燃气锅炉，纳入普查。没有标明额定出力的土锅炉、型煤锅炉或者铭牌不清的锅炉，全部填报。茶炉、电锅炉不纳入普查范围。

（4）包含两种或两种以上的生活源的普查对象，都达到相应规模低限的，分别填报相应的表格和指标；部分达到相应规模低限的，只选择达到规模低限的普查对象填报相应的表格和指标。

（5）大型超市、农贸市场中租赁经营的餐饮业、洗染业、理发及美容保健业、摄影扩印业等，达到相应规模低限以上的，分别填报相应的表格和指标；但是大型超市、农贸市场等不单独作为普查对象。

（6）汽车、摩托车维护与保养业只普查其中有专业洗车设备或经营面积大于等于 20 米 ^{2} 的洗车业。专业洗车设备包括高压冲洗、水蜡清洗与自动泡沫的设备，不包括高压水喷枪。

（7）无锅炉或餐饮炉灶的茶楼（馆）、酒吧、咖啡馆、会所等经营场所不纳入普查范围。

（8）设区城市的区、县城（县级市）、建制镇（不包括村庄和集镇）城镇生活污染源均纳入普查范围。乡村、集镇的生活污染源不纳入本次普查范围。

3.2 普查方式与填报要求

3.2.1 普查信息获取

生活源普查对象分为 6 类，包括住宿餐饮业、居民服务和其他服务业、医院、独立燃烧设施、城镇居民生活、机动车。普查表不需要填报污染物的量，仅需填报普查对象的基本信息。通过普查表获取普查对象基本情况，应用《第一次全国污染源普查生活污染源产排污系数手册》中各类产排污系数，在数据软件中自动计算出生活源各类污染物的产生量和排放量。

3.2.2 普查污染物的种类

普查对环境影响较大，对城镇生活污染防治具有普遍意义的污染物，生活源污染物普查指标见表 3-2。

表 3-2　生活源污染物普查指标

普查对象		污染物普查指标	
住宿业、餐饮业		污水	污水量、化学需氧量、总磷、动植物油、氨氮、总氮
		废气	废气量、烟尘、二氧化硫、氮氧化物
		固体废物	生活垃圾、粉煤灰和炉渣
居民服务和其他服务业	洗染服务业	污水	污水量、化学需氧量、总磷、总氮
		废气	废气量、烟尘、二氧化硫、氮氧化物
		固体废物	粉煤灰和炉渣
	理发及美容保健服务业	污水	污水量、化学需氧量、总磷、总氮、铅、汞
	洗浴服务业	污水	污水量、化学需氧量、总磷、总氮
		废气	废气量、烟尘、二氧化硫、氮氧化物
		固体废物	粉煤灰和炉渣
	摄影扩印服务业	污水	污水量、化学需氧量、氰化物、六价铬、总铬
	汽车、摩托车维护与保养业（洗车业）	污水	污水量、化学需氧量、石油类、总磷
医院		污水	污水量、化学需氧量、五日生化需氧量、总氮、总磷、氨氮、汞
		废气	废气量、烟尘、氮氧化物、二氧化硫
		固体废物	医疗废物、粉煤灰和炉渣
独立燃烧设施		废气	废气量、二氧化硫、氮氧化物、烟尘
		固体废物	粉煤灰和炉渣
城镇居民生活		污水	生活污水量、化学需氧量、氨氮、总氮、总磷、五日生化需氧量、动植物油
		废气	废气量、二氧化硫、氮氧化物、烟尘
		固体废物	生活垃圾、粉煤灰和炉渣
机动车		废气	总颗粒物、氮氧化物、一氧化碳、碳氢化合物

3.2.3 普查主要形式

根据不同的普查对象，采取以下几种普查方式：

（1）对第三产业。以环保、统计、工商、税务、公安等部门提供的单位资料为基础，以县（区）为单位组织开展清查。通过清查确认辖区内全部生活源的名称、地址、联系人、所属行业、行业硬件特征等信息，建立该辖区基本单位名库（册）。在此基础上，通过入门入户拉网式清查，完善该辖区基本单位名库（册）。将达到或超过普查规模低限的清查对象确定为普查对象。由普查员发放普查表，普查对象填报普查表。

（2）对设区城市的区、县城（县级市）、建制镇进行城镇居民生活普查。设区城市的区是指区本级行政管辖的城市地域；县城（县级市）是指县政府机关和公共服务机构所在地；建制镇是指国家按行政建制设立的镇政府机关和公共服务机构的所在地。

（3）军队、武装警察部队的生活源普查工作，由中国人民解放军总后勤部按照国家统一规定和要求组织实施。

3.3 普查表的分类、结构与内容

3.3.1 生活源总体分类

（1）住宿业、餐饮业中具有一定规模的污染源填报 S401 表；

（2）居民服务和其他服务业中具有一定规模的洗染服务业、理发及美容保健服务业、洗浴服务业、摄影扩印服务业、汽车、摩托车维修与保养业（洗车业）等污染源填报 S402 表；

（3）医院污染源填报 S403 表和 S403-1 表；

（4）独立燃烧设施填报 S404 表；

（5）城镇居民生活污染源普查表 S405 所需的区域性信息，由当地普查机构协调同级统计、城建、发改、经贸、公安等相关部门负责提供，普查表由普查机构填报；

（6）机动车污染源普查表 S406 所需的车辆分类登记数量信息，由当地普查机构协调同级公安交通管理部门负责提供，普查表由普查机构填报。

3.3.2 普查表格结构与内容

住宿业、餐饮业污染源普查表，指标 49 项。包括基本情况、能耗、水耗、固体废物收集情况、床位数、餐位数等。

居民服务和其他服务业污染源普查表，指标 49 项。包括基本情况、能耗、水耗、固体废物收集情况、洗染服务业设备总容量、理发及美容保健服务业床（座）位数、洗浴服务业衣柜（座位）数、摄影扩印服务业设备总能力、汽车摩托车维护与保养服务业专业洗车设备数和车位数等。

医院污染源普查表，指标 45 项，包括基本情况、能耗、水耗、医疗废物产生及处理情况等。医用电磁辐射设备和放射性同位素与射线装置普查表，指标 19 项。

独立燃烧设施普查表，指标 23 项。包括锅炉基本情况、能耗、废气治理设施等。

城镇居民生活污染普查，指标 23 项。包括常住人口、生活能源结构及其消费量、生活用水量、生活垃圾产生处置情况等，由设区城市的区、县（县级市）、建制镇的普查机构填报。

机动车污染源普查表，指标 7 项，以直辖市、地区（市、州、盟）为普查单元。包括直辖市、地区（市、州、盟）基本情况、机动车分类登记数量。其中机动车分类登记数量由直辖市、地区（市、州、盟）普查机构协调同级公安交通管理部门负责提供。

3.3.3 生活源普查表填报要求

（1）普查表必须用钢笔或碳素墨水笔填写。需要用文字表述的，必须用汉字工整、清晰地填写；需要填写数字的，一律用阿拉伯数字表示。

（2）填写代码时，每个方格中只填 1 位代码数字。

（3）普查表中所有指标的计量单位、指标的保留位数应按规定填写。

（4）有填报内容的表格必须有单位负责人、审核人、填表人签名，并注明填表日期，加盖单位公章。

（5）普查员、普查指导员对普查对象填报的表格内容、填报页数进行审核、确认无误后签名。

3.4 生活源普查表主要填报内容、指标解释与填报规定

3.4.1 普查对象基本情况、指标解释与填报规定

【单位名称】按法人登记或工商行政管理部门核准的名称填报。单位名称应与单位公章所使用的名称一致。个体经营户等没有公章的，由业主或联系人签章。没有单位名称的，按“负责人姓名”+“行业小类名称”进行填报。

例如：“张三理发店”。

经过法定程序批准建立的、不能独立承担民事责任的单位，认定为产业活动单位。包括：①由各级工商行政管理机关核准登记，领取《营业执照》的分支机构或经营单位；②由各级登记主管机关备案，或依据相关法律法规由各级主管部门批准建立的事业单位分支机构和社会团体分支机构。

未经法定程序批准在法人内部建立的机构，具备以下条件的也认定为产业活动单位：①在一个场所从事一种或主要从事一种社会经济活动；②相对独立组织生产经营或业务活动；③能够掌握收入和支出等业务核算资料。

法人单位由产业活动单位组成，产业活动单位接受法人单位的管理和控制。法人单位只位于一个场所并主要从事一种社会经济活动，称为单产业法人。单产业法人本身也是一个产业活动单位。法人单位从事多种经济活动，或者位于多个地点，称为多产业法人。多产业法人由 2 个或 2 个以上产业活动单位组成。

★填报与审核要求：填写时要求使用规范化汉字全称，与单位公章所使用的名称完全一致。

★填报注意事项：凡经登记主管机关核准或批准，具有 2 个或 2 个以上名称的单位，要求填写 1 个法人单位名称，同时用括号注明其余的单位名称。对于更名的单位，要求填写现用名，同时用括号注明曾用名。

【单位代码】指根据中华人民共和国国家标准《全国组织机构代码编制规则》（GB 11714—1997），由组织机构代码登记主管部门给每个企业、事业单位、机关、社会团体和民办非企业单位颁发的在全国范围内唯一的、始终不变的法定代码。法人单位和产业活动单位代码均由 8 位无属性的数字和 1 位校验码组成。填写时，要按照技术监督部门颁发的《中华人民共和国组织机构代码证》上的代码填写。

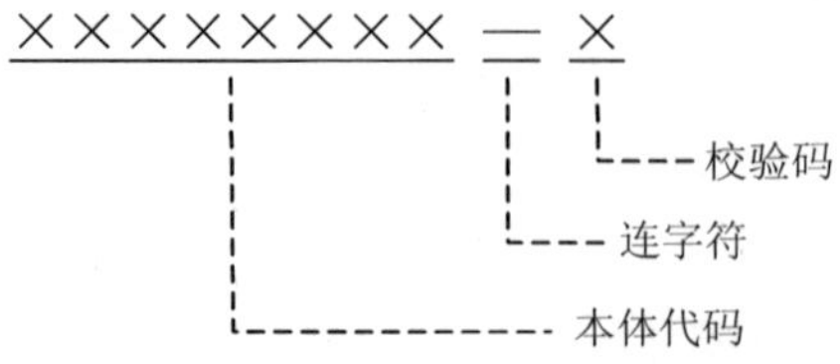

中华人民共和国组织机构代码证样本见图 3-1

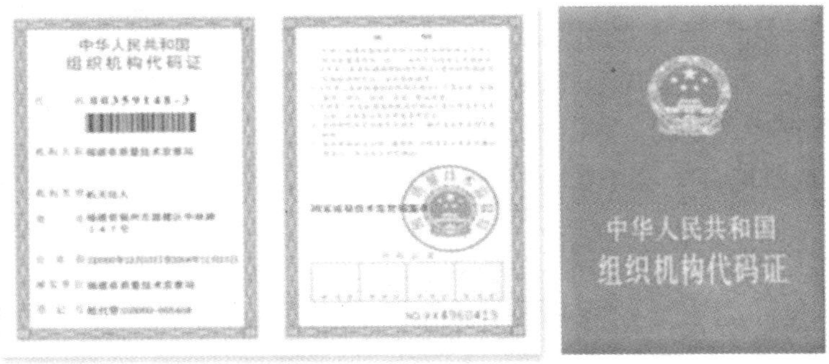

图 3-1　中华人民共和国组织机构代码证样本

对于大型连锁经营企业所属二级单位，凡具有法人资格、符合独立核算法人单位条件的，填写法人代码。不具有法人资格的二级单位在填写法人代码时，除填写连锁经营企业（独立核算单位）的法人代码外，还应在 9 位方格后的括号内填写二级单位代码（系 2 位码）。二级单位代码指联合企业内对二级单位编的顺序编号，此码由联合企业统一编制。

个体经营户有营业执照的填写个体经营户营业执照注册号。2007 年 7 月 1 日以后注册或者进行了变更登记和增补、更换营业执照（登记证）等的共有 15 位阿拉伯数字；2007 年 7 月 1 日以前注册未更新为 15 位的填写原 13 位阿拉伯数字。个体经营户无营业执照的由区（县）普查机构给予临时编码。

临时代码的编码原则：临时代码共 15 位码。前 9 位为单位所在地行政区划代码，第 10 位为汉语拼音 S（代表生活源），后 5 位为区（县）普查机构对其进行编码，从 00 001～99 999，共 15 位码。

★填报与审核要求：组织机构代码为 9 个字符，不能含有 0—9 或 A—Z（大写）之外的任何字符。填报时法人代码 9 个字符后加 6 个 0 补齐 15 位；个体经营户营业执照注册号只有 13 位数字的，其后加 2 个 0 补齐 15 位。

【法定代表人】按《企业营业执照》填写法定代表人。没有法定代表人的，填写单位实际负责人姓名。个体经营户填业主姓名。

★填报与审核要求：不能填写职务及职称，如：王厂长、王经理等。

【单位所在地及行政区划】（1）单位地址指 2007 年年末普查对象经营场所实际所在地的详细地址。

（2）行政区划代码指普查对象的经营场所实际所在地的地区行政区划代码，由所在地区普查机构统一填写。要根据企业详细地址对照代码表填写在“□”内。行政区划代码按污染源普查用分类与代码附表 1《行政区划代码表》填报。

（3）行政区划代码编码原则

行政区划代码共有 12 位阿拉伯数字，分为三段。第一段为 6 位数字，表示县及县以上的行政区划。

第二段为 3 位数字，表示街道和镇；第二段 3 位代码中的第 1 位数字为类别标识，以“0”表示街道，“1”表示镇，“4 和 5”表示政企合一的单位；第 2、3 位数字为该代码段中各行政区划的顺序号。具体编码方法如下：

①街道的代码从 001—099 由小到大顺序编写；

②镇的代码从 100—199 由小到大顺序编写；

③政企合一单位的代码从 400—599 由小到大顺序编写。

第三段的 3 位数字，表示居民委员会的代码，用 3 位顺序码表示，从 001—199 由小到大顺序编写。

行政区划编码中的地址名称应采用民政部门认可的正式名称。

★填报与审核要求：单位详细地址要求写明单位所在的省（自治区、直辖市）、地区（市、州、盟）、县（区、市、旗）、（镇）以及具体街的名称和详细的门牌号码，不能填写通讯号码或通信信箱号码。

大型联合企业所属二级单位，一律按本二级单位所在地址填写。

★填报注意事项：行政区划代码由所在地普查机构统一填写。污染源普查用分类与代码附表 1 提供的编码，为按照 2006 年的全国行政区划编码，如 2007 年行政区划代码有变动的，则县及县以上的行政区划代码（第 1—6 位码）按最新的《中华人民共和国行政区划代码（GB2260）》编码，县以下代码（第 7—12 位码）按编码原则自行编码，但不能与提供的编码重复。

【联系方式】指普查对象环保联系人或负责提供普查信息人员的姓名、办公电话、传真及邮政编码。例如：

区　号	0	1	0								
电话号码	8	4	6	6	7	7	8	8			
传真号码	8	4	6	6	7	7	8	8			
邮政编码	1	0	0	0	0	1					

联系人姓名　张 三

★填报与审核要求：左顶齐方式，从左至右填写在“□”内。

【开业时间】指普查对象向工商行政管理部门登记，领取营业执照的时间。分以下几种情况：

（1）1949 年以前成立的单位填写最早开业年月；

（2）合并或兼并单位，按合并前主要单位领取营业执照的时间（或最早开业时间）填写；

（3）分立单位按分立后各自领取营业执照的时间填写。

★填报与审核要求：年份填 4 位，月份填 2 位。如：

1 9 9 9 年 0 2 月

【经营天数】指 2007 年全年普查对象实际经营天数。计量单位为天。

★填报与审核要求：不得为 0～365 之外的任何数值。

【生活垃圾收集方式】三种方式：集中收集、排放环境、其他，只选择一种主要方式在相应选项前“□”内划“√”。

【用水总量】指 2007 年全年普查对象使用的新鲜用水量和重复用水量之和。计量单位为吨。

用水总量 = 新鲜用水量 + 重复用水量

新鲜用水量 = 城市自来水 + 自备水

新鲜用水量：指 2007 年全年普查对象用于生产生活活动的新鲜用水量，可分为城市自来水用量和自备水（地表水、地下水和其他水）用量。

重复用水量：指 2007 年全年普查对象内部，对生产和生活排放的污水直接或经过处理后回收再利用的水量，不包括从城市污水处理厂回用的水量。

重复用水量的计算原则：①开放原则。即水的循环在开放系统进行，循环一次计算一次，但锅炉、循环冷却系统等封闭式系统内的循环水不能计算重复用水量。②“源头”计算原则。对循环水来说，使用后的水，又回流到系统的取水源头，流经源头一次，计算一次。循环系统中的中间环节用水不得计算重复用水量。③异地原则。对于非循环系统，根据不同工艺对不同水质的要求，在一个地方（工艺）使用过的水，在另外一个地方（工艺）中又进行使用，使用一次，计算一次。在同一地方（容器）多次使用的水，不得计算重复用水量。④经过净化处理后的水重复再用，在任何情况下都按照重复用水计算。

【污水处理设施处理能力】指普查对象所有污水处理设施的设计处理总能力。计量单位为吨/日。

★填报与审核要求：化粪池不属于污水治理设施。

【污水处理设施总投资】指建成污水处理设施并正式投产所需的全部资金，不包括运行费用。计量单位为万元，允许保留 1 位小数。

【污水实际处理量】指 2007 年全年普查对象实际处理的污水总量。虽经处理但未达到国家或地方排放标准的污水量也计算在内。计量单位为吨。

【污水处理设施运行费用】指 2007 年全年维持处理设施正常运行所发生的费用。包括能源消耗、设备维修、人员工资、管理费、药剂费及与污水处理设施运行有关的其他费用等。计量单位为万元，允许保留 1 位小数。

【污水处理工艺代码】根据污水处理的工艺方法，按表 3-3 填报。

表 3-3　污水处理方法名称及代码表

代码	处理方法名称	代码	处理方法名称	代码	处理方法名称
1000	物理处理法	3600	其他	4330	A^2/O 工艺
1100	过滤	4000	生物处理法	4340	A/O^2 工艺
1200	离心	4100	好氧生物处理	4400	其他
1300	沉淀分离	4110	活性污泥法	5000	组合工艺处理法
1400	上浮分离	4111	普通活性污泥法	5100	物理+化学
1500	其他	4112	高浓度活性污泥法	5200	物理+生物
2000	化学处理法	4113	接触稳定法	5210	物理+好氧生物处理
2100	化学混凝法	4114	氧化沟	5220	物理+厌氧生物处理
2110	化学混凝沉淀法	4115	SBR	5230	物理+组合生物处理
2120	化学混凝气浮法	4120	生物膜法	5300	化学+物化
2200	中和法	4121	普通生物滤池	5400	化学+生物
2300	化学沉淀法	4122	生物转盘	5410	化学+好氧生物处理
2400	氧化还原法	4123	生物接触氧化法	5420	化学+厌氧生物处理
2500	其他	4200	厌氧生物处理法	5430	化学+组合生物处理
3000	物理化学处理法	4210	厌氧滤器工艺	5500	物化+生物
3100	吸附	4220	上流式厌氧污泥床工艺	5510	物化+好氧生物处理
3200	离子交换	4230	厌氧折流板反应器工艺	5520	物化+厌氧生物处理
3300	电渗析	4300	厌氧/好氧生物组合工艺	5530	物化+组合生物处理
3400	反渗透	4310	两段好氧生物处理工艺	5600	其他
3500	超过滤	4320	A/O 工艺	—	—

【污水处理后回用量】指 2007 年全年普查对象污水处理后回用的水量。计量单位为吨。

【排水去向类型代码】排水去向，指普查对象产生的污水直接排向江、河、湖、海等环境水体，还是排入市政管网、污水处理厂等。按表 3-4 填报。

表 3-4　排水去向类型代码表

代码	排水去向类型	代码	排水去向类型
A	直接进入海域	F	直接进入污灌农田
B	直接进入江河湖、库等水环境	G	进入地渗或蒸发地
C	进入城市下水道（再入江河、湖、库）	H	进入其他单位
D	进入城市下水道（再入沿海海域）	L	工业废水集中处理厂
E	进入城市污水处理厂	K	其他

【受纳水体名称】指 2007 年全年普查对象产生的污水直接排入水体，或经过城市污水管网、集中式污水处理厂后排入水体的名称（如××沟、××河、××港、××江、××塘等）。

【受纳水体代码】此项由普查对象所在地普查机构统一填写。水体代码要按照污染源普查用分类与代码附表 6《河流代码表》填报。海域代码分别是：1—渤海，2—黄海，3—东海，4—南海。排入市政管网或污水处理厂的，则填最终排入的水体代码。

《河流代码表》中未编入的河流，可按编码方法在相应的空码上继续编排。如确实编码困难，可按汇入的上一级河流代码填报。对于跨省（自治区、直辖市）河流编码，请报全国污染源普查工作办公室统一编码；对于省（自治区、直辖市）内河流，如其上一级河流也完全在省（自治区、直辖市）内，则由省（自治区、直辖市）普查机构编码并报全国污染源普查工作办公室备案；如上一级河流跨省（自治区、直辖市），则需报全国污染源普查工作办公室统一编码。

★填报与审核要求：污水“零排放”的单位，按其所在地归属哪个河流的流域，填报该河流名称及代码。

【锅炉序号】若有多台锅炉，从 1 开始往后排，单台锅炉或没有锅炉，此指标不填。

★填报与审核要求：若有多台锅炉，则每台锅炉均需填写锅炉序号、投运时间、额定出力、燃料类型代码、燃料消费量、燃烧方式代码、燃料硫分、燃料灰分，表格可自行复印。

【投运时间】指单台锅炉第一次投入使用的时间。

【额定出力】计量单位统一按兆瓦计。允许保留 2 位小数。

换算关系：60 万大卡/时≈1 蒸吨/时≈0.7 兆瓦

【运行时间】指 2007 年全年单台锅炉年运行时间。计量单位为小时。

【燃料类型代码】按表 3-5，在“□”内填报相应代码。对于双燃料锅炉，只填报一种主要燃料的代码。

表 3-5 锅炉燃料类型代码表

代码	能源种类	代码	能源种类
100	煤炭	300	油
101	原煤	301	原油
102	洗精煤	302	汽油
103	其他洗煤	303	煤油
104	型煤	304	柴油
105	焦炭	305	燃料油
106	其他	306	其他
200	气	700	生物质
201	焦炉煤气	701	大豆秆、棉花秆
202	高炉煤气	702	稻秆
203	其他煤气	703	麦秆
204	天然气	704	玉米秆
205	液化天然气	705	杂草
206	液化石油气	706	树叶
207	炼厂干气	707	薪柴
208	其他	708	沼气

【燃料消费量】指 2007 年全年普查对象拥有的单台锅炉燃料消费量。煤、燃油和液化石油气的计量单位为吨，除液化石油气外的燃气的计量单位为米^3。

★填报与审核要求：餐饮灶头等的燃料消费量不填报。

【燃烧方式代码】按表 3-6 填报。

表 3-6 锅炉燃烧方式代码表

代码	燃烧方式	代码	燃烧方式
RF01	层燃（手烧及机械烧）	RF02	室燃（煤粉、油、气燃烧）
RF03	沸腾燃烧（循环流化床、沸腾炉）	RF04	其他燃烧方式

【燃料硫分】指锅炉所用燃料中硫的百分含量（气态能源中含硫情况用浓度 mg/m³ 表示）。如果 2007 年全年内不同批次燃料中含硫量有较大变化时，按加权平均值填报。计量单位为%，允许保留 2 位小数。气体燃料中含硫量计量单位为毫克/米³，允许保留 3 位小数。

例：某普查对象 2007 年全年分 3 批次购进原煤，第一次购 200 万吨，含硫 0.9%；第二次购 150 万吨，含硫 0.6%；第三次购 100 万吨，含硫 0.5%，则：

2007 年内该普查对象

$$\text{所用原煤的含硫量（\%）}=\frac{200\times0.9\%+150\times0.6\%+100\times0.5\%}{200+150+100}=0.7\%$$

【燃料灰分】指锅炉所用燃料中灰分的百分含量。如果 2007 年全年内不同批次燃料中灰分有较大变化时，按加权平均值填报。计量单位为%，允许保留 2 位小数。

★填报与审核要求：如果普查对象无法提供燃料的硫分、灰分，由普查机构根据区域燃料消耗情况填写平均灰分、平均硫分。

【废气处理设施数】指至 2007 年年末普查对象用于防治大气污染的废气处理设施（包括构筑物）总数，以一个废气处理系统为单位统计。附属于设施内的废气处理设备和配套设备不单独计算。已经废弃的设施不统计在内。计量单位为套。

【废气处理设施处理总能力】指普查对象拥有的废气处理设施的设计处理总能力。脱硫、除尘设施串联的不重复统计设计处理能力。计量单位为米³/时。

【废气处理设施总投资】指建成该处理设施（除尘、脱硫设施一并统计）并正式投产所需的全部资金，不包括运行费用。计量单位为万元，允许保留 1 位小数。

【废气实际处理量】指 2007 年普查对象实际处理的废气总量，计量单位为万米³。

【废气处理设施运行费用】指 2007 年全年维持该处理设施正常运行所发生的费用。包括能源消耗、设备维修、人员工资、管理费、药剂费及与废气处理设施运行有关的其他费用等。计量单位为万元，允许保留 1 位小数。

【脱硫工艺代码、除尘工艺代码】按废气处理设施采用的除尘、脱硫方式，按表 3-7 填报。

注意：脱硫设施指专门设计、建设的去除烟气二氧化硫的设施，湿法除尘不计入脱硫设施。

★填报与审核要求：左顶齐方式，从左至右填写在“□”内。

表 3-7 废气除尘、脱硫方法代码表

代码	除尘方法	代码	脱硫方法
A	重力沉降法	X0	炉内脱硫法
B	惯性除尘法	X1	循环流化床锅炉
C	湿法除尘法	X2	炉内喷钙法
D	静电除尘法	X9	其他炉内脱硫法
E	过滤式除尘法	Y0	烟气脱硫法
F	单筒旋风除尘法	Y1	石灰石石膏法
G	多管旋风除尘法	Y2	旋转喷雾干燥法
W	其他除尘方法	Y9	其他烟气脱硫法
—	—	Z0	炉内脱硫与烟气脱硫组合法

【粉煤灰、炉渣收集方式】三种方式：集中收集、排放环境、其他，只选择一种主要方式在相应选项前“□”内划“√”。

★填报与审核要求：若填报锅炉燃料（煤炭）消费量，且不为 0，则粉煤灰、炉渣收集方式必填，且粉煤灰、炉渣收集方式从 3 个选项中选 1 个。

【废气处理设施运行时间】指 2007 年全年普查对象拥有的锅炉废气处理设施年运行小时数。计量单位为“时”。

3.4.2 S401 住宿业、餐饮业污染源普查表

3.4.2.1 普查范围

（1）住宿业：指有偿为顾客提供临时住宿的服务活动，本次普查为至 2007 年年末普查对象可用于对外出售的床位数大于等于 30 张的经营单位。符合上述条件的机关、社会团体、企事业单位招待所也纳入普查范围。

（2）餐饮业：指在一定场所，对食物进行现场烹饪、调制，并出售给顾客主要供现场消费的服务活动。本次普查为至 2007 年末可用于经营餐饮服务的餐位数大于等于 30 个的餐饮业经营单位。符合上述条件的景区、车站、码头、机场、大型商场、超市等租赁场地经营餐饮的经营单位也纳入普查范围。只有烹饪没有餐位（仅送餐）的供餐量按每 5 份折算 1 个餐位，日供餐量相当于 30 个餐位以上的也纳入普查范围。

（3）住宿业、餐饮业普查对象拥有的锅炉等独立燃烧设施，不论额定出力大小，一律全部填报。

（4）包含两种或两种以上生活源的普查对象，都达到相应规模低限的，分别填报相应的表格和指标；部分达到相应规模低限的，只选择达到规模低限的普查对象填报相应的表格和指标。

（5）住宿业中含有多个经营单位，如果各经营单位是独立经营的，且各自独立注册登记的，由业主单位协调各经营单位填报相应的普查表 S402；如果各经营单位不是独立注册登记的，由业主单位统一填报 S401 表。

（6）对没有锅炉或餐饮炉灶的茶楼、茶馆、酒吧、会所等经营场所不纳入普查范围。

3.4.2.2 指标解释与填报规定

【6.行业类别】按照《国民经济行业分类》填写行业小类名称，见表 3-8。

【行业代码】由普查机构按表 3-8 填写。

表 3-8 住宿业、餐饮业行业代码

门类	大类	中类	小类	类别名称	
I				住宿和餐饮业	本类包括 66 和 67 大类
	66			住宿业	指有偿为顾客提供临时住宿的服务活动
		661	6610	旅游饭店	指按照国家有关规定评定的旅游饭店或具有同等质量、水平的饭店活动
		662	6620	一般旅馆	指不具备评定旅游饭店和同等水平饭店的一般旅馆的活动
		669	6690	其他住宿服务	指上述未列明的住宿服务
	67			餐饮业	指在一定场所，对食物进行现场烹饪、调制，并出售给顾客主要供现场消费的服务活动
		671	6710	正餐服务	指提供各种中西式炒菜和主食，并由服务员送餐上桌的餐饮服务
		672	6720	快餐服务	
		673	6730	饮料及冷饮服务	指以提供饮料和冷饮为主的服务
		679	6790	其他餐饮服务	指上述未列明的餐饮服务

【20.宾馆饭店等级代码】指普查对象等级规模代码。按照酒店的建筑设备、酒店规模、服务质量、管理水平划分星级。按旅游行政管理部门划定的星级填写相应代码，代码如下：

A 一星级；B 二星级；C 三星级；D 四星级；E 五星级（含白金五星级）；F 准三星级；G 准四星级；H 准五星级；I 无星级。

《旅游饭店星级的划分和评定》（GB/T 14308—2003）依据酒店各种条件划分 5 个星级类别。旅游饭店：能够以夜为时间单位向旅游客人提供配有餐饮及相关服务的住宿设施。按不同习惯它也被称为宾馆、酒店、旅馆、旅社、宾舍、度假村、俱乐部、大厦、中心等。

星级：用星的数量和设色表示旅游饭店的等级。星级分为五个等级，即一星级、二星级、三星级、四星级、五星级（含白金五星级）。最低为一星级，最高为白金五星级。星级越高，表示旅游饭店的档次越高。预备星级作为星级的补充，其等级与星级相同。

根据国家旅游局 2006 年 9 月的最新《2005 年中国星级饭店统计报表》，到 2005 年年末，全国共有星级饭店 11 828 家，比上年增加 940 家，增长 8.63%，拥有客房 133.21 万间。按酒店类型划分，国有饭店为 5 528 座，占全国星级饭店总数的 46.7%，集体经济型饭店为 964 座，占 8.15%，外商投资饭店为 256 座，占 2.16%，港澳台投资饭店为 314 座，占 2.65%，此外联营、股份制、私营等其他类型的饭店共有 4 766 座，占全国星级饭店的 8.5%。按星级划分，全国共有五星级饭店 281 座，四星级饭店 1 146 座，三星级饭店 4 291 座，二星级饭店 5 497 座，一星级饭店 613 座。

【21.床位数】指至 2007 年末普查对象拥有的可对外出售的固定床位数量。计量单位为张。

★填报与审核要求：普查可供客人住宿使用的固定床位数，不包括服务人员的床位数。

【22.年平均入住率】指 2007 年普查对象每天开房的所有房间数与可供出售的客房总数的比率的全年平均值。计量单位为%，允许保留 1 位小数。

【23.洗染设备总容量】指普查对象（住宿业含的洗染服务业）拥有的洗染设备总容量。计量单位为千克，允许保留 1 位小数。

【24.美容保健床位数】指至 2007 年年末普查对象（住宿业含的理发及美容保健服务业中美容业）拥有的床位数量。计量单位为张。

【25.理发座位数】指至 2007 年年末普查对象（住宿业含的理发及美容保健服务业中理发业）拥有的座位数量。计量单位为个。

【26.澡堂（桑拿）衣柜数】指至 2007 年年末普查对象（住宿业含的洗浴服务业）拥有的澡堂（桑拿）衣柜数量，不包括服务人员衣柜。计量单位为个。

【27.沐足座位数】指至 2007 年年末普查对象（住宿业含的洗浴服务业）拥有的沐足座位数量。计量单位为个。

【28.经营面积】指至 2007 年年末普查对象（餐饮业）拥有的固定经营面积，其中含操作间。计量单位为米^2。

【29.餐位数】指至 2007 年年末普查对象（餐饮业）拥有的固定餐位数。计量单位为个。

【30.固定灶头数】指至 2007 年年末普查对象（餐饮业）拥有的固定灶头数。计量单位为个。注：不包括烧烤、火锅、麻辣烫用的灶头，也不包括使用酒精、木炭的灶头。

【31.油烟净化器数】指 2007 年全年普查对象（餐饮业）拥有的油烟净化器数。油烟净化器指对烹饪和食品加工过程中产生的油烟进行净化的设备。计量单位为个。

3.4.3 S402 居民服务和其他服务业污染源普查表

3.4.3.1 普查范围

（1）洗染服务业，指专营的洗染店。有洗染设备的经营场所或在他处接收洗染服务需求的洗染设施，且设备总容量大于等于 20 公斤的纳入普查范围，没有洗染设施的洗染门市不纳入普查范围。机关事业单位、社会团体内部不对外经营的洗染设备不纳入本次普查范围。

（2）理发及美容保健服务业，指专业理发、美容保健服务。理发业座位数大于等于 3 个；美容和保健服务业床位数大于等于 3 张的纳入普查范围。

（3）洗浴服务业，指专业洗浴服务。经营场所中用于提供顾客使用的衣柜数大于等于 20 个的纳入普查范围。

（4）摄影扩印服务业，按摄影扩印设备所在场所普查，没有摄影扩印设备的门市不纳入普查范围。

（5）汽车、摩托车维护与保养服务业（洗车业），指非汽车制造厂、修理厂的修理和维护活动；本次只普查汽车、摩托车维护与保养服务业中的洗车业，有专业洗车设备或经营面积大于等于 20 米 ^{2} 的洗车业纳入普查范围。

★填报与审核要求：

住宿业中含有的洗染服务业、理发及美容保健服务业、洗浴服务业等经营单位，如果各经营单位是独立经营的，且各自独立注册登记的，由住宿业业主单位协调经营单位填报相应的普查表 S402；如果各经营单位不是独立注册登记的，由业主单位统一填报 S401 表。

大型超市、农贸市场等有租赁经营的餐饮业、洗染业、理发及美容保健业、摄影扩印业等，达到相应规模低限以上的，分别填报相应的表格和指标；但是大型超市、农贸市场等不单独作为普查对象。

汽车、摩托车维护与保养业中没有洗车服务的其他行业不纳入本次普查范围。

据洗浴行业协会对市场的调查分析表明，现在国内洗浴中心数量不完全统计有 15.9 万家，其中高档洗浴中心占总数的 8%，中档洗浴中心占总数的 25%，小型洗浴中心占总数的 67%。随着改革开放的深入进行，桑拿浴在我国得到快速发展。桑拿浴年营业额达到 40 亿元人民币，约占休闲行业营业额的 1/5；据统计，中国人收入的 1/4 用于娱乐活动。

中国美容美发行业的产值正以每年 15%的速度递增，截至 2004 年，全国约有 172 万家美容机构，从业人员已达 1 600 万人，2004 年度美容服务业的总收入约为 2 200 亿元人民币。根据对规模以上单位的调查，2005 年美容服务业产值为 2 600 亿元人民币，美容机构的保有量约为 172 万家。

3.4.3.2 指标解释与填报规定

【6.行业类别】按照《国民经济行业分类》（GB/T 4754—2002）的规范填写行业小类名称，见表 3-9。

【行业代码】由普查机构按表 3-9 填写。

表 3-9 居民服务和其他服务业行业名称代码表

门类	大类	中类	小类	类别名称	说明
O	居民服务和其他服务业				本类包括 82—83 大类
	82			居民服务业	
		821	8210	家庭服务	
		822	8220	托儿所	指社会、街道、个人办的面向不足三岁幼儿的看护服务。看护服务可分为全托、日托、半托，或计时服务
		823	8230	洗染服务	指专营的洗染店以及在宾馆、饭店内常设的独立（或相对独立）洗染服务
		824	8240	理发及美容保健服务	指专业理发、美容保健服务，以及在宾馆、饭店或娱乐场所常设的独立（或相对独立）理发、美容保健服务
		825	8250	洗浴服务	指专业洗浴室以及在宾馆、饭店或娱乐场所常设的独立（或相对独立）洗浴服务
		826	8260	婚姻服务	指从事婚姻介绍、婚庆典礼等服务
		827	8270	殡葬服务	指与殡葬有关的各类服务
		828	8280	摄影扩印服务	
		829	8290	其他居民服务	指上述未包括的居民服务

门类	大类	中类	小类	类别名称	说明
	83	其他服务业			
		831		修理与维护	
			8311	汽车、摩托车维护与保养	指非汽车制造厂、修理厂的修理和维护活动。这类活动一般在路边规模较小的修理服务部进行。包括为汽车、摩托车提供上油、充气、打蜡、抛光、喷漆、清洗、换零配件、出售零部件等服务
			8312	办公设备维修	指各种办公设备修理公司、修理门市部和修理网点的修理活动
			8313	家用电器修理	指家用电器维修门市部，以及生产企业驻各地的维修网点和维修中心的修理活动
			8319	其他日用品修理	指其他日用品维修门市部、修理摊点的活动，以及生产企业驻各地的维修网点和维修中心的修理活动
		832		清洁服务	指对建筑物、办公用品、家庭用品的清洗和消毒服务。包括专业公司和个人的清洗服务
			8321	建筑物清洁服务	指对建筑物内外墙、玻璃幕墙、地面、天花板及烟囱的清洗活动
			8329	其他清洁服务	指专业清洗人员为企业的机器、办公设备的清洗活动，以及为居民的日用品、器具及设备的清洗活动。包括清扫、消毒等服务
		839	8390	其他未列明的服务	

【21.洗染设备总容量】指普查对象（洗染服务业）拥有的洗染设备总容量，包括干洗和水洗设备。计量单位为公斤，允许保留 1 位小数。

【22.美容保健床位数】指至 2007 年年末普查对象（理发及美容保健服务业中美容业）拥有的床位数。计量单位为张。

【23.理发座位数】指至 2007 年年末普查对象（理发及美容保健服务业中理发业）拥有的座位数。计量单位为个。

【24.澡堂（桑拿）衣柜数】指至 2007 年年末普查对象（洗浴服务业）拥有的澡堂（桑拿）的衣柜数，不包含服务人员衣柜数。计量单位为个。

【25.沐足座位数】指至 2007 年年末普查对象（洗浴服务业）拥有的用于沐足的座位数。计量单位为个。

【26.扩印设备总能力（张/时）】指普查对象（摄影扩印服务业）拥有的扩印设备一个小时内洗印照片的张数（不含数码扩印设备）。计量单位为张/时。

【27.日平均扩印照片数（张/日）】指普查对象（摄影扩印服务业）平均每日扩印照片数。计量单位为张/日。

★填报与审核要求：不含数码扩印设备扩印照片数。

【28.车位数】指至 2007 年年末普查对象（汽车、摩托车维护与保养服务业中洗车业）拥有的洗车车位数。计量单位为个。

★填报与审核要求：对于汽车、摩托车维护与保养服务业中洗车业，车位数、专业洗车设备数不可全空或全部为 0。

【29.专业洗车设备数】指至 2007 年年末普查对象（汽车、摩托车维护与保养服务业中洗车业）拥有的压缩机数量。专业洗车设备包括高压冲洗、水蜡清洗与自动泡沫的设备，不包括高压水喷枪。计量单位为台。

例如：电脑洗车机属于专业洗车设备。

【30.专业洗车设备电机总功率（千瓦）】指普查对象（汽车、摩托车维护与保养服务业中洗车业）拥有的压缩机的总功率（千瓦）。计量单位为千瓦，允许保留 2 位小数。

【31.新鲜用水量】指 2007 年全年普查对象（汽车、摩托车维护与保养服务业中洗车业）用于洗车服务的新鲜水量，包括城市自来水和自备水（地表水、地下水和其他水）用量。计量单位为吨。

3.4.4 S403 医院污染源普查表

3.4.4.1 普查范围

至 2007 年年末拥有的床位总数大于等于 20 张的医院。包括综合医院、中医医院、中西医结合医院、民族医院、专科医院和疗养院 6 个行业小类，即卫生、社会保障和社会福利业名称代码中（表 3-10）所列的中类 851 医院内的 6 个小类纳入普查范围。

卫生、社会保障和社会福利业名称代码表 3-10 中所列的 852 卫生院及社区医疗活动、853 门诊部医疗活动、854 计划生育技术服务活动、855 妇幼保健活动、856 专科疾病防治活动、857 疾病预防控制及防疫活动、859 其他卫生活动这些中类都不纳入普查范围。

表 3-10　卫生、社会保障和社会福利业行业分类代码表

门类	大类	中类	小类	类别名称
Q				卫生、社会保障和社会福利业
	85			卫生
		851		医院
			8511	综合医院
			8512	中医医院
			8513	中西医结合医院
			8514	民族医院
			8515	专科医院
			8516	疗养院
		852	8520	卫生院及社区医疗活动
		853	8530	门诊部医疗活动
		854	8540	计划生育技术服务活动
		855	8550	妇幼保健活动
		856	8560	专科疾病防治活动
		857	8570	疾病预防控制及防疫活动
		859	8590	其他卫生活动

3.4.4.2 指标解释与填报规定

【6.行业类别】按照《国民经济行业分类》填写行业小类名称，见表 3-10。

【行业代码】由普查机构按表 3-10 填写。

【8.床位数】指至 2007 年年末普查对象拥有的固定实有床位数，包括正规床、简易床、监护床和正在消毒、修理的床位及因扩建或大修理而停用的床位（按扩建或大修理前的床位计算），但不包括产科的新生儿床、库存床、临时增设的床位、病人家属的陪床、接产室的待产床等。计量单位为张。

【14.污水处理工艺代码】按照医院污水处理工艺，按下列处理工艺填报相应的代码。

A 一级处理+加氯等消毒处理；B 二级处理+加氯等消毒处理；C 其他处理工艺。

★填报与审核要求：只能从 3 项中选 1 项。

【19.医疗废物产生量】指 2007 年全年普查对象在医疗、预防、保健、教学、科研以及其他相关活

动中产生的具有直接或间接感染性、毒性以及其他危害性废物的总量。包括感染性废物、病理性废物、损伤性废物、药物性废物、化学性废物以及其他危险废物。计量单位为吨，允许保留2位小数。

表3-11　医疗废物分类目录

类别	特征	常见组分或者废物名称
感染性废物	携带病原微生物，具有引发感染性疾病传播危险的医疗废物	1. 被病人血液、体液、排泄物污染的物品，包括： ◆棉球、棉签、引流棉条、纱布及其他各种敷料； ◆一次性使用卫生用品、一次性使用医疗用品及一次性医疗器械； ◆废弃的被服； ◆其他被病人血液、体液、排泄物污染的物品。 2. 医疗机构收治的隔离传染病病人或者疑似传染病病人产生的生活垃圾。 3. 病原体的培养基、标本和菌种、毒种保存液。 4. 各种废弃的医学标本。 5. 废弃的血液、血清。 6. 使用后的一次性使用医疗用品及一次性医疗器械视为感染性废物。
病理性废物	诊疗过程中产生的人体废弃物和医学实验动物尸体等	1. 手术及其他诊疗过程中产生的废弃的人体组织、器官等。 2. 医学实验动物的组织、尸体。 3. 病理切片后废弃的人体组织、病理蜡块等。
损伤性废物	能够刺伤或者割伤人体的废弃的医用锐器	1. 医用针头、缝合针。 2. 各类医用锐器，包括：解剖刀、手术刀、备皮刀、手术锯等。 3. 载玻片、玻璃试管、玻璃安瓿等。
药物性废物	过期、淘汰、变质或者被污染的废弃的药品	1. 废弃的一般性药品，如：抗生素、非处方类药品等。 2. 废弃的细胞毒性药物和遗传毒性药物，包括： ◆致癌性药物，如硫唑嘌呤、苯丁酸氮芥、萘氮芥、环孢霉素、环磷酰胺、苯丙氨酸氮芥、司莫司汀、三苯氧氨、硫替派等； ◆可疑致癌性药物，如：顺铂、丝裂霉素、阿霉素、苯巴比妥等； ◆免疫抑制剂。 3. 废弃的疫苗、血液制品等。
化学性废物	具有毒性、腐蚀性、易燃易爆性的废弃的化学物品	1. 医学影像室、实验室废弃的化学试剂。 2. 废弃的过氧乙酸、戊二醛等化学消毒剂。 3. 废弃的汞血压计、汞温度计。

说明：一次性使用卫生用品是指使用一次后即丢弃的，与人体直接或者间接接触的，并为达到人体生理卫生或者卫生保健目的而使用的各种日常生活用品。一次性使用医疗用品是指临床用于病人检查、诊断、治疗、护理的指套、手套、吸痰管、阴道窥镜、肛镜、印模托盘、治疗巾、皮肤清洁巾、擦手巾、压舌板、臀垫等接触完整黏膜、皮肤的各类一次性使用医疗、护理用品。一次性医疗器械是指《医疗器械管理条例》及相关配套文件所规定的用于人体的一次性仪器、设备、器具、材料等物品。医疗卫生机构废弃的麻醉、精神、放射性、毒性等药品及其相关的废物的管理，依照有关法律、行政法规和国家有关规定、标准执行。使用后的一次性医疗器械，不论是否剪除针头，是否被病人体液、血液、排泄物污染，均属于医疗废物，均应作为医疗废物进行管理。使用后的各种玻璃（一次性塑料）输液瓶（袋），未被病人血液、体液、排泄物污染的，不属于医疗废物，不必按照医疗废物进行管理，但这类废物回收利用时不能用于原用途，用于其他用途时应符合不危害人体健康的原则。

【20.医疗废物处置方式】指2007年全年普查对象经营过程中产生的医疗废物的处置方式，可选择

集中处置、本单位处置、其他处置方式，根据实际情况可以多选，在相应选项前“□”内划“√”。

【21.医疗废物无害化处置量】包括本单位无害化处置量和送往危险（医疗）废物或医疗废药集中处置厂的处置量。医疗废物无害化处置指对医疗废物采用符合环境保护和医疗废物管理规定的焚烧、高温蒸煮、微波消毒和化学消毒等方式处理医疗废物并最终实现医疗废物毁形、减容和消除其危害性，并对其残余物进行安全填埋的处置的过程。计量单位为吨，允许保留2位小数。

【22.其中本单位无害化处置的医疗废物量】指2007年全年普查对象本单位无害化处理医疗废物的量。计量单位为吨。允许保留2位小数。

【23.送医疗废物处置厂量】指2007年全年普查对象送往医疗（危险）废物处置厂的医疗废物量。计量单位为吨。允许保留2位小数。

【24.本单位医疗废物处置方式】指2007年全年普查对象自身处置医疗废物的方式，可选择焚烧、高温蒸煮、微波消毒、化学消毒。根据实际情况可以多选，在相应选项前“□”内划“√”。

★填报与审核要求：从3个选项中选1个或多个，如选择焚烧，则焚烧炉类型、焚烧炉烟气处理方式、医疗废物本单位焚烧量必填。

【25.焚烧炉类型】指固定床、炉排炉、流化床、旋转窑或其他。根据实际情况可以多选，在相应选项前“□”内划“√”。

【26.焚烧炉烟气处理方式】按表3-5填报。若有多种方法时，选择主要的两项填写相应代码。

★填报与审核要求：左顶齐方式，从左至右填写在“□”内。

【27.医疗废物本单位焚烧量】指2007年全年普查对象本单位焚烧处置的医疗废物量。计量单位为吨，允许保留2位小数。

3.4.5 S403−1 医用电磁辐射设备和放射性同位素与射线装置普查表

3.4.5.1 总体说明

有20张以上床位，并有电磁辐射设备、放射源和射线装置的医院必须填报本表。

一、医用电磁辐射设备

电磁辐射是指能量以电磁波的形式通过空间传播。电磁辐射设备是指产生电磁辐射并用于企业生产及辅助活动、医疗和科学研究的设备。工业、科学、医疗电磁辐射设备本身希望产生电磁能，但不希望电磁能向外环境发射，其对周围环境产生的电磁波不载有信息（信号）。

电磁辐射对人体的危害主要是热效应、非热效应和累积效应等。

热效应：人体中水分子受到电磁波辐射后相互摩擦，引起机体升温，从而影响到体内器官的正常工作。

非热效应：人体的器官和组织都存在微弱的电磁场，它们是稳定和有序的，一旦受到外界电磁场的干扰，处于平衡状态的微弱电磁场即将遭到破坏，人体也会遭受损伤。

累积效应：热效应和非热效应作用于人体后，对人体的伤害尚未来得及自我修复之前（通常所说的人体承受力——内抗力），再次受到电磁波辐射，伤害程度就会发生累积，久之会成为永久性病态，危及生命。对于长期接触电磁波辐射的群体，即使功率很小，频率很低，也可能会诱发意想不到的病变。

本次污染源普查按照国家电磁辐射设备（设施）申报登记和监督管理要求，频率大于500Hz且功率5kW以上的工业、医疗应用中产生电磁辐射的中、高频设备纳入本次电磁辐射设备普查的范围。

医用辐射设备是利用不太强的射频电磁波对人体进行照射的电疗设备。例如：高频理疗机、超短波理疗机、紫外线理疗机、高频透热机（包括热疗癌机、微波电疗机等）、高频烧灼器、高频手术刀、微波针灸设备、核磁共振等，本表调查统计医院用于医疗、诊断、预防、保健、教学、科研以及其他相关活动中的频率大于500Hz，功率5kW以上的电磁辐射设备。

二、含放射源设备与射线装置

放射源：指除研究堆和动力堆核燃料循环范畴的材料以外，永久密封在容器中或者有严密包层并呈固态的放射性材料。放射性同位素，是指某种发生放射性衰变的元素中具有相同原子序数但质量不同的核素。

射线装置：指 X 线机、加速器、中子发生器。

在普查中，含放射源设备、射线装置的普查不针对放射性核素、核素活度和射线类型等专业指标，只对工业企业中使用含放射性设备和射线装置，以及医院中使用含放射源设备与射线装置进行普查。非密封放射源不进行普查。

医用放射性同位素和射线装置主要应用于疾病诊断和治疗、放射免疫分析等。

3.4.5.2 填报方法及主要指标解释

一、医用电磁辐射设备

20 张以上床位，并利用频率大于 500 赫兹（Hz），功率大于 5 千瓦（kW）电磁辐射设备进行医疗、诊断、预防、保健、教学、科研以及其他相关活动的医院必须填报本表。

当电磁辐射设备（设施）频率大于 500Hz 且功率 5kW 以上，产生的电磁能和辐射强度一般就可能达到或者超过国家规定的下限值，纳入普查范围。

【1.电磁辐射设备类别】和【2.设备代码】按照表 3-12 填写，设备类别与代码要一一对应。

表 3-12　电磁辐射设备类别代码表

设备类别	设备代码	设备类别	设备代码	设备类别	设备代码
高频理疗机	133PY0l	高频透热机（包括热疗癌机、微波电疗机等）	133PY04	微波针灸设备	133PY07
超短波理疗机	133PY02	高频烧灼器	133PY05	核磁共振	133PY08
紫外线理疗机	133PY03	高频手术刀	133PY06	—	—

【3.设备型号】按照设备铭牌上的型号填写，如果某些电磁辐射设备由于历史年代久远，铭牌上的型号无法识读，可空。在这种情况下，普查对象填写，普查员、普查指导员和普查机构应重点审核。

【4.标称功率】是反映电磁辐射能量强弱的指标，是普查表填报的重要内容；如果某些电磁辐射设备由于历史年代久远，指标无法识读，可空。在这种情况下，应重点审核。填报时，应注意功率计量单位为千瓦，并按铭牌或说明书上内容填写。

【5.工作频率】是反映电磁辐射能量强弱的指标，所以是普查表填报的重要内容；如果某些电磁辐射设备由于历史年代久远，这两项指标无法得到，可空，但这种情况极为少见，一旦普查对象填写，普查员、普查指导员和普查机构应重点审核。填报时，应注意频率计量单位千赫，填报设备铭牌或说明书上的最大工作频率。

【6.启用时间】是反映电磁辐射设备开始对环境和人体产生影响的指标，应填写电磁辐射设备第一次使用的时间。

【7.设备使用状态】如果至 2007 年年末设备在使用，或者暂停使用但以后还需使用的，在用前“□”内划“√”；如果设备已经废弃或闲置不再使用，或已报废，但尚未送相关废物处置单位处置的，在终止使用前“□”内划“√”。

二、医用含放射源设备

国家对放射源采用编码管理，即身份证管理。每一个（枚）放射源都有唯一放射源编码（即放射源编码卡上 12 位国家编码）。放射源编码是原国家环保总局、省级环境保护部门、放射源生产单位依据国家统一要求编制的对含放射源设备中放射源的唯一编码。普查对象应根据放射源编码卡（见

图 3-2）填报【12.放射源编码】，如果没有放射源编码，则空或者向当地省级环境保护部门申请后填报。如果普查对象填报了其他指标但该指标为“空”，应重点审核，并报告当地普查机构与省级辐射环境监管机构。

核素名称		
出厂活度	______________________贝可	
出厂日期	年　　月　　日	
生产厂家		
源外形尺寸		
标号		
国家编码	□□□□□□□□□□□□	

图 3-2　放射源编码卡

部分含放射源设备中含有多个（枚），则每个（枚）放射源填报一行，顺序填写，其他指标也相应填写。

★填报与审核要求：含放射源设备必须与放射源编码对应，放射源编码是唯一编码，不应重复。

【8.含放射源设备类别】和【9.设备代码】按照表 3-13 填写，注意设备类别与代码的正确。

表 3-13　含放射源设备类别代码表

设备类别	设备代码	设备类别	设备代码	设备类别	设备代码
钴-60 治疗机	513PY01	后装机	522PY01	校验源	555PY01
表面敷贴器	513PY02	γ 射线骨密度仪	543PY01	—	—
伽马刀	514PY01	含锗-68 的 ECT/PET	552PY01	—	—

【10.设备型号】应按照设备铭牌上的型号填写，如果某些设备由于历史年代久远，铭牌上的型号无法识读，或者对于终止使用的放射源的设备，放射源与设备已经分离，难以找到设备型号，可空。如果普查对象未填写，普查员、普查指导员和普查机构应重点审核。

【11.放射源编码】放射源编码（即放射源编码卡上 12 位国家编码）应是国家、省级环境保护部门或放射源生产厂家编制的对该含放射源设备中放射源的唯一编码（如果该放射源没有编码，则不填或者向当地省级环境保护部门申请后填报）。

若含放射源设备中有多个放射源，则每个放射源填报一行，顺序填写。

【12.出厂时间】是反映放射源开始对环境和公众产生影响的指标，由于放射源不断衰变，通过出厂时间和放射源编码记录能大致计算出放射源的当前活度，放射源的强弱程度。

【13.设备使用状态】如果至 2007 年年末设备在使用，或者暂停使用但以后还需使用的，在用前“□”内划“ √”；如果设备已经废弃或闲置不再使用，或已报废，但尚未送相关废物处置单位处置的，在终止使用前“□”内划“ √”。注意：已经送往城市废放射源库或废物处置地的报废放射源，不填报。

★填报与审核要求：普查对象如果有放射原则应填报 8～13 项，如果设备铭牌上的型号等无法识读时，可空，但普查员应认真核实。

三、医用射线装置

【14.射线装置名称】和【15.设备代码】按表 3-14 填写，注意装置名称与代码的正确。

表 3-14 射线装置名称代码表

设备名称	设备代码	设备名称	设备代码	设备名称	设备代码
放射诊断用普通 X 射线机	112PY01	放射治疗模拟定位机	112PY04	X 射线深部治疗机	113PY01
CT 机	112PY02	X 射线骨密度仪	112PY05	X 射线体外碎石机	113PY02
数字减影血管造影装置	112PY03	医用加速器	121PY01	—	—

【16.装置型号】应按照设备铭牌上的型号填报，如果某些射线装置由于历史年代久远，铭牌上的型号无法识读，可空。在这种情况下，如果普查对象未填写，普查员、普查指导员和普查机构应重点审核。

【17.射线装置类别】国家根据射线装置对人体健康和环境可能造成危害的程度，从高到低将射线装置分为Ⅰ类、Ⅱ类、Ⅲ类。按照使用用途分医用射线装置和非医用射线装置。Ⅰ类为高危险射线装置，Ⅲ类为低危险射线装置。普查对象按表 3-15 中列出的医用射线装置，对照自有的射线装置填报出Ⅰ、Ⅱ、Ⅲ，填写在“□”内。

表 3-15 射线装置分类表

装置类别	医用射线装置
Ⅰ类射线装置	能量大于 100 兆电子伏的
	医用加速器
Ⅱ类射线装置	放射治疗用 X 射线、电子束加速器
	重离子治疗加速器
	质子治疗装置
	制备正电子发射计算机断层显像装置（PET）用放射性药物的加速器
	其他医用加速器
	X 射线深部治疗机
	数字减影血管造影装置
Ⅲ类射线装置	医用 X 射线 CT 机
	放射诊断用普通 X 射线机
	X 射线摄影装置
	牙科 X 射线机
	乳腺 X 射线机
	放射治疗模拟定位机
	其他高于豁免水平的 X 射线机

【18.启用时间】是反映射线装置开始对环境和人体产生影响的指标，应填写装置第一次使用的时间。

【19.装置使用状态】如果至 2007 年年末装置在使用，或者暂停使用但以后还需使用的，在用前“□”内划“√”；如果装置已经废弃或闲置不再使用，或已报废，但尚未送相关废物处置单位处置的，在终止使用前“□”内划“√”。注意：已经送往城市废放射源库或废物处置地的报废放射源，不填报。

★填报与审核要求：普查对象如果有射线装置则应填写 14－19 项，如果设备铭牌上的型号等无法识读时，可空，但普查员应认真核实。

3.4.6 S404 独立燃烧设施普查表

3.4.6.1 普查范围

机关、社会团体、企事业单位相对集中居住区（家属区），非生产性的企事业单位办公区、机务段和客运段非社会化运营的锅炉，额定出力大于等于 0.7 兆瓦（1 蒸吨/时）的独立燃烧设施，包括燃煤、燃油和燃气锅炉，纳入普查范围。没有标明额定出力的土锅炉、型煤锅炉或者铭牌去向不知的锅炉全部填报。茶炉、电锅炉不纳入普查范围。

★填报与审核要求：不包含住宿餐饮业、居民服务及其他服务业、医院内的锅炉。

3.4.6.2 指标解释与填报规定

★填报与审核要求：若有多台锅炉，则每台锅炉均需填写锅炉序号、投运时间、额定出力、燃料类型代码、燃料消费量、燃烧方式代码、燃料硫分、燃料灰分，表格可自行复印。

3.4.7 S405 城镇居民生活污染源普查表

3.4.7.1 普查范围

以设区城市的区、县城（县级市）、建制镇为单元普查。此表由普查机构填报。区、县（县级市）填报本级，不包括辖区内建制镇；建制镇单独填报。

设区城市的区：指区本级行政管辖的地域；

县城（县级市）：指县（县级市）政府机关和公共服务机构的所在地；

建制镇：指国家按行政建制设立的镇的政府机关和公共服务机构的所在地。

城镇居民生活污染源普查表所需的区域性信息，由当地普查机构协调同级统计、城建、发改、经贸、公安等相关部门负责提供，普查表由普查机构填报。

3.4.7.2 指标解释与填报规定

【1.设区城市的区、县城（县级市）、建制镇名称】按设区城市的区、县城（县级市）、建制镇名称填写。加盖本次普查机构公章。

【2.行政区划代码】由所在地区普查机构按污染源普查用分类与代码附表 1《行政区划代码表》填报。设区城市的区、县城（县级市）填写本级的 6 位数字，建制镇填写 9 位数字。

【3.联系方式】指设区城市的区、县城（县级市）、建制镇环保联系人或提供普查信息人员的姓名、办公电话、传真。

【4.辖区内城镇常住人口】指设区城市的区、县城（县级市）、建制镇的常住人口（包含户籍人口和常住外来人口），不包括村庄和集镇的农业人口。计量单位为万人，允许保留 2 位小数。

【5.煤炭消费量】按 2007 年全年普查区域用作居民生活的煤炭的总量填报。计量单位为万吨，允许保留 2 位小数。

★填报与审核要求：若填报煤炭消费量，且不为 0，则煤炭中平均硫分、灰分不得为 0。

【6.煤炭中平均硫分】指 2007 年全年普查区域用作居民生活的煤炭的硫分含量。如果 2007 年全年不同批次煤炭中含硫量有较大变化时，按加权平均值填报。计量单位为%，允许保留 2 位小数。

【7.煤炭中平均灰分】指 2007 年全年普查区域用作居民生活的煤炭的灰分含量。如果 2007 年全年不同批次煤炭中灰分有较大变化时，按加权平均值填报。计量单位为%，允许保留 2 位小数。

【8.燃料油消费量】按 2007 年全年普查区域用作居民生活的燃料油的总量填报。计量单位为万吨，允许保留 2 位小数。

★填报与审核要求：若填报燃料油消费量，且不为 0，则燃料油中平均硫分不得为 0。

【9.燃料油中平均硫分】指 2007 年全年普查区域用作居民生活的燃料油的硫分含量。如果 2007 年全年不同批次燃料油中含硫量有较大变化时，按加权平均值填报。计量单位为%，允许保留 2 位小数。

★填报与审核要求：由普查机构根据区域燃料种类、产地填报区域平均灰分和平均硫分。

【10.管道煤气消费量】按 2007 年全年普查区域用作居民生活的管道煤气的消费量填报。计量单位为万米^3，允许保留 2 位小数。

【11.天然气消费量】按 2007 年全年普查区域用作居民生活的天然气的总量填报。计量单位为万米^3，允许保留 2 位小数。

【12.液化石油气消费量】按 2007 年全年普查区域用作居民生活的液化石油气的总量填报。计量单位为万吨，允许保留 2 位小数。

【13.生活垃圾清运量】指 2007 年全年普查区域由环卫等部门集中收集的生活垃圾量。生活垃圾指在日常生活中或者为日常生活提供服务的活动中产生的各类固体废物，包括计量单位生活垃圾、居民生活垃圾和街道保洁垃圾。计量单位为万吨，允许保留 2 位小数。

★填报与审核要求：生活垃圾清运量≥生活垃圾卫生填埋处置量+生活垃圾简易填埋处置量+生活垃圾堆肥量+生活垃圾焚烧量+生活垃圾其他处置方式处置量。

【14.生活垃圾无害化填埋量】指 2007 年全年普查区域进入垃圾处理厂后采用无害化填埋方法处理的生活垃圾量。计量单位为万吨，允许保留 2 位小数。

【15.生活垃圾简易填埋量】指 2007 年全年普查区域进入垃圾处理厂后采用简易填埋方法处理的生活垃圾量。计量单位为万吨，允许保留 2 位小数。

【16.生活垃圾堆肥量】指 2007 年全年普查区域进入垃圾处理厂后采用堆肥方法处理的生活垃圾量。计量单位为万吨，允许保留 2 位小数。

【17.生活垃圾焚烧量】指 2007 年全年普查区域进入垃圾处理厂后采用焚烧方法处理的生活垃圾量。计量单位为万吨，允许保留 2 位小数。

【18.生活垃圾其他处置方式处置量】指 2007 年全年普查区域进入垃圾处理厂后采用除无害化填埋、简易填埋、焚烧、堆肥外的方法处理的生活垃圾量。计量单位为万吨，允许保留 2 位小数。

【19.生活用水总量】指 2007 年全年普查区域居民家庭用水和公共服务用水的总量（包括自来水和自备水）。计量单位为万吨，允许保留 1 位小数。

【20.居民家庭用水总量】指 2007 年全年普查区域居民家庭用水的总量。计量单位为万吨，允许保留 1 位小数。

3.4.8 S406 机动车污染源普查表

3.4.8.1 普查范围

以直辖市、地区（市、州、盟）为单位普查在用机动车分类登记数量；机动车普查对象包括汽车和摩托车。

在用机动车分类登记数量信息由直辖市、地区（市、州、盟）普查机构协调同级公安交通管理部门负责提供，普查表由普查机构填报。

大型载客汽车：车长大于等于 6 米或者乘坐人数大于等于 20 人。乘坐人数可变的，以上限确定。乘坐人数包括驾驶员；

中型载客汽车：车长小于 6 米，乘坐人数大于 9 人且小于 20 人；

小型载客汽车：车长小于 6 米，乘坐人数小于等于 9 人；

微型载客汽车：车长小于等于 3.5 米，发动机气缸总排量小于等于 1 升；

重型载货汽车：车长大于等于 6 米，总质量大于等于 12 000 千克；

中型载货汽车：车长大于等于 6 米，总质量大于等于 4 500 千克且小于 12 000 千克；

轻型载货汽车：车长小于 6 米，总质量小于 4 500 千克；

微型载货汽车：车长小于等于 3.5 米，载质量小于等于 1 800 千克；

三轮汽车（原三轮农用运输车）：以柴油机为动力，最高设计车速小于等于 50 公里/时，最大设计总质量不大于 2 000 千克，长小于等于 4.6 米，宽小于等于 1.6 米，高小于等于 2 米，具有三个车轮的货车；采用方向盘转向，由操纵杆传递动力、有驾驶室且驾驶员车厢后有物品存放的长小于等于 5.2 米，宽小于等于 2.8 米，高小于等于 2.2 米。

低速载货汽车（原四轮农用运输车）：以柴油机为动力，最高设计车速小于 70 千米/时，最大设计总质量小于等于 4 500 千克，长小于等于 6 米，宽小于等于 2 米，高小于等于 2.5 米，具有四个车轮的货车；

普通摩托车：最大设计时速大于 50 千米/时或者发动机气缸总排量大于 50 毫升；

轻便摩托车：最大设计时速小于等于 50 千米/时，发动机气缸总排量小于等于 50 毫升。

3.4.8.2 指标解释与填报规定

【1.直辖市、地市（地区）名称】按直辖市、地区（市、州、盟）名称填报。加盖本次普查机构公章。

【2.行政区划代码】由所在直辖市、地区（市、州、盟）普查机构按污染源普查用分类与代码附表 1《行政区划代码表》填报。

【3.联系方式】指直辖市、地区（市、州、盟）公安交通管理部门联系人或负责提供普查信息人员的姓名、办公电话、传真。

【4.载客汽车】指直辖市、地区（市、州、盟）客车的登记在用车辆数量。计量单位为辆。

【5.载货汽车】指直辖市、地区（市、州、盟）货车的登记在用车辆数量。计量单位为辆。

【6.三轮汽车及低速载货汽车】指直辖市、地区（市、州、盟）三轮汽车及低速载货汽车的登记在用车辆数量。计量单位为辆。

【7.摩托车】指直辖市、地区（市、州、盟）摩托车的登记在用车辆数量。计量单位为辆。

第 4 章　集中式污染治理设施

4.1 集中式污染治理设施表格总体说明

4.1.1 表格总体结构与内容

集中式污染治理设施包括污水处理厂、垃圾处理厂（场）、危险废物处置厂、医疗废物处置厂四类，不同的普查对象分类填报相应的普查表。

4.1.1.1 表格的分类与结构

（1）污水处理厂普查表

J501　　污水处理厂基本情况表

J501-1　污水处理厂污染物排放量普查表

J501-2　污水处理厂污水监测表

（2）垃圾处理厂（场）普查表

J502　　垃圾处理厂（场）基本情况表

J502-1　垃圾处理厂（场）污染物排放量普查表

J502-2　垃圾处理厂（场）渗滤液监测表

J502-3　垃圾处理厂（场）焚烧废气监测表

（3）危险废物处置厂普查表

J503　　危险废物处置厂基本情况表

J503-1　危险废物处置厂污染物排放量普查表

J503-2　危险废物处置厂废水监测表

J503-3　危险废物处置厂焚烧废气监测表

（4）医疗废物处置厂普查表

J504　　医疗废物处置厂基本情况表

J504-1　医疗废物处置厂污染物排放量普查表

J504-2　医疗废物处置厂废水监测表

J504-3　医疗废物处置厂焚烧废气监测表

4.1.1.2 表格的主要内容

（1）污水处理厂普查表主要内容包括污水处理厂基本情况、建设与运行情况、污水处理方法、污水处理量、排水去向、污泥产生、处理、处置、二次污染处理情况、污染物排放量、监测数据等信息。

（2）垃圾处理厂（场）普查表主要内容包括垃圾处理厂（场）基本信息、建设与运行情况、三种垃圾处理方式情况、能源消耗、二次污染处理情况、污染物排放量、监测数据等。

（3）危险废物处置厂普查表主要内容包括危险废物处置厂基本信息、建设与运行情况、两种危险废物处置方式情况、能源消耗、二次污染处理情况、污染物排放量、监测数据等。

（4）医疗废物处置厂普查表主要内容包括医疗废物处置厂基本信息、建设与运行情况、四种医疗废物处置（理）方式情况、能源消耗、二次污染处理情况、污染物排放量、监测数据等。

4.1.2 集中式污染治理设施普查范围与对象

4.1.2.1 普查范围

集中式污染治理设施包括污水处理厂、垃圾处理厂（场）、危险废物处置厂和医疗废物处置厂。

（1）污水处理厂

污水处理厂包括城镇污水处理厂、工业废（污）水集中处理设施和其他污水处理设施。

城镇污水处理厂：指在城市（镇）或工业区，城市污水（生活污水、工业废水）通过排水管道集中于一个或几个处所，并利用由各种处理单元组成的污水处理系统进行净化处理，最终使处理后的污水和污泥达到规定要求后排放或再利用的设施。

工业废（污）水集中处理设施：指提供社会化有偿服务、专门从事为工业园区、联片工业企业或周边企业处理工业废水（包括一并处理周边地区生活污水）的集中设施或独立运营的单位。不包括企业内部的污水处理设施。

其他污水处理设施：指对不能纳入城市污水收集系统的居民区、风景旅游区、度假村、疗养院、机场、铁路车站等人群聚集地排放的污水进行就地处理的设施。

污水处理厂普查中，不包括氧化塘、渗水井、化粪池、改良化粪池、无动力地埋式污水处理装置和土地处理系统处理工艺。

（2）垃圾处理厂（场）

垃圾处理厂（场）包括垃圾填埋厂（场）、堆肥厂（场）和焚烧厂（场），垃圾发电厂按垃圾焚烧厂纳入普查。已经使用完成，完全封场的垃圾处理厂（场）不纳入普查范围。正在运行的垃圾处理厂（场）中已封场的部分仍要进行统计普查。

（3）危险废物处置厂

危险废物处置厂：指提供社会化有偿服务，将多个工业企业或多个事业单位、第三产业或居民生活产生的危险废物集中起来进行焚烧、填埋等处置的场所或单位。不包括企业内部自建自用的危险废物处置装置。

（4）医疗废物处置厂

医疗废物处置厂：将医疗废物集中起来进行处置的场所或单位。医疗废物处置厂普查范围不包括医院自建自用的医疗废物处置设施。

医疗废物：指各类医疗卫生机构在医疗、预防、保健、教学、科研以及其他相关活动中产生的具有直接或间接感染性、毒性以及其他危害性的废物，包括感染性废物、病理性废物、损伤性废物、药物性废物、化学性废物以及其他危险废物。

4.1.2.2 普查对象的确定

（1）集中式污染治理设施一律按照属地原则确定普查对象。以县级行政区划为划分属地的基本区域。

（2）至2007年12月31日以前投入运行、试运行，包括新建尚未验收的建设项目，均纳入本次普查。

（3）医疗废物与其他危险废物共同处置的处置厂归入危险废物处置厂普查。

4.1.3 普查污染物的种类

4.1.3.1 废水普查污染物种类

包括：废水排放量、化学需氧量、氨氮、石油类（或动植物油）、挥发酚、汞、镉、铅、砷、总铬

（或六价铬）、氰化物、总磷、总氮、五日生化需氧量等。

4.1.3.2 废气普查污染物种类

包括：废气排放量、烟尘、二氧化硫、氮氧化物等。

4.1.4 污染物排放量的核算方法

集中式污染治理设施中污水处理厂采用实际监测法测算污染物的纳入量和排放量（污水处理厂污泥可通过产排污系数法进行核算），其他集中式污染治理设施采用产排污系数法和实际监测法核算污染物的产生量和排放量。

4.1.4.1 实际监测法

（1）主要内容

实际监测法是通过实际监测普查对象产生和外排废水、废气（流）量及其污染物浓度，计算出废气、废水排放量及其各种污染物的产生量和排放量。

监测数据包括普查监测数据、历史监测数据和在线监测数据。其中历史监测数据包括环保部门对普查对象进行监督性监测数据（简称监督监测数据）、建设项目环保竣工验收监测数据（简称验收监测数据）、企业委托监测数据和企业自测数据。

（2）监测数据的认定

各种实际监测法获得的数据必须符合下述规定，才能作为有效数据，用于核算污染物的产生量、排放量。

①普查监测的数据认定

按照第一次全国污染源普查工作办公室发布的《工业污染源及集中式污染治理设施监测技术规定》的规范及要求进行监测得到的数据。

②历史监测数据的认定

监督监测数据的认定：近 3 年内，由县（区）及以上环保部门按照监测技术规范要求进行监督监测得到的数据，并且经实地核查，企业 3 年内生产工艺和治污设施没有发生明显变化且运行状况良好。废水污染物年监测频次达到 4 次以上，废气污染物年监测频次达到 2 次以上，并且任意 2 次监测数据不能在同一个月，任意 3 次监测数据不能在同一个季度。监测项目和监测分析方法符合规范要求。

验收监测数据的认定：近 3 年内，县（区）及以上环保部门对新建项目、限期治理项目进行验收监测得到的数据，并且经实地核查，新建或限期治理项目 3 年内生产工艺和治污设施没有发生明显变化且运行状况良好。

委托监测数据的认定：近 3 年内，县（区）及以上环保部门受企业委托出具的监测数据，并且经实地核查，企业 3 年内生产工艺和治污设施没有发生明显变化且运行状况良好。废水污染物年监测频次达到 4 次以上，废气污染物年监测频次达到 2 次以上，并且任意 2 次监测数据不能在同一个月，任意 3 次监测数据不能在同一个季度。监测项目和监测分析方法符合规范要求。企业自送样品的委托监测数据不能作为普查数据使用。

企业自测数据的认定：具有当地县（区）及以上环保部门认可的环境监测资质，在报告期内出具的本企业的监测数据。废水污染物年监测频次达到 4 次以上，废气污染物年监测频次达到 2 次以上，并且任意 2 次监测数据不能在同一个月，任意 3 次监测数据不能在同一个季度。监测项目和监测分析方法符合规范要求。企业自测数据必须通过当地县（区）及以上环保监测部门质量审核及认定。

③在线监测数据的认定

必须通过县（区）及以上环保部门对比验收监测，并按规定进行季度校准实验的监测数据。校准实验必须包括企业自校和环保部门比对两部分。

（3）监测数据优先采用顺序

①普查监测＞历史监测＞在线监测；

②历史监测数据优先采用顺序：

监督监测＞验收监测＞委托监测＞企业自测

近 3 年内的监测数据：首先采用最近 1 年的数据，如最近 1 年没有符合要求的监测数据，可逐年后推，最多推至第 3 年。

（4）产排污量的计算原则

①废水污染物产排污量

有累计流量计的可按废水流量加权平均浓度和年累计废水流量得出；没有累计流量计的可通过监测的瞬时排放量（均值）和年生产时间进行核算。

②废气污染物产排污量

可通过监测的瞬时排放量（均值）和年生产时间进行核算。

4.1.4.2 产排污系数法

产排污系数法是指根据《产排污系数手册》中所提供的产排污系数，核算普查对象污染物的产生量和排放量。此次普查统一采用第一次全国污染源普查工作办公室印发的《产排污系数手册》，不得采用其他各类产排污系数或经验系数。

4.1.5 普查表格填报

4.1.5.1 填报方式

普查表的填报工作可采取统一培训、统一发表、分别填报的方式开展，由县（区）普查机构组织召开普查对象负责人、普查表填报人的普查培训会议，进行统一宣讲，发放普查表，并明确要求普查对象在规定的时间和方式向基层普查机构报送。也可采用由普查员入厂上门发放普查表，讲解填表方法，告知收取普查表的时间等方式。两种方法也可结合使用。

4.1.5.2 填报要求

（1）普查表必须用钢笔或碳素墨水笔填写。需要用文字表述的，必须用汉字工整、清晰地填写；需要填写数字的，一律用阿拉伯数字表示。

（2）填写代码时，每个方格中只填 1 位代码符号。

（3）普查表中所有指标的保留位数应按规定填写。

（4）有填报内容的表格必须有单位负责人、审核人、填表人签名，并注明填表日期，加盖单位公章。

（5）封页必须注明普查表填报的页数（未填的表格不计页数），必须有单位填报人、审核人签名，加盖单位公章；普查员、普查指导员对普查对象填报的表格内容、填报页数进行审核、确认无误后签名。

4.2 主要内容、指标解释和填报规定

4.2.1 集中式污染治理设施单位基本情况共性指标解释和填报规定

对于集中式污染治理设施单位基本情况共性的指标做一统一解释和规定，将不针对每张表逐一解释，共性指标的解释没有按照每类表格的序号进行编号。单位基本情况共性指标解释和填报规定如下：

【单位名称】指经有关部门批准正式使用的单位全称。按工商部门登记或法人登记的名称填写。

★填报与审核要求：此栏必填。填写时要求使用规范化汉字全称，与单位公章所使用的名称完全一致。

★填报注意事项：凡经登记主管机关核准或批准，具有 2 个或 2 个以上名称的单位，要求填写一个法人单位名称，同时用括号注明其余的单位名称。

【单位代码】指根据中华人民共和国国家标准《全国组织机构代码编制规则》（GB/T 11714—1997），由组织机构代码登记主管部门给每个企业、事业单位、机关、社会团体和民办非企业单位颁发的在全国范围内唯一的、始终不变的法定代码。单位代码均由 8 位无属性的数字和 1 位校验码组成。

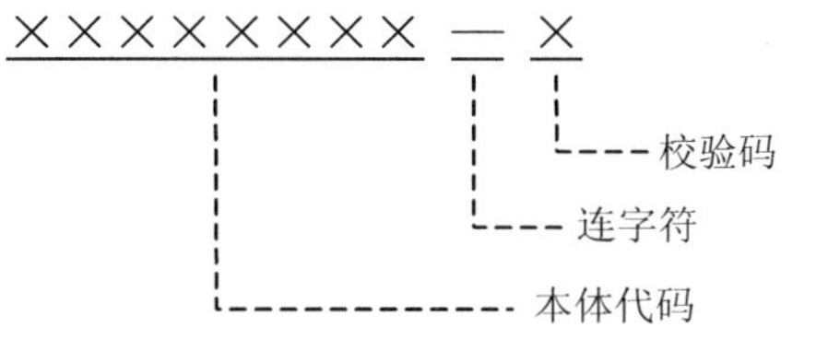

中华人民共和国组织机构代码证样本见图 4-1。

图 4-1　中华人民共和国组织机构代码证样本

对于大型联合企业（或集团）所属二级单位，凡具有法人资格、符合独立核算法人企业条件的，填写企业的法人代码。不具有法人资格的二级单位在填写企业法人代码时，除填写其所属单位（联合企业、集团，或独立核算单位）的法人代码外，还应在括号内方格中填写二级单位代码（系 2 位码）。二级单位代码指联合企业（或集团）内对其下属的不属于法定赋码范围的二级单位的顺序编号，此码由联合企业（或集团）统一编制。

尚未领取法定代码或不属于法定代码赋码范围的单位，一律按各级普查机构赋予的临时代码填报。

临时代码的编码原则：临时代码共 11 位码。前 6 位为所在县（区）行政区划代码，统一按《中华人民共和国行政区划代码》（GB2260）填写，第 7 位为汉语拼音 J（代表集中式污染治理设施），后 4 位为县（区）普查机构对其进行编码，从 0 001～9 999。

★填报与审核要求：此栏必填。按照技术监督部门颁发的《中华人民共和国组织机构代码证》上的代码填写。法人单位代码长度为 9 个字符，不能含有 0—9 或 A—Z（必须大写）之外的字符，中间的“—”不填。

【法定代表人】是指依照法律或者法人组织章程规定，代表法人行使职权的负责人。企业法人单位填写企业法定代表人，企业法定代表人按《企业法人营业执照》填写。不具有法人资格的产业活动单位填写本单位的主要负责人。

★填报与审核要求：此栏必填。不能填写职务及职称，如：王厂长、王经理等。

【单位所在地及行政区划】单位所在地指普查对象生产场所实际所在地的详细地址。

行政区划代码指普查对象生产场所实际所在地的地区行政区划代码。根据普查对象的详细地址，按污染源普查用分类与代码附表 1《行政区划代码》，将相应行政区划代码填写在方格内。不在污染源普查用分类与代码附表 1 提供范围内的县以下地区，由县（区）普查机构按下列规则自行编码填报，自行编码不得与已统一编制的代码重复。

污染源普查用分类与代码附表 1《行政区划代码》为按照 2006 年的全国行政区划编码，共有 12 位阿拉伯数字，分为三段。第一段为 6 位数字，表示县及县以上的行政区划；第二段、第三段共 6 位编码，表示县以下的行政区划。

如 2007 年行政区划代码有变动的：

（1）县及县以上的行政区划有变动的，则县及县以上的行政区划代码（第 1—6 位码）按最新的《中华人民共和国行政区划代码（GB/T 2260）》填报；

（2）县及县以上行政区划变化但县以下行政区划未变化的，按污染源普查用分类与代码附表 1《行政区划代码》库中的代码第 7—12 位码填报；

（3）县以下行政区划有变化的，按编码原则自行编码。

县以下行政区划代码编码原则如下：

第二段 3 位数字，表示街道、镇和乡；第二段 3 位代码中的第 1 位数字为类别标识，以“0”表示街道，“1”表示镇，“2”和“3”表示乡，“4”和“5”表示政企合一的单位；第 2、3 位数字为该代码段中各行政区划的顺序号。

（1）街道的代码从 001－099 由小到大顺序编写；

（2）镇的代码从 100－199 由小到大顺序编写；

（3）乡的代码从 200－399 由小到大顺序编写；

（4）政企合一单位的代码从 400－599 由小到大顺序编写。

第三段 3 位数字，表示居民委员会和村民委员会的代码，用 3 位顺序码表示。具体编码方法如下：

（1）居民委员会的代码从 001—199 由小到大顺序编写；

（2）村民委员会的代码从 200—399 由小到大顺序编写。

行政区划编码中的地址名称应采用民政部门认可的正式名称。

下面为节选的行政区划代码：

表 4-1　行政区划代码（节选）

行政区划代码	省/自治区/直辖市，区（县），街道、镇和乡
130000000000	河北省
130100000000	石家庄市
130102000000	长安区
130102001000	建北街道办事处
130102001002	光华路居委会

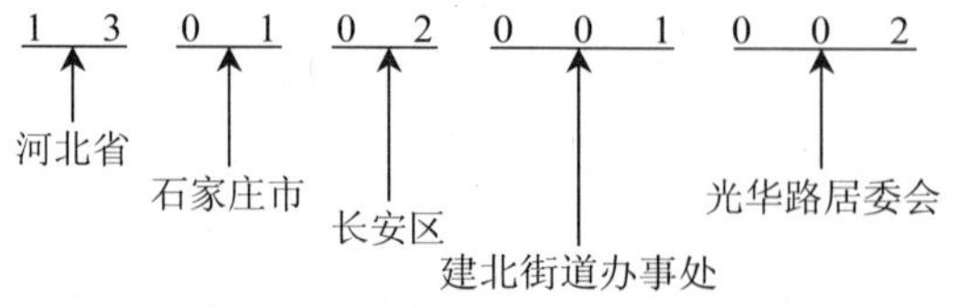

★填报与审核要求：此栏必填。单位详细地址要求写明单位所在的省（自治区、直辖市）、地区（市、州、盟）、县（区、市、旗）、乡（镇）以及具体街（村）的名称和详细的门牌号码，不得填写通讯号码或通信信箱号码。大型联合企业所属二级单位，一律按本二级单位所在地址填写；行政区划代码要

根据普查对象详细地址对照代码表填写在方格内。

★填报注意事项：单位详细地址由普查对象填报；行政区划代码由所在地普查机构统一填写。如2007年行政区划代码有变化而自行编码的，应报全国污染源普查工作办公室备案。

【地理坐标】

中心经度：指普查对象厂区中心的经度。

中心纬度：指普查对象厂区中心的纬度。

★填报与审核要求：此栏必填。如果没有测量数据，可填写工程设计或环评时的数据。

【联系方式】填报普查对象环保联系人或负责提供普查信息人员的姓名、办公电话、传真和通信地址的邮政编码。

★填报与审核要求：此栏必填。在填写电话号码时，将号码以左顶齐方式从左向右填写在方框内。

【建成时间】填报普查对象实际投入生产、使用的日期。如果普查对象有改扩建的，按普查对象最新的改扩建项目投入生产、使用的日期填报。

★填报与审核要求：此栏必填。年份须填满4位，月份须填满2位。如：

1 9 9 9 年 0 2 月

★填报注意事项：对于新改扩建项目，按最新的改扩建项目投入生产、使用的日期填报。

【年运行天数】指普查对象2007年全年正常运行的实际天数。

★填报与审核要求：此栏必填，计量单位为天。天数必须小于等于365。

【总投资】指至2007年末，普查对象建设实际完成的累计投资额，不包括运行费用。

★填报与审核要求：此栏必填。计量单位为万元，允许保留1位小数。

【年运行费用】指 2007 年全年维持普查对象正常运行所发生的费用。包括能源消耗、设备维修、人员工资、管理费、药剂费及与普查对象运行有关的其他费用等，不包括设备折旧费。

★填报与审核要求：此栏必填。计量单位为万元，允许保留1位小数。

【排水去向类型代码】指普查对象排放的废水直接排向江、河、湖、海等环境水体，还是排入市政管网、污水处理厂等，按下面分类，填报排水去向类型代码。

A 直接进入海域；B 直接进入江、河、湖、库等水环境；C 进入城市下水道（再入江、河、湖、库）；D 进入城市下水道（再入沿海海域）；E 进入城市污水处理厂；F 直接进入污灌农田；G 进入地渗或蒸发地；H 进入其他单位；L 工业废水集中处理厂；P 回喷；K 其他。

★填报与审核要求：有废水排放的普查对象此栏必填。不能含有表中所列代码以外的任何字符。

★填报注意事项：充分理解每项排水去向类型的含义，不要选择错误。P 回喷类型仅适用于垃圾处理厂。

【受纳水体名称】指普查对象排放的废水直接排入水体，或经过城市污水管网、集中式污水处理厂后最终排入水体的名称（如××沟、××河、××港、××江、××塘等）。

★填报与审核要求：由普查员指导普查对象按水体的全称规范填报。

★填报注意事项：普查对象填报的经过城市污水管网、集中式污水处理厂后最终排入水体的名称，普查对象所在地普查机构应予以调查核实。

【受纳水体代码】此项由普查对象所在地普查机构统一填报。水体代码要按照统一给定的编码填报（见污染源普查用分类与代码附表6《河流代码表》）。海域代码分别是：1—渤海，2—黄海，3—东海，4—南海。排入市政管网或污水处理厂的，则填最终排入的水体代码。

《河流代码表》中未编入的河流，可按编码方法在相应的空码上继续编排。如确实编码困难，可按汇入的上一级河流代码填报。对于跨省河流编码，请报全国污染源普查工作办公室统一编码；对于省内河流，如其上一级河流也完全在省内，则由省级普查机构编码并报全国污染源普查工作办公室备案；如上一级河流跨省，则需报全国污染源普查工作办公室统一编码。

《河流代码表》编码规则：

海域代码由 1 位码组成，分别为 1—渤海，2—黄海，3—东海，4—南海。河流代码由 8 位码组成，编码采取按线分类分段等长 8 位编码。

××　××　××　××
1 2　3 4　5 6　7 8

1、2 位是流域、大流域干流和支系干流的分类分段码，采用两位字母编排；3、4 位是流域、大流域干流的一级支流和支系一级支流码，从 01—99 不间隔顺序排码；5、6 位是上一级河流的支流码（如长江的部分三级支流），从 01—99 不间隔顺序排码；7、8 位是上一级河流以下的各级支流混排码，从 01—99 不间隔顺序排码。

★填报与审核要求：此栏必填。废水“零排放”的单位，按其所在地归属哪个河流的流域，填报该河流名称及代码。

★填报注意事项：要注意河流代码前 2 位字母，其代表的流域或干流是否与普查对象所在地区所处流域相对应。

【受纳水体水域功能区类别代码】按普查对象废水排入地表水体或海水水域的功能，按表 4-2、表 4-3 填报。

表 4-2　地表水水域功能区类别代码表

代码	水域功能区类别
1	源头水、国家自然保护区
2	集中式生活饮用水地表水源地一级保护区、珍稀水生生物栖息地、鱼虾类产卵场、仔稚幼鱼的索饵场等
3	集中式生活饮用水地表水源地二级保护区、鱼虾类越冬场、洄游通道、水产养殖区等渔业水域及游泳区
4	一般工业用水区及人体非直接接触的娱乐用水区
5	农业用水区及一般景观要求水域

表 4-3　海水水域功能区类别代码表

代码	水域功能区类别
A	海洋渔业水域，海上自然保护区和珍稀濒危海洋生物保护区
B	水产养殖区，海水浴场，人体直接接触海水的海上运动或娱乐区，以及与人类食用直接有关的工业用水区
C	一般工业用水区，滨海风景旅游区
D	海洋港口水域，海洋开发作业区

★填报与审核要求：有废水排放的普查对象此栏必填。注意：代码与相应水域功能的一致性。

★填报注意事项：普查员指导普查对象填报该项指标，普查指导员根据本地水环境功能区划对填报结果要予以核实。

垃圾处理厂（场）、危险废物处置厂和医疗废物处置厂共性的焚烧炉类型和燃料消费量统一解释和规定如下：

【设施数量】根据焚烧设施炉体结构类型不同，按表中所列类型分别填报台数。

例：固定床 __2__；炉排炉 __3__。

★填报与审核要求：根据普查对象的焚烧设施的实际数量填报。无焚烧设施的不填。计量单位为台。

【煤炭消费量、燃料油消费量】填报普查对象 2007 年全年实际消费的煤炭、燃料油的总量。

★填报与审核要求：计量单位为吨，保留整数。

4.2.2 二次污染指标解释和填报规定

二次污染指垃圾处理厂（场）、危险废物处置厂和医疗废物处置厂在处理污染物的同时产生的废水（渗滤液）、废气、残渣等。

下面将垃圾处理厂（场）、危险废物处置厂和医疗废物处置厂普查表中共性的废水（渗滤液）的产生及处理情况、废气产生及处理情况和焚烧残渣及飞灰产生及处理情况三部分的指标做一统一解释和规定。

注意：二次污染共性指标指垃圾处理厂（场）、危险废物处置厂和医疗废物处置厂的共性指标，不包括污水处理厂。

4.2.2.1 废水（渗滤液）的产生及处理情况

【废水（渗滤液）处理方法名称、代码】根据废水（渗滤液）处理的工艺方法，按表 4-4 填报。

表 4-4　废水（渗滤液）处理方法名称及代码表

代码	处理方法名称	代码	处理方法名称	代码	处理方法名称
1000	物理处理法	3600	其他	4330	A^2/O 工艺
1100	过滤	4000	生物处理法	4340	A/O^2 工艺
1200	离心	4100	好氧生物处理	4400	其他
1300	沉淀分离	4110	活性污泥法	5000	组合工艺处理法
1400	上浮分离	4111	普通活性污泥法	5100	物理+化学
1500	其他	4112	高浓度活性污泥法	5200	物理+生物
2000	化学处理法	4113	接触稳定法	5210	物理+好氧生物处理
2100	化学混凝法	4114	氧化沟	5220	物理+厌氧生物处理
2110	化学混凝沉淀法	4115	SBR	5230	物理+组合生物处理
2120	化学混凝气浮法	4120	生物膜法	5300	化学+物化
2200	中和法	4121	普通生物滤池	5400	化学+生物
2300	化学沉淀法	4122	生物转盘	5410	化学+好氧生物处理
2400	氧化还原法	4123	生物接触氧化法	5420	化学+厌氧生物处理
2500	其他	4200	厌氧生物处理法	5430	化学+组合生物处理
3000	物理化学处理法	4210	厌氧滤器工艺	5500	物化+生物
3100	吸附	4220	上流式厌氧污泥床工艺	5510	物化+好氧生物处理
3200	离子交换	4230	厌氧折流板反应器工艺	5520	物化+厌氧生物处理
3300	电渗析	4300	厌氧/好氧生物组合工艺	5530	物化+组合生物处理
3400	反渗透	4310	两段好氧生物处理工艺	5600	其他
3500	超过滤	4320	A/O 工艺	—	—

★填报与审核要求：按表中处理方法的规范化名称、代码填写。废水（渗滤液）处理方法名称和代码要正确对应。如：废水处理方法为“活性污泥法”则对应的处理方法代码为 4110。

★填报注意事项：有废水（渗滤液）处理设施的，不论 2007 年是否使用，此项必填。

【废水（渗滤液）处理设施设计处理能力】指普查对象建设的专门用于处理废水（渗滤液）的设施，在正常运行时，单位时间内可能处理废水（渗滤液）量。

★填报与审核要求：有废水（渗滤液）处理设施的必填。计量单位为米^3/日，保留整数。

【废水（渗滤液）实际处理量】指普查对象 2007 年全年废水（渗滤液）处理设施实际处理的废水

（渗滤液）总量。回喷、未经处理排入市政管网或再进入其他污水处理厂的量不计。

★填报与审核要求：计量单位为米³，保留整数。

【废水（渗滤液）处理设施年耗电量】指普查对象 2007 年全年废水（渗滤液）处理设施运行所消耗的电量。

★填报与审核要求：计量单位为万千瓦时，允许保留 2 位小数。

★填报注意事项：垃圾处理厂（场）、危险废物处置厂和医疗废物处置厂的废水（渗滤液）处理设施的年耗电量和废气处理设施年耗电量两项指标均指废水（渗滤液）或废气处理设施所消耗的电量。而污水处理厂的耗电量指的是生产运行和生活的总的用电量。填报过程中不要混淆。

【废水（渗滤液）产生量】指普查对象 2007 年全年实际产生的废水（渗滤液）量。如果没有计量装置可按照产污系数计算产生量。

★填报与审核要求：此栏必填。计量单位为米³，保留整数。

【废水（渗滤液）排放量】指普查对象 2007 年全年排放到外部的废水（渗滤液）的总量（包括经过处理的和未经处理的）。如果没有计量装置可按照排污系数计算排放量。如果渗滤液排放去向类型代码为 P 回喷，则渗滤液排放量不填。

★填报与审核要求：计量单位为米³，保留整数。

4.2.2.2 废气产生及处理情况

废气：指垃圾、危险废物或医疗废物焚烧过程产生的废气。

【废气处理设施数】指至 2007 年末普查对象用于减少在燃料和废物燃烧或高温裂解过程中排向大气的污染物或对污染物加以去除、净化的废气处理设施总数。附属于一套处理设施内的设备和配套设备不单独计算。已报废的设施不统计。

★填报与审核要求：计量单位为套。

【废气净化方法名称、代码】按普查对象焚烧废气处理设施采用的净化方式，按表 4-5 填报。若有多种方法时，选择主要的两项填写。

表 4-5　废气净化方法代码表

代码	除尘方法	代码	脱硫方法	代码	其他净化方法
A	重力沉降法	X0	炉内脱硫法	J1	冷凝法
B	惯性除尘法	X1	循环流化床锅炉	J2	吸收法
C	湿法除尘法	X2	炉内喷钙法	J3	吸附法
D	静电除尘法	X9	其他炉内脱硫法	J4	直接燃烧法
E	过滤式除尘法	Y0	烟气脱硫法	J5	催化燃烧法
F	单筒旋风除尘法	Y1	石灰石石膏法	J6	催化氧化法
G	多管旋风除尘法	Y2	旋转喷雾干燥法	J7	催化还原法
W	其他除尘方法	Y9	其他烟气脱硫法	J8	冷凝净化法
—	—	Z0	炉内脱硫与烟气脱硫组合法	J9	其他净化方法

★填报与审核要求：按表中净化方法的规范化名称、代码填写。注意净化方法名称和代码要正确对应，如：废气除尘方法为“静电除尘法”则对应的处理方法代码为 D。如：废气净化方法为“冷凝法”则对应的处理方法代码为 J1。

★填报注意事项：代码数为 1 位的净化方法只需填报 1 位，在左端方格填报。有废气处理设施的，不论 2007 年是否使用，此项必填。

【废气处理设施设计处理能力】指普查对象焚烧废气处理设施设计建设的单位时间可能处理的废

气量。

★填报与审核要求：计量单位为米^3/时，保留整数。没有废气处理设施的不填。

【废气实际处理量】指普查对象2007年全年各废气处理设施实际处理的焚烧废气总量。

★填报与审核要求：计量单位为万米^3，允许保留2位小数。

【废气排放总量】指普查对象2007年全年各废气排放口焚烧废气排放量的总和。

★填报与审核要求：计量单位为万米^3，允许保留2位小数。有焚烧设施且2007年有运行时间及能源消耗的，该项必填。

【废气处理设施年耗电量】指普查对象2007年全年焚烧废气处理设施运行所消耗的电量。

★填报与审核要求：计量单位为万千瓦时，允许保留2位小数。

4.2.2.3 焚烧残渣及飞灰产生及处理情况

【焚烧残渣产生量】指2007年全年垃圾、危险废物或医疗废物经焚烧后生成的残渣，包括焚烧主体设备排出的炉渣以及烟气处理设备中收集的飞灰的质量。

★填报与审核要求：计量单位为千克，保留整数。

【飞灰产生量】指2007年全年垃圾、危险废物或医疗废物经焚烧处置后，从烟气处理设备中收集的烟尘的质量。

★填报与审核要求：计量单位为千克，保留整数。

【残渣处置方式代码】根据残渣处置情况，按表4-6填报。

表4-6 残渣处置方式代码表

代码	处置方式
A	按照危险废物填埋。填埋场符合《危险废物填埋污染控制标准 GB 18598—2001》
B	按照一般工业固体废物填埋。填埋场符合《一般工业固体废物贮存、处置场污染控制标准 GB 18599—2001》
C	按照生活垃圾填埋。填埋场符合《生活垃圾填埋污染控制标准 GB 16889—1997》
D	简易填埋。不符合国家标准的填埋设施
E	堆放（堆置）。未采取工程措施的填埋设施

★填报与审核要求：不得含有处置方式所列代码（A-E）以外的任何字符。

【飞灰处置方式代码】根据飞灰处置实际情况，参照表4-6填报。

★填报与审核要求：不得含有处置方式所列代码（A-E）以外的任何字符。

★填报注意事项：普查对象按残渣和飞灰实际采用的处置方式，对照处置方式代码表正确填写。

【残渣处置量、飞灰处置量】指普查对象2007年全年利用本单位设施或委托外单位处置的残渣和飞灰的质量。

★填报与审核要求：计量单位为千克，保留整数。

【残渣综合利用量】指普查对象2007年全年残渣（不包括飞灰）的再利用量。如用炉渣制水泥、混凝土砖及其他材料等的质量。

★填报与审核要求：计量单位为千克，保留整数。

【残渣倾倒丢弃量、飞灰倾倒丢弃量】指普查对象2007年全年没有进行处置和综合利用，直接向环境排放的残渣和飞灰的质量。

★填报与审核要求：计量单位为千克，保留整数。简易填埋和堆放（堆置）处置方式处置量计入处置量，而不计入倾倒丢弃量。

★填报注意事项：残渣、飞灰的产生量=处置量+综合利用量+倾倒丢弃量，若产生量与处置、利用量不平衡，则需核实普查对象有无倾倒丢弃量。

4.2.3 污水处理厂普查表主要内容、指标解释和填报规定

4.2.3.1 J501 表 污水处理厂基本情况表

一些共同的基本信息、指标，前面已详细叙述。以下主要解释污水处理厂基本情况表中的其他指标。

【7.污水处理设施类型】指普查对象是城镇污水处理厂，还是工业废（污）水集中处理设施或其他污水处理设施，在相应的选择项后的“□”内划“√”。

★填报与审核要求：此栏必填。对照城镇污水处理厂、工业废（污）水集中处理设施和其他污水处理设施的具体定义，不要选择错误。

【9.污水处理级别】按污水处理程度，一般分为：一级、二级和三级处理。一级处理是以物理处理为主的处理工艺，指去除污水中的漂浮物和悬浮物的净化过程，主要为沉淀。一级强化处理归入一级处理。二级处理是以生物处理为主的处理工艺，指污水经一级处理后，用生物处理方法继续去除污水中胶体和溶解性有机物的净化过程。三级处理是进一步去除二级处理所不能完全去除的污水中的污染物的处理工艺。三级处理也称高级处理或深度处理。

★填报与审核要求：按污水处理厂实际处理工艺，填报最高处理级别。

【11.汇水区面积】指至 2007 年末，普查对象实际连接的市政管网所接纳污水区域的面积。按实际接收的污水区域面积填写。该指标可请市政部门协助提供相关资料。

★填报与审核要求：计量单位为（千米）^{2}，保留整数。

★填报注意事项：该项指标只有城镇污水处理厂填报，工业废（污）水集中处理设施和其他污水处理设施不填。

【14.耗电量】指 2007 年全年普查对象用于生产运行和生活的总用电量。

★填报与审核要求：此栏必填。计量单位为万千瓦时，允许保留 2 位小数。

【15.污水处理方法名称、16.代码】城镇污水处理厂对应污水处理级别，将每一级处理的主要处理方法名称和代码按表 4-7 填报。其余污水处理设施按表 4-7 填报所采用的主要处理方法名称和代码，有多种处理方法的选择主要的三种填报。

表 4-7 污水处理方法代码表

代码	处理方法名称	代码	处理方法名称	代码	处理方法名称
1000	物理处理法	3000	物理化学处理法	4120	生物膜法
1100	过滤	3100	吸附	4121	普通生物滤池
1200	离心	3200	离子交换	4122	生物转盘
1300	沉淀分离	3300	电渗析	4123	生物接触氧化法
1400	上浮分离	3400	反渗透	4200	厌氧生物处理法
1500	其他	3500	超过滤	4210	厌氧滤器工艺
2000	化学处理法	3600	其他	4220	上流式厌氧污泥床工艺
2100	化学混凝法	4000	生物处理法	4230	厌氧折流板反应器工艺
2110	化学混凝沉淀法	4100	好氧生物处理	4300	厌氧/好氧生物组合工艺
2120	化学混凝气浮法	4110	活性污泥法	4310	两段好氧生物处理工艺
2200	中和法	4111	普通活性污泥法	4320	A/O 工艺
2300	化学沉淀法	4112	高浓度活性污泥法	4330	A^2/O 工艺
2400	氧化还原法	4113	接触稳定法	4340	A/O^2 工艺
2500	其他	4114	氧化沟	4400	其他
—	—	4115	SBR	—	—

★填报与审核要求：此栏必填。按表中污水处理方法的规范化名称和代码填写。例：某污水处理厂一级处理为沉淀分离处理工艺、二级处理为活性污泥处理工艺，没有三级处理，则对应污水处理方法代码表，在表格中填写“沉淀分离、活性污泥法”。代码必须与处理方法正确对应。如：污水处理方法为“活性污泥法”则对应的处理方法代码为 4|1|1|0。

【21.污水在线监测仪器数】填写已建成使用的在线监测仪器的数量。按表中所列监测指标填报仪器台数。如果一套在线监测装置有多项监测指标，则对应每项指标分别填写台数。

★填报与审核要求：按监测项目，分别填报仪器数量，计量单位为台。例：某污水处理厂有两套在线监测仪器并且监测的项目均为：流量、化学需氧量、氨氮，则在表中填写“流量 2；化学需氧量 2；氨氮 2”。

【22.污水设计处理能力】指截至 2007 年末普查对象设计建设的设施正常运行时每天能处理的污水量。

★填报与审核要求：此栏必填。计量单位为吨/日，保留整数。

【23.污水实际处理量】指普查对象 2007 年全年实际处理的污水总量。

★填报与审核要求：此栏必填。计量单位为万吨，允许保留 2 位小数。

【24.生活污水处理量】指普查对象 2007 年全年实际处理的污水中生活污水总量。

★填报与审核要求：计量单位为万吨，允许保留 2 位小数。

★填报注意事项：根据实际接纳污水的情况填报。城镇污水处理厂可按污水处理总量扣除进入汇水管网的工业废水量来核算生活污水处理量。

【25.工业废水处理量】指普查对象 2007 年全年实际处理的污水中工业废水总量。

★填报与审核要求：计量单位为万吨，允许保留 2 位小数。

【26.污水排放量】指普查对象 2007 年全年实际处理的污水中扣除再生水利用量后排放到环境水体的污水量。

★填报与审核要求：计量单位为万吨，允许保留 2 位小数。注意审核污水处理量、再生水利用量与排放量之间的水平衡关系。

【27.再生水利用量】指普查对象 2007 年全年处理后的污水中再回收利用的水量，包括直接用于工业冷却、洗涤、冲渣和景观用水、生活杂用。

★填报与审核要求：计量单位为万吨，允许保留 2 位小数。再生水利用，必须经过深度处理，达到再生利用水的相关水质要求，否则不得计入再生水利用量。

污泥：指污水处理厂（或处理设施）在进行污水处理过程中分离出来的固体。

【28.絮凝剂种类及用量】指 2007 年全年污水处理厂（或处理设施）实际使用的絮凝剂种类及用量（包括污水处理和污泥处理两部分的絮凝剂用量）。几种絮凝剂组合投加的须分别填写其用量。

★填报与审核要求：计量单位为吨，保留整数。

★填报注意事项：絮凝剂用量指污水处理和污泥处理中总的絮凝剂用量。

【29.污水处理中絮凝剂种类及用量】指 2007 年全年污水处理厂（或处理设施）在污水处理过程中实际使用的絮凝剂种类及用量。几种絮凝剂组合投加的须分别填写其用量。

★填报与审核要求：计量单位为吨，保留整数。

【30.污泥产生量】指普查对象 2007 年全年在整个污水处理过程中最终产生污泥的质量。折合为 80%含水率的湿泥量填报。

★填报与审核要求：此栏必填。计量单位为吨，保留整数。将污泥在污水处理厂内部预处理后的污泥质量折合为 80%含水率的湿泥量填报。

★填报注意事项：填报 2007 年全年污泥量，注意折合为 80%含水率的湿泥量填报。

污泥处理：对污泥进行稳定化、减量化和无害化处理的过程，一般包括浓缩（调理）、脱水、厌氧消化、好氧消化、堆肥和干化等。

污泥处理主要是将污泥在厂内进行稳定化、减量化和无害化的过程。

【31.污泥处理方法名称、32 代码】指普查对象对产生污泥的处理方法名称、代码，对照表 4-8 分别按污泥浓缩、污泥稳定和污泥脱水的顺序选择名称和代码依次填入表格内，污泥未处理的不填。

例："重力浓缩；一级厌氧；自然干化"，若没有污泥稳定则填写"重力浓缩；_____ 自然干化"。

表 4-8 污泥处理方法代码表

分类	处理工艺	代码
污泥浓缩	重力浓缩	11
	气浮浓缩	12
	机械浓缩	13
	其他	14
污泥稳定	一级厌氧	21
	二级厌氧	22
	好氧消化	23
	堆肥	24
	其他	25
污泥脱水	自然干化	31
	带式压滤	32
	板框压滤	33
	离心脱水	34
	真空吸滤	35
	其他	36

★填报与审核要求：按污泥处理方法的规范化名称和代码填报。代码必须与处理方法名称正确对应。如：污泥处理方法为"重力浓缩"则对应的处理方法代码为 [1][1]。

污泥处置：对处理后污泥的消纳过程，一般包括土地利用、填埋、建筑材料利用和焚烧等。

【33.污泥处置量】指 2007 年全年采用土地利用、填埋、建筑材料利用和焚烧等方法对污泥最终消纳处置的质量。

★填报与审核要求：计量单位为吨，保留整数。

【34.土地利用量】指 2007 年全年将处理后的污泥作为肥料或土壤改良材料，用于园林、绿化或农业等场合的处置方式处置的污泥质量。

★填报与审核要求：计量单位为吨，保留整数。污泥用作农用、园林绿化和土地改良的计入污泥的土地利用量。

【35.填埋处置量】指 2007 年全年采取工程措施将处理后的污泥集中堆、填、埋于场地内的安全处置方式处置的污泥质量。

★填报与审核要求：计量单位为吨，保留整数。污泥单独填埋、混合填埋和特殊填埋的均计入污泥填埋处置量。

【36.建筑材料利用量】指 2007 年全年将处理后的污泥作为制作建筑材料的部分原料的处置方式处置的污泥质量。

★填报与审核要求：计量单位为吨，保留整数。污泥制水泥添加料、制砖、制轻质骨料、制其他建筑材料的均计入污泥建筑材料利用量。

【37.焚烧处置量】指 2007 年全年利用焚烧炉使污泥完全矿化为少量灰烬的处置方式处置的污泥质量。

★填报与审核要求：计量单位为吨，保留整数。污泥的单独焚烧、与垃圾混合焚烧、利用工业锅炉焚烧、送火力发电厂焚烧均计入污泥焚烧处置量。

【38.污泥倾倒丢弃量】指 2007 年全年不作处理利用处置而将污泥任意倾倒弃置到划定的污泥堆放场所以外的任何区域的质量。

★填报与审核要求：计量单位为吨，保留整数。

4.2.3.2 J501-1 表 污水处理厂污染物排放量普查表

普查对象按季度填报进口污染物纳入量和排口排放量，然后合计汇总全年量。

【2.污水排放量】指经过普查对象处理后实际排放的污水总量，按季度填报。

★填报与审核要求：计量单位为万吨，允许保留 2 位小数。污水排放量的合计即全年排放量，与 J511 中【26.污水排放量】应一致。普查员应注意核查普查对象的月报表、普查监测时的废水排放量；采用 BOT 方式运营的普查对象，还应根据建设部门支付普查对象处理费用的情况，核实污水处理量和排放量。

污染物纳入（进口）量：指 2007 年所接纳的污水中未经过处理时污水中所含的汞、镉、铅、铬等重金属和砷、氰化物、挥发酚、化学需氧量、氨氮、总磷、总氮、生化需氧量等污染物本身的纯质量。按季度和全年合计量填报。

污染物排放（排口）量：指 2007 年排放的污水中所含的汞、镉、铅、铬等重金属和砷、氰化物、挥发酚、石油类、化学需氧量、氨氮、总磷、总氮、生化需氧量等污染物本身的纯质量。按季度和全年合计量填报。

进口：指污水处理厂的进水口。

排口：指污水处理厂的排放口。

★填报与审核要求：化学需氧量、氨氮、石油类、总氮、总磷、生化需氧量、挥发酚等污染物的纳入量和排放量计量单位为吨，保留 2 位小数；氰化物、砷、总铬（六价铬）、铅、镉、汞等污染物的纳入量和排放量计量单位为千克，保留 2 位小数。

【31.数据来源】指核算污染物产生和排放量的监测活动方式。按 a.普查监测、b.监督监测、c.验收监测、d.委托监测、e.企业自测、f.在线监测，将代码填入表格内。

★填报注意事项：若普查对象有 2 个或 2 个以上污水进口或排口，按合计量填报 J501-1 表。使用在线监测数据核算排放量，其在线监测结果须符合原国家环保总局有关比对监测和数据校核的要求。若普查对象安装废水在线监测装置，须将 2007 年的在线监测数据月报表及其他相关资料作为普查表附件一起报送当地普查机构。

★填报注意事项：有生化处理工艺的污水处理厂（或处理设施）填报生化需氧量指标，没有生化处理工艺的不填。

4.2.3.3 J501-2 表 污水处理厂污水监测表

普查监测数据和监督监测数据由地方普查机构负责提供给普查对象。

普查对象若有多个排放口，则按不同排放口分别填报。同一排放口，按照监测时间顺序填报。

【1.排放口编号】用字母 FS（代表废水排放口）和普查对象内部编号组成废水排放口编号，不同排口编号不得重复。

★填报与审核要求：排放口编号不能漏填，并且不同排口编号不能重复。

【2.监测时间】指采样、监测废水的实际时间，按年月填报。监测时间间隔必须符合《工业污染源及集中式污染治理设施普查技术规定》的要求。

★填报与审核要求：此栏必填。年份须填满 4 位，月份须填满 2 位。

【3.数据来源】指获取监测数据的监测活动方式。按 a.普查监测、b.监督监测、c.验收监测、d.委托监测、e.企业自测、f.在线监测，将代码填入表格内。

【4.污水排放量】按监测时的污水流量折算为小时排放量填报。

★填报与审核要求：此栏必填，计量单位为米^3/时，保留整数。

★填报注意事项：污水排放量单位“米^3/时”，将监测时的污水流量折算为小时排放量填报。

污染物浓度：指污水中污染物的浓度。未监测的项目不填。

进口浓度：指污水处理厂进口污水污染物的浓度；

排口浓度：指污水处理厂排口污水污染物的浓度。

★填报与审核要求：污染物浓度单位除汞为微克/升外，其余均为毫克/升。污染物浓度按监测方法对应的有效数字填报。

★填报注意事项：有生化处理工艺的污水处理厂（或处理设施）填报生化需氧量指标，没有生化处理工艺的不填。

4.2.3.4 主要指标关系

（1）J501 表指标间关系：

【23.污水实际处理量】≥【24.生活污水处理量】+【25.工业废水处理量】；

【23.污水实际处理量】≥【26.污水排放量】；

【23.污水实际处理量】≥【27.再生水利用量】；

【30.污泥产生量】=【33.污泥处置量】+【38.污泥倾倒丢弃量】；

【33.污泥处置量】=【34.土地利用量】+【35.填埋处置量】+【36.建筑材料利用量】+【37.焚烧处置量】。

若【7.污水处理设施类型】选择城镇污水处理厂，则【11.汇水区面积】必填。

若污水处理方法名称填写，则污水处理方法代码必填；若污泥处理方法名称填写，则污泥处理方法代码必填。

（2）J501-1 表指标间关系：

污染物纳入量≥污染物排放量。

（3）表间指标关系：

J501 中【26.污水排放量】等于 J501-1 中【2.污水排放量】合计。

4.2.4 垃圾处理厂（场）普查表主要内容、指标解释和填报规定

4.2.4.1 J502 表 垃圾处理厂（场）基本情况表

一些共同的基本信息、指标前面已经详细叙述，以下主要解释垃圾处理厂（场）基本情况表的其他指标。

【8.垃圾处理方式】普查对象根据实际采取的垃圾处理方式，在对应的选项后“□”内划“√”，有多种方式的同时选择。

★填报与审核要求：此栏必填。

【9.服务区域范围】指至 2007 年末，普查对象所接纳垃圾区域范围的面积。

★填报与审核要求：此栏必填。计量单位为平方千米，保留整数。

【13.实际处理量】指 2007 年全年对垃圾采取焚烧、填埋或堆肥处理的垃圾总质量。

★填报与审核要求：此栏必填。计量单位为吨，保留整数。

有填埋处理方式的垃圾处理厂（场）填写 14—19 项，没有填埋处理方式的不填（若【8.垃圾处理方式】选择有填埋，则 14—19 项必填）：

【14.填埋方式】普查对象根据工程设计说明书及实际建设情况、工程验收材料，确认填埋方式是否符合《生活垃圾填埋污染控制标准 GB 16889—1997》的要求，在选项后的“□”内划“√”。

无害化填埋：指垃圾填埋达到《生活垃圾填埋污染控制标准 GB 16889—1997》规定要求处理生活

垃圾的一种方式。目的是防止对地下水及周围环境的污染，区别于裸卸堆弃和自然填垫等简易处理方法。

简易填埋：指填埋场按设计施工，采取了一些措施，对垃圾进行了基本填埋处理，减少了环境污染和对人体健康的直接危害，但未按有关技术标准选址、设计和施工，未采取渗滤液收集处理措施及其他处理措施，达不到无害化填埋处理标准要求的垃圾处理方法。不包括各种没有配套的处理设施、设备的裸露堆放。

★填报与审核要求：根据普查对象的垃圾填埋场建设、运行的实际情况选择。要根据普查对象提供的工程设计说明书和工程验收材料对其进行核实。

【15.设计容量】指普查对象垃圾填埋设施设计建设的填埋总容量。

★填报与审核要求：计量单位为米^3，保留整数。

【16.已填容量】指填埋设施投入使用以来，至2007年末填埋占用的累计容量。

★填报与审核要求：计量单位为米^3，保留整数。

【17.处理量】指2007年全年以填埋方式处理的垃圾总质量。

★填报与审核要求：计量单位为吨，保留整数。

【18.防渗】根据普查对象工程设计说明书及实际建设情况、工程验收材料，确认防渗是否符合《生活垃圾填埋污染控制标准 GB 16889—1997》，在选项后的“□”内划“√”。

★填报与审核要求：没有进行防渗处理的普查对象不填。根据《生活垃圾填埋污染控制标准 GB 16889—1997》工程设计环境保护要求中对防渗的要求，通过核实工程设计说明书、工程验收材料和现场勘察，确定防渗是否符合标准要求。

【19.渗滤液收集系统】指为了防止污染水环境，与普查对象建设时同步建设的渗滤液收集系统，确认普查对象实际建设情况是否符合《生活垃圾填埋污染控制标准 GB 16889—1997》，在选项后的“□”内划“√”。

★填报与审核要求：没有建设渗滤液收集系统的普查对象不填。依据《生活垃圾填埋污染控制标准 GB 16889—1997》工程设计环境保护要求中对垃圾渗滤液输导、收集和处理系统的要求，通过核实工程设计说明书、工程验收材料和现场勘察，确定渗滤液收集系统是否符合标准要求。

有堆肥处理方式的垃圾处理厂（场）填报 20～22 项，没有堆肥处理方式的不填（若【8.垃圾处理方式】选择有堆肥，则20～22项必填）：

【20.设计处理能力】指普查对象设计建设的按照堆肥方式在单位时间内平均可能处理垃圾的量。

★填报与审核要求：计量单位为吨/日，保留整数。

【21.处理量】指2007年全年以堆肥方式处理的垃圾总质量。

★填报与审核要求：计量单位为吨，保留整数。

【22.渗滤液收集系统】指为了防止污染水环境，与普查对象垃圾处理设施建设时同步建设的渗滤液收集系统，确认普查对象实际建设情况在选项后 “□”内划“√”。

★填报与审核要求：通过核实工程设计说明书、工程验收材料和现场勘察，确定普查对象是否建设渗滤液收集系统。

有焚烧处理方式的垃圾处理厂（场）填写 23～45 项，没有焚烧处理方式的不填（若【8.垃圾处理方式】选择有焚烧，则23～45项必填）：

【24.设计处理能力】指普查对象设计建设的每天可能焚烧处理垃圾的量。

★填报与审核要求：计量单位为吨/日，保留整数。

【25.处理量】指普查对象2007年全年焚烧处理垃圾的总质量。

★填报与审核要求：计量单位为吨，保留整数。

【35.堆放场防渗】根据普查对象工程设计说明书及工程验收材料确认堆放场有无进行防渗处理，在选项后的“□”内划“√”。

★填报与审核要求：通过核实工程设计说明书、工程验收材料和现场勘察，确定普查对象堆放场是否进行防渗处理。

【36.堆放场渗滤液收集系统】指为了防止污染水环境，与普查对象建设时同步建设的渗滤液收集系统，根据普查对象实际建设情况，在选项后的“□”内划“√”。

★填报与审核要求：通过核实工程设计说明书、工程验收材料和现场勘察，确定普查对象是否建设堆放场渗滤液收集系统。

4.2.4.2 J502-1 表 垃圾处理厂（场）污染物排放量普查表

本表与 J503-1 危险废物处置厂污染物排放量普查表和 J504-1 医疗废物处置厂污染物排放量普查表指标解释和填报规定要求相同，在这里一并介绍。

采用焚烧处理方式的普查对象填报焚烧废气主要污染物（12～14 项），没有焚烧处理方式的普查对象不填焚烧废气主要污染物部分。

废水（渗滤液）污染物产生量：指 2007 年全年未经处理的废水（渗滤液）中所含的汞、镉、铅、铬等重金属和砷、氰化物、挥发酚、化学需氧量、氨氮、总磷等污染物本身的纯质量。按年产生量填报。

废水（渗滤液）污染物排放量：指 2007 年全年排放的废水（渗滤液）中所含的汞、镉、铅、铬等重金属和砷、氰化物、挥发酚、石油类、化学需氧量、氨氮、总磷等污染物本身的纯质量。按年排放量填报。

★填报与审核要求：化学需氧量、氨氮、石油类、总磷、挥发酚等污染物的产生量和排放量计量单位为吨，保留 2 位小数；氰化物、砷、总铬、铅、镉、汞等污染物的产生量和排放量计量单位为千克，保留 2 位小数。若无废水（渗滤液）处理设施，污染物产生量等于排放量。

焚烧废气污染物产生量：指 2007 年全年垃圾、危险废物或医疗废物焚烧过程中产生的未经过处理的废气中所含的烟尘、二氧化硫、氮氧化物等固态、气态污染物的纯质量。按年产生量填报。

焚烧废气污染物排放量：指 2007 年全年垃圾、危险废物或医疗废物焚烧过程中排放到大气中的废气（包括处理过的、未经过处理）中所含的烟尘、二氧化硫、氮氧化物等固态、气态污染物的纯质量。按年排放量填报。

★填报与审核要求：烟尘、二氧化硫和氮氧化物产生量和排放量计量单位为吨，保留 2 位小数。若无废气处理设施，则污染物产生量等于排放量。

表中所列出的污染物，普查对象要根据监测结果、产排污系数核算结果如实填报。普查机构结合日常监管情况，对普查对象填报的两套污染物产生和排放量数据进行核定。将最终认可的一套数据录入上报。

4.2.4.3 J502-2 表 垃圾处理厂（场）渗滤液监测表

本表与 J503-2 危险废物处置厂废水监测表和 J504-2 医疗废物处置厂废水监测表指标解释和填报规定要求相同，在这里一并介绍。

普查监测数据和监督监测数据由地方普查机构负责提供给普查对象。

【1.监测时间】指采样、监测废水（渗滤液）的实际时间，按年月填报。监测时间间隔必须符合《工业污染源及集中式污染治理设施普查技术规定》的要求。

★填报与审核要求：年份须填满 4 位，月份须填满 2 位。

【2.数据来源】指获取监测数据的监测活动方式。按 a.普查监测、b.监督监测、c.验收监测、d.委托监测、e.企业自测、f.在线监测，将代码填入表格内。

【3.废水（渗滤液）流量】按监测时测得的废水（渗滤液）流量折算成每天的渗滤液流量填报。

★填报与审核要求：计量单位为米^3/日，保留整数。

★填报注意事项：废水（渗滤液）流量单位“米^3/日”，将监测时的废水（渗滤液）流量按其排放方式折算成每天的流量填报。

污染物浓度：指废水（渗滤液）中污染物的浓度。未监测的项目不填。

进口浓度：指进入处理设施前废水（渗滤液）中污染物的浓度；

排口浓度：指经过处理设施处理后排出的废水（渗滤液）中污染物的浓度。

★填报与审核要求：污染物浓度单位除汞为微克/升外，其余均为毫克/升。污染物浓度按监测方法对应的有效数字填报。

★填报注意事项：无废水（渗滤液）处理设施的只填写废水（渗滤液）流量和污染物排放口数据，此时进口和排口浓度视为相等。

4.2.4.4 J502-3 表 垃圾处理厂（场）焚烧废气监测表

本表与 J503-3 危险废物处置厂焚烧废气监测表和 J504-3 医疗废物处置厂焚烧废气监测表指标解释和填报规定要求相同，在这里一并介绍。

普查监测数据和监督监测数据由地方普查机构负责提供给普查对象。

采用焚烧处理方式的普查对象填报此表。

【1.焚烧废气处理设施编号】用字母 QZ（代表废气处理设施）和普查对象内部编号组成处理设施编号，不同处理设施编号不得重复。

★填报与审核要求：焚烧废气处理设施编号不能重复。

【2.监测时间】指采样、监测焚烧废气的实际时间，按年月填报。监测时间间隔必须符合《工业污染源及集中式污染治理设施普查技术规定》的要求。

★填报与审核要求：年份须填满 4 位，月份须填满 2 位。

【3.数据来源】指获取监测数据的监测活动方式。按 a.普查监测、b.监督监测、c.验收监测、d.委托监测、e.企业自测、f.在线监测，将代码填入表格内。

废气流量：分别填写处理设施前和处理设施后监测的废气流量，按标况下小时流量填报。

★填报与审核要求：计量单位为米^3/时，保留整数。

污染物浓度：按照实际监测的废气中污染物浓度填报。

进口浓度：指设备烟气出口处或进入处理设施前的废气中污染物的实测浓度。

排放浓度：指烟气经处理设施处理后，排放到大气中的废气中污染物的实测浓度。

折算浓度：实测的烟尘、有害污染物排放浓度，换算为规定的过量空气系数时的数值。

★填报与审核要求：焚烧废气污染物浓度计量单位为毫克/米^3，污染物浓度按监测方法对应的有效数字填报。

★填报注意事项：按焚烧废气处理设施统一填写，无处理设施的只填写废气流量和污染物排放口数据。

4.2.4.5 主要指标关系

（1）J502 表指标间关系：

【13.实际处理量】=【17.填埋处理量】+【21.堆肥处理量】+【25.焚烧处理量】;

【25.焚烧处理量】＞【37.焚烧残渣产生量】;

【32.废气实际处理量】≤【33.废气排放总量】;

【37.焚烧残渣产生量】=【41.残渣处置量】+【43.残渣综合利用量】+【44.残渣倾倒丢弃量】;

【38.飞灰产生量】=【42.飞灰处置量】+【45.飞灰倾倒丢弃量】;

【49.渗滤液实际处理量】≤【51.渗滤液产生量】,【51.渗滤液产生量】≥【52.渗滤液排放量】。

若废气净化方法名称填写，则废气净化方法代码必填；若渗滤液处理方法名称填写，则渗滤液处理方法代码必填。

（2）J502-1 表指标间关系：

污染物产生量≥污染物排放量。

4.2.5 危险废物处置厂普查表主要内容、指标解释和填报规定

4.2.5.1 J503 表 危险废物处置厂基本情况表

一些共同的基本信息、指标前面已经详细叙述，以下主要解释危险废物处置厂基本情况表的其他指标。

【7.危险废物处置方式】普查对象根据对危险废物的处置方式在选项后的“□”内划“√”，两种方式都存在的，同时选择。

危险废物处置方式主要为：

焚烧：指焚烧危险废物使之分解并无害化的过程或处理方式。

填埋：危险废物的一种陆地处置方式，通过设置若干个处置单元和构筑物来防止水污染、大气污染和土壤污染的危险废物最终处置方式。

★填报与审核要求：根据普查对象实际采取的处置方式填报。

【9.服务区域范围】指至 2007 年末，普查对象所接纳的危险废物区域范围的面积。

★填报与审核要求：此栏必填。计量单位为（千米）^{2}，保留整数。

危险废物主要处置情况填写 13～28 项：

【13.危险废物设计处置能力】指普查对象设计建设的每天可能处置危险废物的量。

★填报与审核要求：此栏必填，计量单位为吨/日，保留整数。

【14.危险废物处置量】指 2007 年全年普查对象将危险废物焚烧和用其他改变危险废物的物理、化学、生物特性的方法，达到减少已产生的危险废物数量、缩小危险废物体积、减少或者消除其危险成分的活动，或者将危险废物最终置于符合环境保护规定要求的填埋场的活动中，所消纳危险废物的量。

★填报与审核要求：此栏必填。计量单位为吨，保留整数。

【15.处置工业危险废物量】指普查对象 2007 年全年采用各种方式处置的工业危险废物的总量。

★填报与审核要求：计量单位为吨，保留整数。

【16.处置医疗废物量】指普查对象 2007 年全年采用各种方式处置的医疗废物的总量。

★填报与审核要求：计量单位为吨，保留整数。

【17.处置其他危险废物量】指普查对象 2007 年全年采用各种方式处置的除工业危险废物和医疗废物以外其他危险废物的总质量，如教学科研单位实验室、机械电器维修、胶卷冲洗、居民生活等产生的危险废物。

★填报与审核要求：计量单位为吨，保留整数。

【18.危险废物综合利用量】指 2007 年全年普查对象从危险废物中提取物质作为原材料或者燃料的活动中消纳危险废物的量。

★填报与审核要求：计量单位为吨，保留整数。

【19.21.23.25.27 处置危险废物主要种类名称】按处置量填写普查对象处置危险废物的 5 种主要种类的名称。

★填报与审核要求：此栏必填。按《国家危险废物名录》（见污染源普查用分类与代码附表 7 国家危险废物名录）中的规范化名称填写。

【20.22.24.26.28 危险废物处置量】填写普查对象 2007 年全年处置的主要种类的危险废物量。

★填报与审核要求：若左侧栏填写危险废物种类，则该项必填。计量单位为吨，保留整数。

有焚烧处置方式的危险废物处置厂填写 29～49 项，没有焚烧处置方式的不填（若【7.危险废物处置方式】选择有焚烧，则 29～49 项必填）：

【30.设计处置能力】指普查对象设计建设的每天可能焚烧处置危险废物的量。

★填报与审核要求：计量单位为吨/日，保留整数。

【31.处置量】指普查对象2007年全年以焚烧方式处置的危险废物总质量。

★填报与审核要求：计量单位为吨，保留整数。

有填埋处置方式的危险废物处置厂填写 50～55 项，没有填埋处置方式的不填（若【7.危险废物处置方式】选择有填埋，则50～55项必填）：

【50.设计容量】指普查对象填埋设施设计建设的填埋总容量。

★填报与审核要求：计量单位为米^3，保留整数。

【51.已填容量】指填埋设施投入使用以来，至2007年末填埋占用的累计容量。

★填报与审核要求：计量单位为米^3，保留整数。

【52.设计处置能力】指普查对象设计建设的每天以填埋方式可能处置危险废物的量。

★填报与审核要求：计量单位为吨/日，保留整数。

【53.处置量】指普查对象2007年全年以填埋方式处置的危险废物总质量。

★填报与审核要求：计量单位为吨，保留整数。

【54.防渗】根据普查对象工程设计说明书及实际建设情况、工程验收材料确认填埋场防渗是否符合《危险废物填埋污染控制标准 GB 18598—2001》，在选项后的“□”内划“√”。

★填报与审核要求：依据《危险废物填埋污染控制标准 GB 18598—2001》中有关设计与施工中对防渗的要求，通过核实工程设计说明书、工程验收材料和现场勘察，确定防渗是否符合标准要求。

【55.渗滤液收集系统】指为了防止污染水环境，与普查对象填埋设施配套建设的渗滤液收集系统，确认普查对象实际建设情况是否符合《危险废物填埋污染控制标准 GB 18598—2001》，在选项后的“□”内划“√”。

★填报与审核要求：依据《危险废物填埋污染控制标准 GB 18598—2001》中有关设计与施工中对渗滤液收集系统的要求，通过核实工程设计说明书、工程验收材料和现场勘察，确定渗滤液收集系统是否符合标准要求。

废水产生及处理情况填报56～66项：

废水：主要指危险废物处置厂产生的渗滤液以及设备冷却、设备清洗和地面清洗等过程产生的废水。

4.2.5.2 主要指标关系

（1）J503表指标间关系：

【13.危险废物设计处置能力】=【30.焚烧设计处置能力】+【52.填埋设计处置能力】；

【14.危险废物处置量】=【15.处置工业危险废物量】+【16.处置医疗废物量】+【17.处置其他危险废物量】；【14.危险废物处置量】=【31.焚烧处置量】+【53.填埋处置量】；

【31.焚烧处置量】＞【41.焚烧残渣产生量】；

【38.废气实际处理量】≤【39.废气排放总量】；

【41.焚烧残渣产生量】=【45.残渣处置量】+【47.残渣综合利用量】+【48.残渣倾倒丢弃量】；

【42.飞灰产生量】=【46.飞灰处置量】+【49.飞灰倾倒丢弃量】；

【59.废水实际处理量】≤【61.废水产生量】；【61.废水产生量】≥【62.废水排放量】。

若废气净化方法名称填写，则废气净化方法代码必填；若废水处理方法名称填写，则废水处理方法代码必填。

（2）J503-1表指标间关系：

污染物产生量≥污染物排放量。

4.2.6 医疗废物处置厂普查表主要内容、指标解释和填报规定

4.2.6.1 J504 表 医疗废物处置厂基本情况表

一些共同的基本信息、指标前面已经详细叙述，以下主要解释医疗废物处置厂基本情况表的其他指标。

【7.医疗废物处置（理）方式】普查对象根据对医疗废物的处置（理）方式在选项后的“□”内划“√”，存在多种处置（理）方式的同时选择。

医疗废物处置（理）方式主要为：

焚烧：指焚化燃烧医疗废物使之分解并无害化的过程。

化学消毒：指利用化学消毒剂杀灭病原微生物的消毒方法。

微波消毒：指利用微波杀灭病原微生物，达到无害化处理目的。

高温蒸煮：指利用高温蒸汽对医疗废物中所含的病原微生物进行灭活的湿热处理过程。

★填报与审核要求：此栏必填。化学消毒、微波消毒和高温蒸汽处理只是医疗废物的一种处理方法，而不是最终处置方式。

【9.服务区域范围】指至 2007 年末，普查对象所接纳的医疗废物区域范围的面积。

★填报与审核要求：此栏必填，计量单位为（千米）^{2}，保留整数。

医疗废物处置情况填报 15～24 项：

【15.医疗废物设计处置（理）能力】指普查对象设计建设的每天可能处置（理）医疗废物的量。

★填报与审核要求：此栏必填。计量单位为吨/日，保留整数。

【16.焚烧设计处置能力】指普查对象设计建设的每天可能焚烧处置医疗废物的量。

★填报与审核要求：计量单位为吨/日，保留整数。

【17.化学消毒设计处理能力】指普查对象设计建设的每天可能化学消毒处理医疗废物的量。

★填报与审核要求：计量单位为吨/日，保留整数。

【18.微波消毒设计处理能力】指普查对象设计建设的每天可能微波消毒处理医疗废物的量。

★填报与审核要求：计量单位为吨/日，保留整数。

【19.高温蒸煮设计处理能力】指普查对象设计建设的每天可能高温蒸煮处理医疗废物的量。

★填报与审核要求：计量单位为吨/日，保留整数。

【20.医疗废物处置（理）量】指普查对象 2007 年全年对医疗废物采取焚烧、化学消毒、微波消毒和高温蒸汽处理或者最终置于符合环境保护规定要求的场所并不再回取的医疗废物总质量。

★填报与审核要求：此栏必填。计量单位为吨，保留整数。

【21.焚烧处置量】指普查对象 2007 年全年以焚烧方式处置的医疗废物总质量。

★填报与审核要求：计量单位为吨，保留整数。

【22.化学消毒处理量】指普查对象 2007 年全年以化学消毒方法处理的医疗废物总质量。

★填报与审核要求：计量单位为吨，保留整数。

【23.微波消毒处理量】指普查对象 2007 年全年以微波消毒方法处理的医疗废物总质量。

★填报与审核要求：计量单位为吨，保留整数。

【24.高温蒸煮处理量】指普查对象 2007 年全年以高温蒸煮方法进行处理的医疗废物总质量。

★填报与审核要求：计量单位为吨，保留整数。

有焚烧处置方式医疗废物处置厂填写 25～34 项，没有焚烧处置方式的不填（若【7.医疗废物处置方式】选择有焚烧，则 25～34 项必填）：

废水产生及处理情况填报 42～52 项：

废水：主要指医疗废物处置厂处置设备内腔中产生的冷凝液，医疗废物的渗滤液，废气处理过程

中产生的冷凝液，医疗废物盛装容器清洗消毒废水以及湿式消毒药剂和医疗废物中残留的液体，洗车废水以及少量消毒处理过程排出的废液。

4.2.6.2 主要指标关系

（1）J504 表指标间关系：

【15.医疗废物设计处置（理）能力】=【16.焚烧设计处置能力】+【17.化学消毒设计处理能力】+【18.微波消毒设计处理能力】+【19.高温蒸煮设计处理能力】；

【20.医疗废物处置（理）量】=【21.焚烧处置量】+【22.化学消毒处理量】+【23.微波消毒处理量】+【24.高温蒸煮处理量】；

【21.焚烧处置量】＞【26.焚烧残渣产生量】；

【26.焚烧残渣产生量】=【30.残渣处置量】+【32.残渣综合利用量】+【33.残渣倾倒丢弃量】；

【27.飞灰产生量】=【31.飞灰处置量】+【34.飞灰倾倒丢弃量】；

【39.废气实际处理量】≤【40.废气排放总量】；

【45.废水实际处理量】≤【47.废水产生量】；【47.废水产生量】≥【48.废水排放量】。

若废气净化方法名称填写，则废气净化方法代码必填；若废水处理方法名称填写，则废水处理方法代码必填。

（2）J504-1 表指标间关系：

污染物产生量≥污染物排放量。

第5章 农业源

5.1 农业污染源普查表格总体说明

5.1.1 普查表格编制原则

（1）全面普查、突出重点。以《第一次全国污染源普查方案》和《农业污染源普查技术规定》为指导，根据农业源的产排污特点，分类编制农业源普查表格，全面体现农业源普查要求。

（2）广泛借鉴、相对统一。借鉴经济普查、人口普查、农业普查、环境统计报表等表格设计，并与工业源、生活源、集中式污染治理设施的普查表相一致，根据农业污染源的特点，设计普查表的格式。

（3）简单实用、易于操作。表中指标尽量简化，尽可能用选择的方式填写，填报的大部分指标都不需要经过计算，普查对象能直接填报。

（4）相互关联、便于审核。同类指标或相关联的指标，尽量分类、归并、集中，并明确相关联指标间的关系，便于数据审核。

5.1.2 普查对象和范围

农业污染源普查对象包括全国种植业污染源、畜禽养殖业污染源和水产养殖业污染源，太湖、巢湖、滇池流域和三峡库区四大重点流域还包括农村生活源。

种植业污染源主要针对粮食作物（包括谷类、豆类和薯类）、经济作物（包括棉花、麻类、桑类、油料、糖料、烟草、茶、花卉、药材、果树等）和蔬菜作物（包括根茎叶类、瓜果类、水生类）的主产区开展肥料、农药、农膜和秸秆污染普查。

畜禽养殖业污染源以舍饲、半舍饲规模养殖单元为对象，针对猪、奶牛、肉牛、蛋鸡和肉鸡养殖过程中产生的畜禽粪便和污水开展普查。

水产养殖业污染源以池塘养殖、网箱养殖、围栏养殖、工厂化养殖以及浅海筏式养殖、滩涂增养殖等有饲料、渔药、肥料投入的规模化养殖场和养殖专业户为对象，针对鱼、虾、贝、蟹等养殖过程中产生的污染开展普查。

重点流域农村生活源主要针对农村生活过程中产生的生活垃圾和生活污水开展调查。

5.1.3 普查内容

（1）种植业污染源：主要普查我国粮食作物、经济作物和蔬菜作物主产区在种植业生产过程中污染物的产生、流失情况。普查内容主要包括：

地块基本情况：包括地块面积、类型、坡度、种植方向、耕作方式、排水去向等。

肥料：主要针对肥料（包括化肥和有机肥）的施用和流失情况开展普查。其中，化肥包括氮肥、磷肥、钾肥、复合肥；有机肥包括商品有机肥、畜禽粪便等。调查内容包括肥料名称、有效成分及其含量、施用量、施用方法等。

农药：主要针对污染重、难降解、用量大、未禁用的农药（如毒死蜱、阿特拉津、氟虫腈、吡虫啉、克百威、2,4-D 丁酯、涕灭威、丁草胺、乙草胺等，以下所指农药均相同）施用和流失情况开展普查。普查内容包括施药目的、农药名称、有效成分及其含量、施用量、施用方法等。

农膜：主要针对地膜残留污染开展普查。普查内容包括地膜使用量、回收状况等。

秸秆：主要针对粮食作物（谷类和豆类）和经济作物（棉花和油菜）生产过程中的秸秆及其去向开展普查。普查内容包括秸秆产生量、丢弃量、田间焚烧量、还田量、饲料利用量、燃料利用量、堆肥利用量、原料利用量等。

（2）畜禽养殖业污染源：主要普查猪、奶牛、肉牛、蛋鸡、肉鸡在规模养殖条件下污染物的产生、排放情况。普查内容主要包括：

畜禽养殖基本情况：包括饲养目的、畜禽种类、存栏量、出栏量、饲养阶段、各阶段存栏量、饲养周期等。

污染物产生和排放情况：包括清粪方式、污水产生量、粪便和污水处理利用方式、粪便和污水处理利用量、排放去向等。

（3）水产养殖业污染源：主要普查鱼、虾、贝、蟹等在规模养殖条件下污染物的产生情况。普查内容主要包括：

养殖基本情况：包括养殖品种、养殖模式、养殖水体、养殖类型、养殖面积/体积、投放量、产量、排水去向及排放量、水体交换情况、换水频率、换水比例等。

投入品使用情况：包括饲料名称、主要成分及含量、使用量，肥料名称、主要成分及含量、施用量、施用方法，渔药名称、主要成分及含量、使用量、使用方法等。

（4）重点流域农村生活源：主要调查不同流域、不同经济条件、不同生活方式下的农村常住人口数量，生活污水和生活垃圾的产生、处理、利用、排放情况。

5.1.4 表格的分类和结构

农业污染源普查表共分成 4 大类，每类结构如下。

（1）种植业污染源普查表

- 乡镇种植业污染源普查表
  - 乡镇种植业基本情况普查表
  - 分散农户典型地块基本情况调查表
  - 分散农户典型地块肥料施用情况调查表
  - 分散农户典型地块农药施用情况调查表
- 规模化农场种植业污染源普查表
  - 规模化农场种植业基本情况普查表
  - 规模化农场典型地块基本情况调查表
  - 规模化农场典型地块肥料施用情况调查表
  - 规模化农场典型地块农药施用情况调查表

（2）畜禽养殖业污染源普查表

（3）水产养殖业污染源普查表

- 水产养殖基本情况普查表（池塘养殖/工厂化养殖）
- 水产养殖投入品使用情况普查表（池塘养殖/工厂化养殖）
- 水产养殖基本情况普查表（网箱养殖/围栏养殖/浅海筏式养殖/滩涂养殖/其他）
- 水产养殖投入品使用情况普查表（网箱养殖/围栏养殖/浅海筏式养殖/滩涂养殖/其他）

（4）重点流域农村生活污染源调查表：农村生活污染源行政村调查表，包括为获取普查信息设计的农村生活污染源农户调查表。

5.2 乡镇种植业污染源普查表

5.2.1 普查对象

以乡镇为基本填报单位，填报范围为中华人民共和国（大陆）的所有乡镇和被抽查的分散农户。

分散农户是指各乡镇内种植粮食作物（包括谷类、豆类和薯类）、经济作物（包括棉花、麻类、桑类、油料、糖料、烟草、茶、花卉、药材、果树等）和蔬菜作物（包括根茎叶类、瓜果类、水生类）的分散农户，耕地和园地总面积在10 000亩以下的农场也按分散农户来调查。

对于一个分散农户，一般有多个分散地块，可调查最能代表其种植水平，并且符合普查抽样要求的一个典型地块或棚室。耕地和园地总面积在 10 000 亩以下的小型农场，按照每 1 000 亩抽取一个典型地块或棚室来开展调查。

5.2.2 地块抽样原则

分散地块的抽样在清查的基础上，采取分类、随机抽样的方法开展调查工作。

抽样调查以乡（镇）为单位组织实施。以农户为抽样对象，对农户的一个典型地块开展调查。首先根据各乡镇所处分区的农户抽样比例（西北平原区和东北平原区为 1.0%，黄淮海平原区和南方平原区为 0.6%，北方高原山区和南方山地丘陵区为 0.8%）确定抽样样本总量（户），再根据清查结果中各类模式的地块面积占耕地、园地总面积的比例乘以抽样样本总量，确定各类模式的地块抽样量（户）。具体抽样时，可优先选择种植大户作为调查对象。

地块分类方法：①根据地块坡度分为平地（坡度≤5°）、缓坡地（坡度5°～15°）和陡坡地（坡度>15°），其中缓坡地、陡坡地再分为梯田和坡地，根据作物种植方向不同将非梯田分为顺坡种植和横坡种植；②根据土地利用类型分为耕地和园地，耕地又可分为水田（包括水旱轮作）和旱地（包括保护地），园地又可分为果园、茶园、桑园和其他园地。③根据种植模式不同对地块进行进一步分类，要求将各乡镇的主要种植模式详细列出。水田应细分到单季水稻、双季水稻、麦稻轮作、稻油轮作、水生蔬菜和其他模式；大田和保护地根据各乡镇具体的主要种植模式进行分类；果园应细分到苹果、梨、柑橘、香蕉、桃、葡萄、其他水果类；其他园地细分成茶园、桑园和其他类。种植业污染源普查地块分类详见表5-1。

如果某种模式的地块面积占耕地、园地总面积的比例小于 2%，那么该种模式地块不列入本次调查范围。每种模式地块的抽样样本量不得少于5户，不足5户的要补足调查5户。

5.2.3 表格总体结构与主要内容

乡镇种植业污染源调查表分成4套：

（1）乡镇种植业基本情况普查表（N301）

乡镇名称、行政区划代码、乡镇负责人、联系方式、耕地总面积、保护地面积、园地面积、不同坡度耕地/园地面积、坡地种植方向及面积、耕作方式及面积、平地（坡度≤5°）种植模式及其代表面积、缓坡地（坡度5°～15°）种植模式及其代表面积、陡坡地（坡度>15°）种植模式及其代表面积。

（2）农户典型地块的基本情况调查表（N302-1）

户主姓名、地址、行政区划代码、联系方式、调查地块编码、地块面积、地块坡度、坡地种植方向、地块类型、种植模式、排水去向；

各季作物的种植情况：作物名称和代码、种植方式、耕作方式、地膜使用情况、经济产量、秸秆产量和去向。

表 5-1　种植业污染源普查地块分类表

<table>
<tr><th colspan="2">一级分类</th><th>二级分类</th><th colspan="2">三级分类</th><th>四级分类</th></tr>
<tr><td colspan="2" rowspan="26">平地（坡度≤5°）</td><td rowspan="16">耕地</td><td colspan="2" rowspan="6">水田</td><td>单季稻</td></tr>
<tr><td>双季稻</td></tr>
<tr><td>麦稻轮作</td></tr>
<tr><td>稻油轮作</td></tr>
<tr><td>水生蔬菜</td></tr>
<tr><td>其他</td></tr>
<tr><td rowspan="10">旱地</td><td rowspan="6">大田</td><td>主要模式 1</td></tr>
<tr><td>主要模式 2</td></tr>
<tr><td>主要模式 3</td></tr>
<tr><td>主要模式 4</td></tr>
<tr><td>主要模式 5</td></tr>
<tr><td>主要模式 6</td></tr>
<tr><td rowspan="4">保护地</td><td>主要模式 1</td></tr>
<tr><td>主要模式 2</td></tr>
<tr><td>主要模式 3</td></tr>
<tr><td>主要模式 4</td></tr>
<tr><td rowspan="10">园地</td><td colspan="2" rowspan="7">果园</td><td>苹果</td></tr>
<tr><td>梨</td></tr>
<tr><td>柑橘</td></tr>
<tr><td>香蕉</td></tr>
<tr><td>桃</td></tr>
<tr><td>葡萄</td></tr>
<tr><td>其他</td></tr>
<tr><td colspan="2" rowspan="3">其他</td><td>茶园</td></tr>
<tr><td>桑园</td></tr>
<tr><td>其他园地</td></tr>
<tr><td rowspan="22">缓坡地（坡度 5°～15°）/ 陡坡地（坡度＞15°）</td><td rowspan="22">梯 田</td><td rowspan="12">耕地</td><td colspan="2" rowspan="6">水田</td><td>单季稻</td></tr>
<tr><td>双季稻</td></tr>
<tr><td>麦稻轮作</td></tr>
<tr><td>油稻轮作</td></tr>
<tr><td>水生蔬菜</td></tr>
<tr><td>其他</td></tr>
<tr><td colspan="2" rowspan="6">旱地</td><td>主要模式 1</td></tr>
<tr><td>主要模式 2</td></tr>
<tr><td>主要模式 3</td></tr>
<tr><td>主要模式 4</td></tr>
<tr><td>主要模式 5</td></tr>
<tr><td>主要模式 6</td></tr>
<tr><td rowspan="10">园地</td><td colspan="2" rowspan="7">果园</td><td>苹果</td></tr>
<tr><td>梨</td></tr>
<tr><td>柑橘</td></tr>
<tr><td>香蕉</td></tr>
<tr><td>桃</td></tr>
<tr><td>葡萄</td></tr>
<tr><td>其他</td></tr>
<tr><td colspan="2" rowspan="3">其他</td><td>茶园</td></tr>
<tr><td>桑园</td></tr>
<tr><td>其他园地</td></tr>
</table>

一级分类			二级分类　三级分类	四级分类
缓坡地（坡度 5°～15°）/ 陡坡地（坡度＞15°）	非梯田	横坡种植	旱地	模式 1
				模式 2
				模式 3
				模式 4
				模式 5
				模式 6
			果园	苹果
				梨
				柑橘
				香蕉
				桃
				葡萄
				其他
			其他	茶园
				桑园
				其他园地
		顺坡种植	旱地	模式 1
				模式 2
				模式 3
				模式 4
				模式 5
				模式 6
			果园	苹果
				梨
				柑橘
				香蕉
				桃
				葡萄
				其他
			其他	茶园
				桑园
				其他园地

注：保护地不包括无土栽培、食用菌和盆花种植的温室；科技示范园不在本次普查范围内。

（3）农户典型地块的肥料施用情况调查表（N302-2）

肥料的名称和代码、施用量、养分含量和施肥方式等情况。

（4）农户典型地块的农药施用情况调查表（N302-3）

农药的名称、施药目的、施用量、有效成分、有效成分代码及含量、施药方式等情况。

5.2.4 指标解释与填报说明

（1）N301：乡镇种植业基本情况普查表

【1.乡镇名称】指本乡镇所在的省（自治区、直辖市）、地（市、州、盟）、县（区、市、旗）和本乡镇的正式名称。

★注意事项和主要审核要求：此项必填。按照民政部门认可的名称填写。

【2.行政区划代码】由所在地普查机构统一填写。按污染源普查用分类与代码表附表 1《行政区划代码》，将相应行政区划代码填写在方格内。不在污染源普查用分类与代码表附表 1 提供范围内的县以下地区，由县（区）普查机构按编码规则自行编码填报，自行编码不得与已统一编制的代码重复。

污染源普查用分类与代码表附表 1《行政区划代码》为 2006 年的全国行政区划编码，共有 12 位阿拉伯数字，分为三段。第一段为 6 位数字，表示县及县以上的行政区划；第二段、第三段 6 位编码，表示县以下的行政区划。本表只填报前 9 位代码。

如 2007 年行政区划代码有变动的：

① 县及县以上的行政区划有变动的，则县及县以上的行政区划代码（第 1—6 位码）按最新的《中华人民共和国行政区划代码》（GB/T 2260）填报；

② 县及县以上行政区划变化但县以下行政区划未变化的，按附表 1《行政区划代码》库中的代码第 7—12 位码填报；

③ 县以下行政区划有变化的，按编码原则自行编码。

县以下行政区划代码编码原则如下：

第二段 3 位数字，表示街道、镇和乡；第二段 3 位代码中的第 1 位数字为类别标识，以“0”表示街道，“1”表示镇，“2”和“3”表示乡，“4”和“5”表示政企合一的单位；第 2、3 位数字为该代码段中各行政区划的顺序号。

① 街道的代码从 001—099 由小到大顺序编写；

② 镇的代码从 100—199 由小到大顺序编写；

③ 乡的代码从 200—399 由小到大顺序编写。

行政区划编码中的地址名称应采用民政部门认可的正式名称。

★注意事项和主要审核要求：此项必填。

【3.乡镇负责人】本乡镇主管农业的乡镇长的姓名及联系电话。

★注意事项和主要审核要求：此项必填。

【4.乡镇农户总数】该乡镇种植粮食作物、经济作物和蔬菜作物的农户总户数。

★注意事项和主要审核要求：此项必填。

【5.耕地总面积】耕地是指用于种植农作物的土地，包括熟地、新开发地、复垦地、整理地、休闲地（含轮歇地、草田轮作地）；以种植农作物为主，间有零星果树、桑树或其他林木的土地；平均每年能保证收获一季的已垦滩地和海涂；抛荒不满 3 年的耕地。南方宽度小于 1 米，北方宽度小于 2 米固定的沟、渠、路和田埂也算耕地。

耕地不包括种植茶、桑、果等多年生木本农作物的土地；不包括已改为鱼塘、果园、林地的土地，被工厂、公路、铁路等设施占用的土地，已退耕还林、还草或已损毁的耕地；也不包括抛荒 3 年以上的耕地。

林农、果农间作的土地，以种植农作物为主的按耕地计算，以果树为主的计为园地，以林地为主的计为林地。已实施国家退耕还林、还草项目并已享受补贴的，无论是否间作农作物，都不算为耕地面积。

耕地又分成水田和旱地。水田是指被调查的地块，筑有田埂（坎），经常蓄水，常年用来种植水稻、莲藕、席草等水生作物的耕地，也包括实行水旱轮作的耕地（如水稻与小麦、油菜或蚕豆等轮作）。除水田外的其他耕地统称为旱地，包括统计资料（如统计年鉴、农业普查等）所指的旱地和水浇地。分别填写旱地和水田的面积。

★注意事项和主要审核要求：耕地总面积=旱地面积+水田面积。

【6.保护地面积】是指在露地不适宜农作物生长的季节，采用保护设备创造适宜的环境条件栽培农

作物的面积。例如在寒冷气候条件下通过采用温室、温床、冷床、塑料棚等设备，创造光照、温度、水分、通风等适宜的小气候环境，种植蔬菜、果类等高产高值作物的种植面积。

★注意事项和主要审核要求：保护地面积≤旱地面积。

【7.园地面积】是指种植以采集果、叶、根、茎、汁为主的多年生木本或草本作物，覆盖率大于50%，或每亩株数达到合理株数的70%的土地。包括果园、茶园、桑园以及橡胶园等。果园面积：指种植果树的园地面积；茶园面积：指种植茶树的园地面积；桑园面积：指种植桑树的园地面积；其他园地面积：指除上述茶、果、桑园以外的园地面积。

★注意事项和主要审核要求：园地面积=果园面积+茶园面积+桑园面积+其他园地面积。

【8.不同坡度耕地、园地面积】分别填写①平地（坡度≤5°以下）、②缓坡地（坡度5°～15°）、③陡坡地（坡度>15°）的耕地和园地面积。其中缓坡地的坡度5°～15°是指坡度大于5°且小于等于15°。

★注意事项和主要审核要求：平地（坡度≤5°）面积+缓坡地（坡度5°～15°）面积+陡坡地（坡度>15°）面积=耕地总面积+园地面积。

【9.坡地种植方向及面积】种植方向是指作物栽培行的方向或作物垄的方向，分成①横坡种植和②顺坡种植两种。横坡种植指作物垄的方向和地块坡向方向呈垂直的种植方式，顺坡种植则是作物垄的方向和地块坡向方向一致的种植方式。分别填写这两种种植方向的面积。

★注意事项和主要审核要求：顺坡种植面积+横坡种植面积≤缓坡地（坡度5°～15°）面积+陡坡地（坡度>15°）面积。

【10.耕作方式及面积】分别填写①免耕、②少耕和③常规耕作方式下的面积。免耕：指除播种或注入肥料外，不再搅动土壤。施肥可与播种同时进行，也可以在播前或出苗后进行；少耕：指将对土壤耕耘面积和耕耘次数减少到尽可能低的程度的耕作制度；常规：指土壤经过耕翻后多次耙压碎土的耕作方式。

★注意事项和主要审核要求：免耕面积+少耕面积+常规耕作面积=耕地总面积。

【11.平地（坡度≤5°）主要种植模式及其代表面积】根据土地类型将平地分成耕地和园地两大类，其中耕地又分成水田和旱地（包括大田和保护地）两类，园地又分成果园和其他园地两类。根据种植模式又将“耕地-水田（指标11-1）分成单季稻、双季稻、麦稻轮作、油稻轮作、水生蔬菜和其他6种种植模式，其中麦-稻-稻种植模式视同麦稻轮作，油-稻-稻种植模式视同油稻轮作，不在上述所列的5种种植模式下的填为“其他”类；将“耕地-旱地-大田”（指标11-2-1）分成1—6种主要的种植模式；将“耕地-旱地-保护地”（指标11-2-2）分成1—4种主要的种植模式；种植模式以种植作物名称和种植制度来描述，例如小麦玉米两种作物轮作；代码以作物代码和种植制度符号进行标识，作物代码表见表5-2，如果为两种作物轮作，则用“—”符号连接，如果为两种作物套作，则用“/”符号连接，如果为两种作物间作，则用“//”符号连接，例如小麦玉米两种作物轮作，可表示为“LC02—LC03”。将“园地-果园”（指标11-3）分成苹果、梨、柑橘、香蕉、桃、葡萄和其他果园这7种种植模式；将“园地-其他”（指标11-4）分成茶园、桑园和其他园地这3种种植模式。分别填写上述各种土地类型下各种植模式的种植面积。

★注意事项和主要审核要求：指标11-1、11-3、11-4中，如该乡镇没有经营的种植模式，则相应的种植面积填为“0”；在指标11-2中，该乡镇有几种种植模式就填写几种，多余的模式名称和代码无须填写，但对应的种植面积应填为“0”。

各种平地（坡度≤5°）主要种植模式代表面积之和≤平地（坡度≤5°）面积（指标8.1）。

表 5-2 作物名称和作物代码对应表

粮食作物名称	粮食作物代码	经济作物名称	经济作物代码	蔬菜作物名称	蔬菜作物代码
水稻	LC01	棉花	JC01	根茎叶类蔬菜	SC01
小麦	LC02	麻类	JC02	瓜果类蔬菜	SC02
玉米	LC03	桑类	JC03	水生蔬菜	SC03
其他谷物	LC04	籽用油菜	JC04		
大豆	LC05	其他油料作物	JC05		
其他豆类	LC06	甘蔗	JC06		
甘薯	LC07	甜菜	JC07		
马铃薯	LC08	烟草	JC08		
		茶	JC09		
		花卉	JC10		
		药材	JC11		
		落叶果树	JC12		
		常绿果树	JC13		
		香蕉	JC14		
		其他果树	JC15		
		其他	JC16		

【12.缓坡地（坡度 5°～15°）主要种植模式及其代表面积】根据土地类型将缓坡地分成梯田和非梯田两大类，其中梯田又分成耕地（包括水田和旱地）和园地（包括果园和其他）两大类。根据种植模式又将“梯田-耕地-水田”（指标 12-1）分成单季稻、双季稻、麦稻轮作、油稻轮作、水生蔬菜和其他 6 种种植模式，其中麦-稻-稻种植模式视同麦稻轮作，油-稻-稻种植模式视同油稻轮作，不在上述所列的 5 种种植模式下的填为“其他”类；将“梯田-耕地-旱地”（指标 12-2）分成 1—4 种主要的种植模式，种植模式定义同指标 11；将“梯田-园地-果园”（指标 12-3）分成苹果、梨、柑橘、香蕉、桃、葡萄和其他果园这 7 种种植模式；将“梯田-园地-其他”（指标 12-4）分成茶园、桑园和其他园地这 3 种种植模式。将“非梯田-横坡/顺坡种植-旱地”（指标 12-5-l/12-6-1）分成 1—6 种主要的种植模式；将“非梯田-横坡/顺坡种植-果园”（指标 12-5-2/12-6-2）分成苹果、梨、柑橘、香蕉、桃、葡萄和其他果园这 7 种种植模式；将“非梯田一横坡/顺坡种植一其他”（指标 12-5-3/12-6-3）分成茶园、桑园和其他园地这 3 种种植模式。分别填写上述各种土地类型下各种植模式的种植面积。

★注意事项和主要审核要求：指标 12-1、12-3、12-4、12-5-2、12-5-3、12-6-2、12-6-3 中，如该乡镇没有经营的种植模式，则相应的种植面积填为“0”；在指标 12-2、12-5-1、12-6-1 中，该乡镇有几种种植模式就填写几种，多余的模式名称和代码无须填写，但对应的种植面积应填为“0”。

各种缓坡地（坡度 5°～15°）主要种植模式代表面积之和≤缓坡地（坡度 5°～15°）面积（指标 8.2）。

【13.陡坡地（坡度＞15°）主要种植模式及其代表面积】同指标 12。

★注意事项和主要审核要求：指标 13-1、13-3、13-4、13-5-2、13-5-3、13-6-2、13-6-3 中，如该乡镇没有经营的种植模式，则相应的种植面积填为“0”；在指标 13-2、13-5-1、13-6-1 中，该乡镇有几种种植模式就填写几种，多余的模式名称和代码无须填写，但对应的种植面积应填为“0”。

各种陡坡地（坡度＞15°）主要种植模式代表面积之和≤陡坡地（坡度＞15°）面积（指标 8.3）。

表间各指标间的审核关系：

① 指标（11-1）中的各模式种植面积之和
+指标（12-1）中的各模式种植面积之和
+指标（13-1）中的各模式种植面积之和
= 指标 5 中水田的种植面积（指标 5.2）

② 指标（11-2）中的各模式种植面积之和
+指标（12-2）中的各模式种植面积之和
+指标（12-5-1）中的各模式种植面积之和
+指标（12-6-1）中的各模式种植面积之和
≤指标 5 中旱地的种植面积（指标 5.1）

③ 指标（11-3）中的各模式种植面积之和
+指标（12-3）中的各模式种植面积之和
+指标（12-5-2）中的各模式种植面积之和
+指标（12-6-2）中的各模式种植面积之和
= 指标 7 中果园的种植面积（指标 7.1）

④ 指标（11-4）中的各模式种植面积之和
+指标（12-4）中的各模式种植面积之和
+指标（12-5-3）中的各模式种植面积之和
+指标（12-6-3）中的各模式种植面积之和
= 指标 7 中茶园、桑园和其他园地的种植面积之和（指标 7.2+7.3+7.4）

⑤ 指标（12-5）中的各模式种植面积之和
+指标（12-6）中的各模式种植面积之和
+指标（13-5）中的各模式种植面积之和
+指标（13-6）中的各模式种植面积之和
= 指标 9 中顺坡和顺坡种植方向下的种植面积之和（指标 9.1+9.2）。

（2）N302-1：农户典型地块基本情况调查表

★注意事项和主要审核要求：第 25—34 个指标只有在调查地块种植两季或两季以上作物时需要填写。第 35—44 个指标只有在调查地块种植三季作物时需要填写。

【1.户主】填写户主的正式姓名，即身份证上的姓名，没有身份证的按户口簿填写。没有正式姓名的可填小名或某某氏，但不能填笔名、代号等。户主为家庭主要决策人或收入主要来源人。

★注意事项和主要审核要求：此项必填。

【2.地址】指农户户口所在地的详细地址。要求写明农户所在的省（自治区、直辖市）、地区（市、州、盟）、县（区、市、旗）、乡（镇）、村、组的名称，不得填写通讯号码或通讯信箱号码。

★注意事项和主要审核要求：此项必填。按照民政部门认可的名称填写。

【3.行政区划代码】指调查农户实际所在地的地区行政区划代码。由所在地普查机构统一填写。按污染源普查用分类与代码表附表 1《行政区划代码》，将相应行政区划代码填写在方格内。不在污染源普查用分类与代码表附表 1 提供范围内的县以下地区，由县（区）普查机构按编码规则自行编码填报，自行编码不得与已统一编制的代码重复。

污染源普查用分类与代码表附表 1《行政区划代码》为按照 2006 年的全国行政区划编码，共有 12 位阿拉伯数字，分为三段。第一段为 6 位数字，表示县及县以上的行政区划；第二段、第三段 6 位编码，表示县以下的行政区划。

如 2007 年行政区划代码有变动的：

① 县及县以上的行政区划有变动的，则县及县以上的行政区划代码（第 1—6 位码）按最新的《中华人民共和国行政区划代码》（GB/T 2260）填报；

② 县及县以上行政区划变化但县以下行政区划未变化的，按附表 1《行政区划代码》库中的代码

第 7—12 位码填报；

③ 县以下行政区划有变化的，按编码原则自行编码。

县以下行政区划代码编码原则如下：

第二段 3 位数字，表示街道、镇和乡；第二段 3 位代码中的第一位数字为类别标识，以“0”表示街道，“1”表示镇，“2”和“3”表示乡，“4”和“5”表示政企合一的单位；第 2、3 位数字为该代码段中各行政区划的顺序号。

① 街道的代码从 001—099 由小到大顺序编写；

② 镇的代码从 100—199 由小到大顺序编写；

③ 乡的代码从 200—399 由小到大顺序编写。

第三段的 3 位数字，表示居民委员会和村民委员会的代码，用 3 位顺序码表示。具体编码方法如下：

① 居民委员会的代码从 001—199 由小到大顺序编写；

② 村民委员会的代码从 200—399 由小到大顺序编写。

行政区划编码中的地址名称应采用民政部门认可的正式名称。

★注意事项和主要审核要求：此项必填。

【4.联系电话】户主的联系电话。

★注意事项和主要审核要求：没有电话的可不填。

【5.地块编码】地块编码=农户的乡镇行政区划代码+识别码（DK）+3 位地块编号。3 位地块编号：从 001 开始升序排列，最大到 999。必须填满 3 格，不足的左补 0。

★注意事项和主要审核要求：此项必填。

【6.地块面积】要精确到分，如 5 亩 2 分填写为 5.2 亩，如果不是标准亩，请折算成标准亩，1 亩=666.7m^2。

★注意事项和主要审核要求：此项必填。

【7.地块所处地形坡度】分成①平地（坡度≤5°）、②缓坡地（坡度 5°～15°）、③陡坡地（坡度>15°）三种，其中坡度 5°～15°是指坡度大于 5°且小于等于 15°。

★注意事项和主要审核要求：此项必填，只能从 3 项中选 1 项。

【8.如果是坡地，是否为梯田】是梯田的选择 1-是，不是梯田的选择 2-否。

★注意事项和主要审核要求：如果指标 7 选择②缓坡地（坡度 5°～15°）或③陡坡地（坡度>15°）时才需要填写，如填写只能从 2 项中选 1 项。

【9.非梯田种植方向】指作物栽培行的方向或作物垄的方向，分成①横坡和②顺坡两种。横坡种植指作物垄的方向和地块坡向方向呈垂直的种植方式，顺坡种植则是作物垄的方向和地块坡向方向一致的种植方式。

★注意事项和主要审核要求：如果指标 7 选择②缓坡地（5°～15°）或③陡坡地（>15°），且指标 8 选择②否时才需要填写，如填写只能从 2 项中选 1 项。

【10.地块类型】分成①旱地、②水田、③茶园、④果园、⑤桑园、⑥其他园地 6 种类型。

★注意事项和主要审核要求：此项必填，只能从 6 项中选 1 项。

【11.地块种植模式】①名称：以种植作物名称和种植制度来描述，例如小麦玉米两种作物轮作；②代码：以作物代码和种植制度符号进行标示，作物代码见表 5-2，如果为两种作物轮作，则用“—”符号连接，如果为两种作物套作，则用“/”符号连接，如果为两种作物间作，则用“//”符号连接，例如小麦玉米两种作物轮作，可表示为“LC02—LC03”。

★注意事项和主要审核要求：此项必填。

【12.排水去向】分成①下渗和②外排两种去向。

★注意事项和主要审核要求：此项必填，且只能从 2 项中选 1 项。

【13.如果外排，请填入受纳水体名称】指排水最终汇入当地县、市、区、旗或上一级区域内较大的江、河、湖泊、海域名称（如××河、××港、××江、××湖、××海湾等）。

★注意事项和主要审核要求：在指标 12 选择②外排时需要填写。

【14.受纳水体代码】此项由普查对象所在地普查机构统一填报。水体代码要按照统一给定的编码填报（见污染源普查用分类与代码表附表 6《河流代码表》）。海域代码分别是：1—渤海，2—黄海，3—东海，4—南海。

《河流代码表》中未编入的河流，可按编码方法在相应的空码上继续编排。如确实编码困难，可按汇入的上一级河流代码填报。对于跨省河流编码，请报全国污染源普查工作办公室统一编码；对于省内河流，如其上一级河流也完全在省内，则由省普查机构编码并报全国污染源普查工作办公室备案；如上一级河流跨省，则需报全国污染源普查工作办公室统一编码。

★注意事项和主要审核要求：在指标 12 选择②外排时需要填写。

【15、25、35.作物名称】按种植先后顺序逐一填写本年度内收获的各种作物。对于跨年度的作物，应以收获时间为准，并作为该地块的第一季作物。作物名称按表 5-3 填写。

表 5-3　作物名称表

作物名称	备注
水稻	包括早稻、中稻、晚稻
小麦	包括冬小麦和春小麦
玉米	包括春玉米和夏玉米
其他谷物	包括高粱、谷子、荞麦、燕麦、青稞等
大豆	
其他豆类	包括豌豆、蚕豆、绿豆等
甘薯	
马铃薯	
棉花	包括春播和夏播棉花
麻类	包括黄麻、苎麻、亚麻等
桑类	
籽用油菜	
其他油料作物	包括花生、芝麻等
甘蔗	
甜菜	
烟草	
茶	
花卉	指以植物的花为最终产品，或以观赏、美化、绿化、香化为主要用途的栽培植物。根据花卉的最终用途和生产特点，将花卉分为切花切叶、盆栽植物、观赏苗木、食用与药用花卉、工业及其他用途花卉、草坪、种子用花卉、种球用花卉和种苗用花卉
药材	指在耕地上或非耕地上种植的、以获取药材原料为目的、主要用于中药配置以及中成药加工的药材作物的面积
落叶果树	包括苹果、梨、桃、葡萄等
常绿果树	包括柑橘、荔枝、龙眼等
香蕉	
其他果树	包括菠萝等
根茎叶类蔬菜	包括根菜、葱蒜、叶菜、茎菜、花菜等
瓜果类蔬菜	茄果类、菜用豆类、菜用瓜（黄瓜、南瓜、冬瓜等）、果用瓜（西瓜、甜瓜等）、草莓等
水生类蔬菜	包括莲藕、茭白等

★注意事项和主要审核要求：指标 15 必填，指标 25、35 选填，且按照表 5-3 所列的作物名称进行归类填写。

【16、26、36.作物代码】按表 5-3 填写作物名称对应的代码。

★注意事项和主要审核要求：指标 16 必填，指标 26、36 选填，且按照表 5-3 所列作物名称对应的代码进行填写。

【17、27、37.种植方式】分成①保护地种植和②大田种植。保护地种植是指在露地不适宜农作物生

长的季节，采用保护设备创造适宜的环境条件栽培农作物。例如在寒冷气候条件下通过采用温室、温床、冷床、塑料棚等设备，创造光照、温度、水分、通风等适宜的小气候环境，种植蔬菜、果类等高产高值作物，实现蔬果周年供应。大田种植是指不采用任何设施直接栽培的方式。

★注意事项和主要审核要求：指标 17 必填，指标 27、37 选填，且只能从两项中选一项。

【18、28、38.耕作方式】分成①免耕、②少耕、③常规翻耕 3 种方式。免耕：指除播种或注入肥料外，不再搅动土壤。施肥可与播种同时进行，也可以在播前或出苗后进行；少耕：指将对土壤耕耘面积和耕耘次数减少到尽可能低的程度的耕作制度；常规：指土壤经过耕翻后多次耙压碎土的耕作方式。

★注意事项和主要审核要求：园地作物不填此项，如需填写只能从三项中选一项。

【19、29、39.是否覆盖地膜】覆盖地膜的选择 1-是，没覆盖地膜的选择 2-否。

★注意事项和主要审核要求：指标 19 必填，指标 29、39 选填，且只能从两项中选一项。

【20、30、40.地膜用量】指在农业生产过程中为育苗和作物生长防寒、保温、保湿而使用的各种地膜的每亩使用量，单位为千克/亩。

★注意事项和主要审核要求：覆盖地膜（指标 19、29、39 选择①是）的情况下需要填写。

【21、31、41.是否回收】回收地膜的选择 1-是，没回收地膜的选择 2-否。

★注意事项和主要审核要求：覆盖地膜（指标 19、29、39 选择①是）的情况下需要填写。

【22、32、42.经济产量】填写亩产量，单位为公斤/亩[①]。其中棉花的经济产量以籽棉计。

★注意事项和主要审核要求：指标 22 必填，指标 32、42 选填。

【23、33、43.秸秆产量】指粮食作物中的谷物和豆类、经济作物中的油菜和棉花的秸秆产生量，其他作物不统计此项，单位为公斤/亩。秸秆产量=经济产量×秸秆产出量系数，主要农作物的秸秆产生量系数见表 5-4，其他谷物按照作物类别相似的原则参照表中系数计算。

表 5-4　农作物的秸秆产出量系数

秸秆产生量系数	计量单位	大、小麦	水稻	玉米	豆类	油菜	棉花
	吨/吨	1.2	1.06	1.34	1.60	3.00	1.70

★注意事项和主要审核要求：该地块种植作物为粮食作物中的谷物和豆类、经济作物中的油菜和棉花（指标 16、26、36 为 LC01-LC06、JC01、JC04）的情况下需要填写。

【24、34、44.秸秆去向】秸秆去向分成①丢弃、②田间焚烧、③还田、④堆肥、⑤饲料、⑥燃料、⑦原料以及⑧其他这 8 种去向。

★注意事项和主要审核要求：该地块种植作物为粮食作物中的谷物和豆类、经济作物中的油菜和棉花（指标 16、26、36 为 LC01-LC06、JC01、JC04）的情况下需要填写。秸秆去向之和应该等于秸秆的产生量。

（3）N302-2：农户典型地块肥料施用情况调查表

同一种作物，如果施用多种肥料，那么依次填写多次肥料施用情况，填写完第一季作物后，再依次填写第二、第三季作物的肥料施用情况。

【户主、地块编码】要与表 N302-1《农户典型地块基本情况调查表》中的户主和地块编码相一致。

★注意事项和主要审核要求：此项必填。

【1.作物名称】与表 N302-1《农户典型地块基本情况调查表》中的 15、25、35 号指标相同。

★注意事项和主要审核要求：此项必填，且按照表 5-3 所列的作物名称进行归类填写。

【2.作物代码】填写各种作物相对应的代码。其指标与表 N302-1《农户典型地块基本情况调查表》中的 16、26、36 号指标相同。

① 1 亩=666.7 米 ^{2}

★注意事项和主要审核要求：此项必填，且按照表 5-3 所列作物名称对应的代码进行填写。

【3.肥料名称】指肥料的正式名称。如果是商品肥料，则填写肥料品牌名称，否则填写通用名称，按表 3 填写。要求填写完整，如直接使用“磷酸二铵”而不简化为“二铵”。

如果不施用任何肥料，肥料名称填为“0”，之后的选项（肥料代码、施用量、养分含量、施肥方式）无须填写。

★注意事项和主要审核要求：此项必填，且按照表 5-5 所列肥料名称进行归类填写。

【4.肥料代码】按表 5-5 填写各种肥料相对应的代码。

表 5-5 主要肥料名称与代码对应表

氮肥	名称	尿素	碳酸氢铵	硫酸铵	硝酸铵	氯化铵	氨水	缓释尿素
	代码	FN01	FN02	FN03	FN04	FN05	FN06	FN07
磷肥	名称	普通过磷酸钙	钙镁磷肥	重过磷酸钙	磷矿粉			
	代码	FP01	FP02	FP03	FP04			
钾肥	名称	氯化钾	硫酸钾	硫酸钾镁				
	代码	FK01	FK02	FK03				
复合肥	名称	磷酸二铵	磷酸一铵	磷酸二氢钾	硝酸钾	有机无机复合肥	其他二元或三元复合肥	
	代码	FC01	FC02	FC03	FC04	FC05	FC06	
有机肥	名称	商品有机肥	鸡粪	猪粪	牛粪	其他禽粪	其他畜粪	其他有机肥
	代码	FM01	FM02	FM03	FM04	FM05	FM06	FM07

★注意事项和主要审核要求：此项必填，且按照表 5-5 所列肥料名称对应的代码进行填写。

【5.肥料施用量】肥料施用的数量，单位为：公斤/亩，1 公斤=1 000 克，1 亩=666.7 米 ^{2}。如果不是标准单位，如方、担等单位，要求转化为公斤，没有准确转化数量关系的计量单位，由普查员通过转化公式将数据转化为标准单位。

★注意事项和主要审核要求：此项必填。

【6.肥料养分含量】指肥料有效养分含量，对于商品肥料请参照肥料包装袋上的标识；对于非商品类有机肥（即农民自制的农家肥），请根据当地以往分析结果，填写该类有机肥的平均养分含量。如果不施用任何肥料，肥料养分含量填为“0”。

★注意事项和主要审核要求：此项必填，N、P_2O_5、K_2O 养分的含量都＜100，且这三个养分含量之和＜100。

【7.施肥方式】分成①撒施、②条施、③沟施、④穴施、⑤喷施、⑥其他六种。撒施：将肥料均匀撒施于地表，而后进行或不进行犁、耙作业。条施：在作物种植带（行）或带（行）间呈条带状施入肥料的方法，适于条播作物，如小麦、玉米、甘蔗等。沟施：结合犁地等措施，在作物周边进行肥料的开沟深施，施肥沟有条状沟、环状沟、放射状开沟等方式。穴施：将肥料集中施用在作物播种部位或移栽部位，每穴养分供应给该穴中栽培的作物吸收利用。喷施：在作物生长过程中将低浓度的肥料溶液喷洒在植株叶片上的一种施肥方法，也称叶面施肥；不在上述所列五种施肥方式中的填为“其他”。如果不施用任何肥料，施用方式填为“0”。

★注意事项和主要审核要求：此项必填，施用肥料的情况只能从 6 项中选 1 项。

（4）N302-3：农户典型地块农药使用情况调查表

同一种作物，如果施用多种农药，那么依次填写多次农药施用情况，填写完第一季作物后，再依次填写第二、第三季作物的农药施用情况。

【户主、地块编码】要与表 N302-1《农户典型地块基本情况调查表》中的户主和地块编码相一致。

★注意事项和主要审核要求：此项必填。

【1.作物名称】与表 N302-1《农户典型地块基本情况调查表》中的 15、25、35 号指标相同。

★注意事项和主要审核要求：此项必填，且按照表 5-3 所列的作物名称进行归类填写。

【2.作物代码】填写各种作物相对应的代码。其指标与表 N302-1《农户典型地块基本情况调查表》中的 16、26、36 号指标相同。

★注意事项和主要审核要求：此项必填，且按照表 5-3 所列作物名称对应的代码进行填写。

【3.施药目的】分成①除草、②杀虫、③杀菌、④其他这 4 种。

如果不施用任何农药，施药目的填为“0”，之后的选项（农药名称、有效成分、施用量、施药方法等）无须填写。

★注意事项和主要审核要求：此项必填，施用农药的情况只能从四项中选一项。

【4.农药名称】指农药的商品名称。

★注意事项和主要审核要求：此项必填。

如果某种农药含有 1 种以上有效成分，请填写 2 种主要成分的名称、代码和含量。

【5-1.有效成分名称】有效成分名称采用中文通用名称表示，按表 5-6 填写，如毒死蜱、阿特拉津等都是有效成分通用名称。如果不施用任何农药，有效成分填为“0”。

★注意事项和主要审核要求：此项必填，且按照表 5-6 所列的农药有效成分进行归类填写。

【5-2.有效成分代码】按表 5-6 给出的主要农药有效成分对应的代码填写。

表 5-6　主要农药有效成分与代码对应表

农药有效成分	有效成分代码	农药有效成分	有效成分代码
毒死蜱	NY01	克百威	NY08
阿特拉津	NY02	吡虫啉	NY09
2,4-D-丁酯	NY03	其他有机磷类	NY10
丁草胺	NY04	其他有机氯类	NY11
乙草胺	NY05	其他菊酯类	NY12
涕灭威	NY06	其他氨基甲酸酯类	NY13
氟虫腈	NY07	其他类	NY14

★注意事项和主要审核要求：此项必填，且按照表 5-6 所列的农药有效成分对应代码进行填写。

【5-3.有效成分含量】农药的有效成分量占总量的比例。

★注意事项和主要审核要求：此项必填。

【6.施用量】农药施用的数量，单位为：克/亩，如果不是标准单位，要求转化为标准单位，1 亩 = 666.7 米 ^{2}。凡以体积标注的农药量均需转化为重量单位，其中 1 毫升=1 克，1 升=1 000 克。没有准确转化数量关系的计量单位，由普查员通过测试建立估算转化公式，并将数据转化为标准单位。

★注意事项和主要审核要求：此项必填。

【7.施药方式】分成①地面喷撒、②叶面喷施、③熏蒸、④灌根、⑤拌种和⑥涂抹六种方式。地面喷撒：将农药配成一定浓度的溶液喷洒到地面上，或颗粒状的农药直接撒在地面上的施药方法；叶面喷施：将农药配成一定浓度的溶液，喷洒到植株叶面上，通过叶面上的气孔而被作物吸收利用的施药方法；熏蒸法：是利用毒气或气化来防治病虫害的方法；灌根法：将农药配成一定浓度的溶液，集中灌注到植株根部区域以防止病虫的方法；拌种法：将药剂与种子均匀混合，使每粒种子外面都覆盖一层药剂，用以防治种传、土传病害和地下害虫。可分为干拌法和湿拌法。①干拌法是将高浓度粉状药剂附着在种子表面，药剂随种子播入土壤，待种子在土壤中吸收水分后才发挥药效。②湿拌法是用水将种子浸湿，然后蘸药粉或将一定量的药加入少量水后喷洒于种子上均匀搅拌。涂抹法：是将配制好的药剂直接涂抹到植株特定部位以防治病虫害的方法。

★注意事项和主要审核要求：此项必填，施用农药的情况只能从6项中选1项。

5.3 规模化农场种植业污染源普查表

5.3.1 普查对象

本表为第一次全国污染源普查农场种植业污染源调查表，以县（区、旗）为一个填报单位，填报范围为行政区划隶属于中华人民共和国（大陆）的所有规模化农场。

规模化农场为：种植粮食作物（包括谷类、豆类和薯类）、经济作物（包括棉花、麻类、桑类、油料、糖料、烟草、茶、花卉、药材、果树等）和蔬菜作物（包括根茎叶类、瓜果类、水生类）的，且耕地和园地总面积在10 000亩以上的农场。

所有的规模化农场都进行普查，每2 000～5 000亩调查一个典型地块（或棚室），具体情况抽样数量可根据农场规模、种植制度等因素确定。

5.3.2 表格总体结构与主要内容

规模化农场种植业污染源普查表共有4张。

（1）规模化农场种植业情况普查表（N303）

农场的单位名称、单位代码、单位所在地址、负责人、联系方式、耕地面积、保护地面积、园地面积、不同坡度耕地/园地面积、坡地种植方向及面积、耕作方式及面积、平地（坡度≤5°）种植模式及其代表面积、缓坡地（坡度5°～15°）种植模式及其代表面积、陡坡地（坡度>15°）种植模式及其代表面积。

（2）规模化农场典型地块的基本情况调查表（N304-1）

调查地块名称、地块编码、地块面积、地块坡度、坡地种植方向、地块类型、种植模式、排水去向；

各季作物的种植情况：作物名称和代码、种植方式、耕作方式、地膜使用情况、经济产量、秸秆产量和去向。

（3）规模化农场典型地块的肥料施用情况调查表（N304-2）

肥料的名称和代码、施用量、养分含量和施肥方式等情况。

（4）规模化农场典型地块的农药施用情况调查表（N304-3）

农药的名称施药目的、施用量、有效成分、有效成分代码及含量、施药方式等情况。

5.3.3 指标解释与填报说明

（1）N303：规模化农场种植业情况普查表

【1.农场名称】指经有关部门批准正式使用的农场的全称。包括经各级工商行政管理部门核准登记，领取《营业执照》的单位，包括法人单位和产业活动单位。

按工商部门登记的名称填写，填写时要求使用规范化汉字全称，与单位公章所使用的名称完全一致。如单位名称变更（含当年变更），应同时填上变更前的名称（曾用名）。

凡经登记主管机关核准或批准，具有两个或两个以上名称的单位，要求填写一个法人单位名称，同时用括号注明其余的单位名称。

★注意事项和主要审核要求：此项必填。

【2.农场负责人】企业法人单位填写企业法定代表人；不具有法人资格的产业活动单位填写本单位的主要负责人。企业法定代表人，是指依照法律或者法人组织章程规定，代表法人行使职权的负责人。企业法定代表人按《企业法人营业执照》填写。

★注意事项和主要审核要求：此项必填。

【3.联系电话】农场负责人的联系电话。

★注意事项和主要审核要求：此项必填。

【4.地址】指本农场生产场所实际所在地的详细地址。地跨几个行政村的农场详细地址只要写到乡（镇）一级，依此类推。地址按照民政部门认可的名称填写。

★注意事项和主要审核要求：此项必填。

【5.行政区划代码】根据农场详细地址填写相对应的行政区划代码。地跨几个行政村的农场行政区划代码只要写到乡（镇）一级，后面几位补“0”，依此类推。由所在地普查机构统一填写。根据普查对象的详细地址，按污染源普查用分类与代码表附表 1《行政区划代码》，将相应行政区划代码填写在方格内。不在污染源普查用分类与代码表附表 1 提供范围内的县以下地区，由县（区）普查机构按编码规则自行编码填报，自行编码不得与已统一编制的代码重复。

污染源普查用分类与代码表附表 1《行政区划代码》为按照 2006 年的全国行政区划编码，共有 12 位阿拉伯数字，分为三段。第一段为 6 位数字，表示县及县以上的行政区划；第二段、第三段 6 位编码，表示县以下的行政区划。

如 2007 年行政区划代码有变动的：

① 县及县以上的行政区划有变动的，则县及县以上的行政区划代码（第 1—6 位码）按最新的《中华人民共和国行政区划代码》（GB/T 2260）填报；

② 县及县以上行政区划变化但县以下行政区划未变化的，按附表 1《行政区划代码》库中的代码第 7—12 位码填报；

③ 县以下行政区划有变化的，按编码原则自行编码。

县以下行政区划代码编码原则如下：

第二段 3 位数字，表示街道、镇和乡；第二段 3 位代码中的第 1 位数字为类别标识，以“0”表示街道，“1”表示镇，“2”和“3”表示乡，“4”和“5”表示政企合一的单位；第 2、3 位数字为该代码段中各行政区划的顺序号。

① 街道的代码从 001—099 由小到大顺序编写；

② 镇的代码从 100—199 由小到大顺序编写；

③ 乡的代码从 200—399 由小到大顺序编写；

④ 政企合一单位的代码从 400—599 由小到大顺序编写。

第三段的 3 位数字，表示居民委员会和村民委员会的代码，用 3 位顺序码表示。具体编码方法如下：

① 居民委员会的代码从 001—199 由小到大顺序编写；

② 村民委员会的代码从 200—399 由小到大顺序编写。

行政区划编码中的地址名称应采用民政部门认可的正式名称。

★注意事项和主要审核要求：此项必填。

【6.农场代码】指根据中华人民共和国国家标准《全国组织机构代码编制规则》（GB 11714—1997），由组织机构代码登记主管部门给该农场颁发的在全国范围内唯一的、始终不变的法定代码。已经领取了法定代码的法人单位和产业活动单位必须使用法定代码，法人单位和产业活动单位代码均由 8 位无属性的数字和一位校验码组成。填写时，要按照技术监督部门颁发的《中华人民共和国组织机构代码证》上的代码填写。产业活动单位是本部的，如果没有法定代码，使用法人单位法定代码的前 8 位，第 9 位校验码填“B”。

对于大型联合企业（或集团）所属二级单位，凡具有法人资格、符合独立核算法人企业条件的，填写企业的法人代码。不具有法人资格的二级单位在填写企业法人代码时，除填写其所属单位（联合企业、集团或独立核算单位）的法人代码外，还应在括号内方格中填写二级单位代码（系 2 位码）。二级单位代码指联合企业（或集团）内对其下属的不属于法定赋码范围的二级单位的顺序编号，此码由联合企业（或集团）统一编制。

★注意事项和主要审核要求：此项必填。

【7.耕地总面积】耕地是指用于种植农作物的土地，包括熟地、新开发、复垦、整理地、休闲地（含轮歇地、草田轮作地）；以种植农作物为主，间有零星果树、桑树或其他林木的土地：平均每年能保证收获一季的已垦滩地和海涂；抛荒不满 3 年的耕地。南方宽度小于 1 米，北方宽度小于 2 米固定的沟、渠、路和田埂也算耕地。

耕地不包括种植茶、桑、果等多年生木本农作物的土地；不包括已改为鱼塘、果园、林地的土地，被工厂、公路、铁路等设施占用的土地，已退耕还林、还草或已损毁的耕地；也不包括抛荒 3 年以上的耕地。

林农、果农间作的土地，以种植农作物为主的按耕地计算，以果树为主的计为园地，以林地为主的计为林地。已实施国家退耕还林、还草项目并已享受补贴的，无论是否间作农作物，都不算为耕地面积。

耕地又分成水田和旱地。水田是指被调查的地块，筑有田埂（坎），经常蓄水，常年用来种植水稻、莲藕、席草等水生作物的耕地，也包括实行水旱轮作的耕地（如水稻与小麦、油菜或蚕豆等轮作）。除水田外的其他耕地统称为旱地，包括统计资料（如统计年鉴、农业普查等）所指的旱地和水浇地。分别填写旱地和水田的面积。

★注意事项和主要审核要求：耕地总面积=旱地面积+水田面积。

【8.保护地面积】是指在露地不适宜农作物生长的季节，采用保护设备创造适宜的环境条件栽培农作物的面积。例如在寒冷气候条件下通过采用温室、温床、冷床、塑料棚等设备，创造光照、温度、水分、通风等适宜的小气候环境，种植蔬菜、果类等高产高值作物的种植面积。

★注意事项和主要审核要求：保护地面积≤旱地面积。

【9.园地面积】是指种植以采集果、叶、根、茎、汁为主的多年生木本或草本作物，覆盖率大于 50%，或每亩株数达到合理株数的 70%的土地。包括果园、茶园、桑园及橡胶园等。果园面积：指种植果树的园地面积；茶园面积：指种植茶树的园地面积；桑园面积：指种植桑树的园地面积；其他园地面积：指除上述茶、果、桑园以外的园地面积。

★注意事项和主要审核要求：园地面积=果园面积+茶园面积+桑园面积+其他园地面积。

【10.不同坡度耕地、园地面积】分别填写①平地（坡度≤5°以下）、②缓坡地（坡度 5°～15°）、③陡坡地（坡度＞15°）的面积。其中缓坡地的坡度 5°～15°是指坡度大于 5°且小于等于 15°。

★注意事项和主要审核要求：平地（坡度≤5°）面积+缓坡地（坡度 5°～15°）面积+陡坡地（坡度＞15°）面积=耕地总面积+园地面积。

【11.坡地种植方向及面积】种植方向是指作物栽培行的方向或作物垄的方向，分成①横坡种植和②顺坡种植两种。横坡种植指作物垄的方向和地块坡向方向呈垂直的种植方式，顺坡种植则是作物垄的方向和地块坡向方向一致的种植方式。分别填写这两种种植方向的面积。

★注意事项和主要审核要求：顺坡种植面积+横坡种植面积=缓坡地（坡度 5°～15°）面积+陡坡地（坡度＞15°）面积。

【12.耕作方式及面积】分别填写①免耕、②少耕和③常规耕作方式下的面积。免耕：指除播种或注入肥料外，不再搅动土壤。施肥可与播种同时进行，也可以在播前或出苗后进行；少耕：指将对土壤耕耘面积和耕耘次数减少到尽可能低的程度的耕作制度；常规：指土壤经过耕翻后多次耙压碎土的耕作方式。

★注意事项和主要审核要求：免耕面积+少耕面积+常规耕作面积=耕地总面积。

【13.平地（坡度≤5°）主要种植模式及其代表面积】根据土地类型将平地分成耕地和园地两大类，其中耕地又分成水田和旱地（包括大田和保护地）两类，园地又分成果园和其他园地两类。根据种植模式又将“耕地-水田”（指标 13-1）分成单季稻、双季稻、麦稻轮作、油稻轮作、水生蔬菜和其他 6 种种植模式，其中麦-稻-稻种植模式视同麦稻轮作，油-稻-稻种植模式视同油稻轮作，不在上述所列的

5 种种植模式下的填为“其他”类；将“耕地-旱地-水田”（指标 13-2-1）分成 1—6 种主要的种植模式；将“耕地-旱地-保护地”（指标 13-2-2）分成 1—4 种主要的种植模式；种植模式以种植作物名称和种植制度来描述，例如小麦玉米两种作物轮作；代码以作物代码和种植制度符号进行标识，作物代码见表 5-7，如果为两种作物轮作，则用“—”符号连接，如果为两种作物套作，则用“/”符号连接，如果为两种作物间作，则用“//”符号连接，例如小麦玉米两种作物轮作，可表示为“LC02—LC03”；将“园地一果园”（指标 13-3）分成苹果、梨、柑橘、香蕉、桃、葡萄和其他果园这 7 种种植模式；将“园地-其他”（指标 13-4）分成茶园、桑园和其他园地这 3 种种植模式。分别填写上述各种土地类型下各类种植模式的种植面积。

表 5-7　作物名称和作物代码对应表

粮食作物名称	粮食作物代码	经济作物名称	经济作物代码	蔬菜作物名称	蔬菜作物代码
水稻	LC01	棉花	JC01	根茎叶类蔬菜	SC01
小麦	LC02	麻类	JC02	瓜果类蔬菜	SC02
玉米	LC03	桑类	JC03	水生蔬菜	SC03
其他谷物	LC04	籽用油菜	JC04		
大豆	LC05	其他油料作物	JC05		
其他豆类	LC06	甘蔗	JC06		
甘薯	LC07	甜菜	JC07		
马铃薯	LC08	烟草	JC08		
		茶	JC09		
		花卉	JC10		
		药材	JC11		
		落叶果树	JC12		
		常绿果树	JC13		
		香蕉	JC14		
		其他果树	JC15		
		其他	JC16		

★注意事项和主要审核要求：指标 13-1、13-3、13-4 中，如该农场没有经营的土地类型和种植模式，则相应的种植面积填为“0”；在指标 13-2 中，该农场有几种种植模式就填几种，多余的种植模式和代码无须填写，但对应的种植面积应填为“0”。

各种平地（坡度≤5°）主要种植模式代表面积之和≤平地（坡度≤5°）面积（指标 10.1）。

【14.缓坡地（坡度 5°～15°）主要种植模式及其代表面积】根据土地类型将缓坡地分成梯田和非梯田两大类，其中梯田又分成耕地（包括水田和旱地）和园地（包括果园和其他）两大类。根据种植模式又将“梯田-耕地-水田”（指标 14-1）分成单季稻、双季稻、麦稻轮作、油稻轮作、水生蔬菜和其他 6 种种植模式，其中麦-稻-稻种植模式视同麦稻轮作，油-稻-稻种植模式视同油稻轮作，不在上述所列的 5 种种植模式下的填为“其他”类；将“梯田-耕地-旱地”（指标 14-2）分成 1—4 种主要的种植模式，种植模式定义同指标 13；将“梯田-园地-果园”（指标 14-3）分成苹果、梨、柑橘、香蕉、桃、葡萄和其他果园这 7 种种植模式；将“梯田-园地-其他”（指标 14-4）分成茶园、桑园和其他园地这 3 种种植模式。将“非梯田-横坡/顺坡种植-旱地”（指标 14-5-1/14-6-1）分成 1—6 种主要的种植模式；将“非梯

田-横坡/顺坡种植-果园”（指标 14-5-2/14-6-2）分成苹果、梨、柑橘、香蕉、桃、葡萄和其他果园这 7 种种植模式；将“非梯田一横坡/顺坡种植一其他”（指标 14-5-3/14-6-3）分成茶园、桑园和其他园地这 3 种种植模式。分别填写上述各种土地类型下各类种植模式的种植面积。

★注意事项和主要审核要求：指标 14-1、14-3、14-4、14-5-2、14-5-3、14-6-2、14-6-3 中，如该农场没有经营的种植模式，则相应的种植面积填为“0”；在指标 14-2、14-5-1、14-6-1 中，该农场有几种种植模式就填写几种，多余的模式名称和代码无须填写，但对应的种植面积应填为“0”。

各种缓坡地（坡度 5°～15°）主要种植模式代表面积之和≤缓坡地（坡度 5°～15°）面积（指标 10.2）。

【15.陡坡地（坡度＞15°）主要种植模式及其代表面积】同指标 13。

★注意事项和主要审核要求：指标 15-1、15-3、15-4、15-5-2、15-5-3、15-6-2、15-6-3 中，如该农场没有经营的种植模式，则相应的种植面积填为“0”；在指标 15-2、15-5-1、15-6-1 中，该农场有几种种植模式就填写几种，多余的模式名称和代码无须填写，但对应的种植面积应填为“0”。

各种陡坡地（坡度＞15°）主要种植模式代表面积之和≤陡坡地（坡度＞15°）面积（指标 10.3）。

表间各指标间的审核关系：

① 指标（13-1）中的各模式种植面积之和
+指标（14-1）中的各模式种植面积之和
+指标（15-1）中的各模式种植面积之和
= 指标 7 中水田的种植面积（指标 7.2）

② 指标（13-2）中的各模式种植面积之和
+指标（14-2）中的各模式种植面积之和
+指标（14-5-1）中的各模式种植面积之和
+指标（14-6-1）中的各模式种植面积之和
≤指标 7 中旱地的种植面积（指标 7.1）

③ 指标（13-3）中的各模式种植面积之和
+指标（14-3）中的各模式种植面积之和
+指标（14-5-2）中的各模式种植面积之和
+指标（14-6-2）中的各模式种植面积之和
= 指标 9 中果园的种植面积（指标 9.1）

④ 指标（13-4）中的各模式种植面积之和
+指标（14-4）中的各模式种植面积之和
+指标（14-5-3）中的各模式种植面积之和
+指标（14-6-3）中的各模式种植面积之和
= 指标 9 中茶园、桑园和其他园地的种植面积之和（指标 9.2+9.3+9.4）

⑤ 指标（14-5）中的各模式种植面积之和
+指标（14-6）中的各模式种植面积之和
+指标（15-5）中的各模式种植面积之和
+指标（15-6）中的各模式种植面积之和
= 指标 11 中顺坡和顺坡种植方向下的种植面积之和（指标 11.1+11.2）。

（2）N304-1：规模化农场典型地块基本情况调查表

★注意事项和主要审核要求：第 24—33 个指标只有在调查地块种植两季或两季以上作物时需要填写。第 34—43 个指标只有在调查地块种植三季作物时需要填写。

【1.农场名称】指经有关部门批准正式使用的农场的全称。包括经各级工商行政管理部门核准登记，领取《营业执照》的单位，包括法人单位和产业活动单位。

按工商部门登记的名称填写，填写时要求使用规范化汉字全称，与单位公章所使用的名称完全一致。如单位名称变更（含当年变更），应同时填上变更前的名称（曾用名）。

凡经登记主管机关核准或批准，具有 2 个或 2 个以上名称的单位，要求填写 1 个法人单位名称，同时用括号注明其余的单位名称。

★注意事项和主要审核要求：此项必填。

【2.农场代码】指根据中华人民共和国国家标准《全国组织机构代码编制规则》（GB 11714—1997），由组织机构代码登记主管部门给该农场颁发的在全国范围内唯一的、始终不变的法定代码。已经领取了法定代码的法人单位和产业活动单位必须使用法定代码，法人单位和产业活动单位代码均由 8 位无属性的数字和 1 位校验码组成。填写时，要按照技术监督部门颁发的《中华人民共和国组织机构代码证》上的代码填写。产业活动单位是本部的，如果没有法定代码，使用法人单位法定代码的前 8 位，第 9 位校验码填“B”。

对于大型联合企业（或集团）所属二级单位，凡具有法人资格、符合独立核算法人企业条件的，填写企业的法人代码。不具有法人资格的二级单位在填写企业法人代码时，除填写其所属单位（联合企业、集团、或独立核算单位）的法人代码外，还应在括号内方格中填写二级单位代码（系 2 位码）。二级单位代码指联合企业（或集团）内对其下属的不属于法定赋码范围的二级单位的顺序编号，此码由联合企业（或集团）统一编制。

★注意事项和主要审核要求：此项必填。

【3.地块名称】地块：有明显边界，由该农场承包、经营的一片土地。

★注意事项和主要审核要求：此项必填。

【4.地块编码】地块编码=单位代码+识别码（DK）+3 位地块编号。3 位地块编号：从 001 开始升序排列，最大到 999。必须填满 3 格，不足的左补 0。

★注意事项和主要审核要求：此项必填。

【5.地块面积】要精确到分，如 5 亩 2 分填写为 5.2 亩，如果不是标准亩，应折算成标准亩，1 亩= 666.7 米 ^{2}。

★注意事项和主要审核要求：此项必填。

【6.地块坡度】分成①平地（坡度≤5°）、②缓坡地（坡度 5°～15°）、③陡坡地（坡度＞15°）三种，其中坡度 5°～15° 是指坡度大于 5° 且小于等于 15°。

★注意事项和主要审核要求：只能从 3 项中选 1 项。

【7.如果是坡地，是否为梯田】是梯田的选择 1-是，不是梯田的选择 2-否。

★注意事项和主要审核要求：在指标 6 选择“2”或“3”的时候才需要填写，且只能从 2 项中选 1 项。

【8.非梯田种植方向】指作物栽培行的方向或作物垄的方向，分成①横坡和②顺坡两种。横坡种植指作物垄的方向和地块坡向方向呈垂直的种植方式，顺坡种植则是作物垄的方向和地块坡向方向一致的种植方式。

★注意事项和主要审核要求：在指标 6 选择②缓坡地（坡度 5°～15°）或③陡坡地（坡度＞15°），且指标 7 选择②否时才需要填写，且只能从 2 项中选 1 项。

【9.地块类型】分成①旱地、②水田、③茶园、④果园、⑤桑园、⑥其他园地 6 种类型。

★注意事项和主要审核要求：只能从 6 项中选 1 项。

【10.地块种植模式】①名称：以种植作物名称和种植制度来描述，例如小麦玉米两种作物轮作；②代码：以作物代码和种植制度符号进行标识，作物代码见表 4-1，如果为两种作物轮作，则用“—”符号连接，如果为两种作物套作，则用“/”符号连接，如果为两种作物间作，则用“//”符号连接，例如小麦玉米两种作物轮作，可表示为“LC02-LC03”。

★注意事项和主要审核要求：此项必填。

【11.排水去向】分成①下渗和②外排两种去向。

★注意事项和主要审核要求：此项必填，且只能从 2 项中选 1 项。

【12.如果外排，请填入受纳水体名称】指排水最终汇入当地县、市、区、旗或上一级区域内较大的

江、河、湖泊、海域名称（如××河、××港、××江、××湖、××海湾等）。

★注意事项和主要审核要求：在指标 11 选择②外排时需要填写。

【13.受纳水体代码】此项由普查对象所在地普查机构统一填报。水体代码要按照统一给定的编码填报（见污染源普查用分类与代码表附表 6《河流代码表》）。海域代码分别是：1—渤海，2—黄海，3—东海，4—南海。

《河流代码表》中未编入的河流，可按编码方法在相应的空码上继续编排。如确实编码困难，可按汇入的上一级河流代码填报。对于跨省河流编码，请报全国污染源普查工作办公室统一编码；对于省内河流，如其上一级河流也完全在省内，则由省普查机构编码并报全国污染源普查工作办公室备案；如上一级河流跨省，则需报全国污染源普查工作办公室统一编码。

★注意事项和主要审核要求：在指标 11 选择②外排时需要填写。

【14、24、34.作物名称】按种植先后顺序逐一填写本年度内收获的各种作物。对于跨年度的作物，应以收获时间为准，并作为该地块的第一季作物。作物名称按表 5-8 要求填写。

表 5-8　要求填写作物表

作物名称	备注
水稻	包括早稻、中稻、晚稻
小麦	包括冬小麦和春小麦
玉米	包括春玉米和夏玉米
其他谷物	包括高粱、谷子、荞麦、燕麦、青稞等
大豆	
其他豆类	包括豌豆、蚕豆、绿豆等
甘薯	
马铃薯	
棉花	包括春播和夏播棉花
麻类	包括黄麻、苎麻、亚麻等
桑类	
籽用油菜	
其他油料作物	包括花生、芝麻等
甘蔗	
甜菜	
烟草	
茶	
花卉	指以植物的花为最终产品，或以观赏、美化、绿化、香化为主要用途的栽培植物。根据花卉的最终用途和生产特点，将花卉分为切花切叶、盆栽植物、观赏苗木、食用与药用花卉、工业及其他用途花卉、草坪、种子用花卉、种球用花卉和种苗用花卉
药材	指在耕地上或非耕地上种植的、以获取药材原料为目的、主要用于中药配置以及中成药加工的药材作物的面积
落叶果树	包括苹果、梨、桃、葡萄等
常绿果树	包括柑橘、荔枝、龙眼等
香蕉	
其他果树	包括菠萝等
根茎叶类蔬菜	包括根菜、葱蒜、叶菜、茎菜、花菜等
瓜果类蔬菜	茄果类、菜用豆类、菜用瓜（黄瓜、南瓜、冬瓜等）、果用瓜（西瓜、甜瓜等）、草莓等
水生类蔬菜	包括莲藕、茭白等

★注意事项和主要审核要求：指标 14 必填，指标 24、34 选填，且按照表 5-7 所列的作物名称进行归类填写。

【15、25、35.代码】按表 5-8 填写作物名称对应的代码。

★注意事项和主要审核要求：指标 15 必填，指标 25、35 选填，且按照表 5-7 所列作物名称对应的代码进行填写。

【16、26、36.种植方式】分成①保护地种植和②大田种植。保护地种植是指在露地不适宜农作物生长的季节，采用保护设备创造适宜的环境条件栽培农作物。例如在寒冷气候条件下通过采用温室、温床、冷床、塑料棚等设备，创造光照、温度、水分、通风等适宜的小气候环境，种植蔬菜、果类等高产高值作物，实现蔬果周年供应。大田种植是指不采用任何设施直接栽培的方式。

★注意事项和主要审核要求：指标 16 必填，指标 26、36 选填，且只能从 2 项中选 1 项。

【17、27、37.耕作方式】分成①免耕、②少耕、③常规翻耕 3 种方式。免耕：指除播种或注入肥料外，不再搅动土壤。施肥可与播种同时进行，也可以在播前或出苗后进行；少耕：指将对土壤耕耘面积和耕耘次数减少到尽可能低的程度的耕作制度；常规：指土壤经过耕翻后多次耙压碎土的耕作方式。

★注意事项和主要审核要求：园地作物不填此项，如需填写只能从 3 项中选 1 项。

【18、28、38.是否覆盖地膜】覆盖地膜的选择 1-是，没覆盖地膜的选择 2-否。

★注意事项和主要审核要求：指标 18 必填，指标 28、38 选填，且只能从 2 项中选 1 项。

【19、29、39.地膜用量】指在农业生产过程中为育苗和作物生长防寒、保温、保湿而使用的各种地膜的每亩使用量，单位为公斤/亩。

★注意事项和主要审核要求：覆盖地膜（指标 18、28、38 选择①是）的情况下需要填写。

【20、30、40.是否回收】回收地膜的选择 1-是，没回收地膜的选择 2-否。

★注意事项和主要审核要求：覆盖地膜（指标 18、28、38 选择①是）的情况下需要填写。

【21、31、41.经济产量】填写亩产量，单位为公斤/亩。其中棉花的经济产量以籽棉计。

★注意事项和主要审核要求：指标 21 必填，指标 31、41 选填。

【22、32、42.秸秆产量】指粮食作物中的谷物和豆类、经济作物中的油菜和棉花的秸秆产生量，其他作物不统计此项，单位为公斤/亩。秸秆产量=经济产量×秸秆产出量系数，主要农作物的秸秆产生量系数见表 5-9，其他谷物按照作物类别相似的原则参照表中系数计算。

表 5-9 农作物的秸秆产出量系数

秸秆产生量系数	计量单位	大、小麦	水稻	玉米	豆类	油菜	棉花
	吨/吨	1.20	1.06	1.34	1.60	3.00	1.70

★注意事项和主要审核要求：该地块种植作物为粮食作物中的谷物和豆类、经济作物中的油菜和棉花（指标 15、25、35 为 LC01-LC06、JC01、JC04）的情况下需要填写。

【23、33、43.秸秆去向】秸秆去向分成①丢弃、②田间焚烧、③还田、④堆肥、⑤饲料、⑥燃料、⑦原料以及⑧其他这 8 种去向。

★注意事项和主要审核要求：该地块种植作物为粮食作物中的谷物和豆类、经济作物中的油菜和棉花（指标 15、25、35 为 LC01-LC06、JC01、JC04）的情况下需要填写。秸秆去向之和应该等于秸秆的产生量。

（3）N304-2：规模化农场典型地块肥料施用情况调查表

同一种作物，如果施用多种肥料，那么依次填写多次肥料施用情况，填写完第一季作物后，再依次填写第二、第三季作物的肥料施用情况。

【地块名称、地块编码】要与表 N304-1《规模化农场典型地块基本情况调查表》中的地块名称和地块编码相一致。

★注意事项和主要审核要求：此项必填。

【1.作物名称】与表 N304-1《规模化农场典型地块基本情况调查表》中的 14、24、34 号指标相同。

★注意事项和主要审核要求：此项必填，且按照表 5-8 所列的作物名称进行归类填写。

【2.作物代码】填写各种作物相对应的代码。其指标与表 N304-1《规模化农场典型地块基本情况调查表》中的 15、25、35 号指标相同。

★注意事项和主要审核要求：此项必填，且按照表 5-8 所列作物名称对应的代码进行填写。

【3.肥料名称】指肥料的正式名称。如果是商品肥料，则填写肥料品牌名称，否则填写通用名称，按表 3 填写。要求填写完整，如直接使用“磷酸二铵”而不简化为“二铵”。

如果不施用任何肥料，肥料名称填为“0”，之后的选项（肥料代码、施用量、养分含量、施肥方式）无须填写。

★注意事项和主要审核要求：此项必填，且按照表 5-10 所列肥料名称进行归类填写。

【4.肥料代码】按表 5-10 填写各种肥料相对应的代码。

表 5-10 主要肥料名称与代码对应表

氮肥	名称	尿素	碳酸氢铵	硫酸铵	硝酸铵	氯化铵	氨水	缓释尿素
	代码	FN01	FN02	FN03	FN04	FN05	FN06	FN07
磷肥	名称	普通过磷酸钙	钙镁磷肥	重过磷酸钙	磷矿粉			
	代码	FP01	FP02	FP03	FP04			
钾肥	名称	氯化钾	硫酸钾	硫酸钾镁				
	代码	FK01	FK02	FK03				
复合肥	名称	磷酸二铵	磷酸一铵	磷酸二氢钾	硝酸钾	有机无机复合肥	其他二元或三元复合肥	
	代码	FC01	FC02	FC03	FC04	FC05	FC06	
有机肥	名称	商品有机肥	鸡粪	猪粪	牛粪	其他禽粪	其他畜粪	其他有机肥
	代码	FM01	FM02	FM03	FM04	FM05	FM06	FM07

★注意事项和主要审核要求：此项必填，且按照表 5-10 所列肥料名称对应的代码进行填写。

【5.肥料施用量】肥料施用的数量，单位为：公斤/亩，1 公斤=1 000 克，1 亩= 666.7 米 ^{2}。如果不是标准单位，如方、担等单位，要求转化为公斤，没有准确转化数量关系的计量单位，由普查员通过转化公式将数据转化为标准单位。

★注意事项和主要审核要求：此项必填。

【6.肥料养分含量】指肥料有效养分含量，对于商品肥料请参照肥料包装袋上的标识；对于非商品类有机肥（即农民自制的农家肥），请根据当地以往分析结果，填写该类有机肥的平均养分含量。

★注意事项和主要审核要求：此项必填，N、P_2O_5、K_2O 养分的含量都小于 100，且这三个养分含量之和小于 100。

【7.施肥方式】分成①撒施、②条施、③沟施、④穴施、⑤喷施、⑥其他六种。撒施：将肥料均匀撒施于地表，而后进行或不进行犁、耙作业。条施：在作物种植带（行）或带（行）间呈条带状施入肥料的方法，适于条播作物，如小麦、玉米、甘蔗等。沟施：结合犁地等措施，在作物周边进行肥料的开沟深施，施肥沟有条状沟、环状沟、放射状开沟等方式。穴施：将肥料集中施用在作物播种部位或移栽部位，每穴养分供应给该穴中栽培的作物吸收利用。喷施：在作物生长过程中将低浓度的肥料溶液喷洒在植株叶片上的一种施肥方法，也称叶面施肥；不在上述所列 5 种施肥方式中的填为“其他”。

★注意事项和主要审核要求：此项必填，施用肥料的情况只能从 6 项中选 1 项。

（4）N304-3：规模化农场典型地块农药使用情况调查表

同一种作物，如果施用多种农药，那么依次填写多次农药施用情况，填写完第一季作物后，再依次填写第二、第三季作物的农药施用情况。

【地块名称、地块编码】要与表 N304-1《规模化农场典型地块基本情况调查表》中的地块名称和地块编码相一致。

★注意事项和主要审核要求：此项必填。

【1.作物名称】与表 N304-1《规模化农场典型地块基本情况调查表》中的 14、24、34 号指标相同。

★注意事项和主要审核要求：此项必填，且按照表 5-8 所列的作物名称进行归类填写。

【2.作物代码】填写各种作物相对应的代码。其指标与表 N304-1《规模化农场典型地块基本情况调查表》中的 15、25、35 号指标相同。

★注意事项和主要审核要求：此项必填，且按照表 5-8 所列作物名称对应的代码进行填写。

【3.施药目的】分成①除草、②杀虫、③杀菌、④其他这 4 种。

如果不施用任何农药，施药目的填为“0”，之后的选项（农药名称、有效成分、施用量、施药方法等）无须填写。

★注意事项和主要审核要求：此项必填，施用农药的情况只能从 4 项中选 1 项。

【4.农药名称】指农药的商品名称。

★注意事项和主要审核要求：此项必填。

如果某种农药含有 1 种以上有效成分，请填写 2 种主要成分的名称、代码和含量。

【5-1.有效成分名称】有效成分名称采用中文通用名称表示，按表 5-11 填写，如毒死蜱、阿特拉津等都是有效成分通用名称。如果不施用任何农药，有效成分填为“0”。

★注意事项和主要审核要求：此项必填，且按照表 5-11 所列的农药有效成分进行归类填写。

【5-2.有效成分代码】按表 5-11 给出的主要农药有效成分对应的代码填写。

表 5-11　主要农药有效成分与代码对应表

农药有效成分	有效成分代码	农药有效成分	有效成分代码
毒死蜱	NY01	克百威	NY08
阿特拉津	NY02	吡虫啉	NY09
2,4-D-丁酯	NY03	其他有机磷类	NY10
丁草胺	NY04	其他有机氯类	NY11
乙草胺	NY05	其他菊酯类	NY12
涕灭威	NY06	其他氨基甲酸酯类	NY13
氟虫腈	NY07	其他类	NY14

★注意事项和主要审核要求：此项必填，且按照表 5-11 所列的农药有效成分对应代码进行填写。

【5-3.有效成分含量】农药的有效成分量占总量的比例。

★注意事项和主要审核要求：此项必填。

【6.施用量】农药施用的数量，单位为：克/亩，如果不是标准单位，要求转化为标准单位，1 亩=666.7 米 ^{2}。凡以体积标注的农药量均需转化为重量单位，其中 1 毫升=1 克，1 升=1 000 克。没有准确转化数量关系的计量单位，由普查员通过测试建立估算转化公式，并将数据转化为标准单位。

★注意事项和主要审核要求：此项必填。

【7.施药方式】分成①地面喷撒、②叶面喷施、③熏蒸、④灌根、⑤拌种和⑥涂抹六种方式。地面喷撒：将农药配成一定浓度的溶液喷洒到地面上，或颗粒状的农药直接撒在地面上的施药方法；叶面

喷施：将农药配成一定浓度的溶液，喷洒到植株叶面上，通过叶面上的气孔而被作物吸收利用的施药方法；熏蒸法：是利用毒气或气化来防治病虫害的方法；灌根法：将农药配成一定浓度的溶液，集中灌注到植株根部区域以防止病虫的方法；拌种法：将药剂与种子均匀混合，使每粒种子外面都覆盖一层药剂，用以防治种传、土传病害和地下害虫。可分为干拌法和湿拌法。①干拌法是将高浓度粉状药剂附着在种子表面，药剂随种子播入土壤，待种子在土壤中吸收水分后才发挥药效。②湿拌法是用水将种子浸湿，然后蘸药粉或将一定量的药加入少量水后喷洒于种子上均匀搅拌。涂抹法：是将配制好的药剂直接涂抹到植株特定部位以防治病虫害的方法。

★注意事项和主要审核要求：此项必填，施用农药的情况只能从 6 项中选 1 项。

5.4 畜禽养殖业污染源普查表

5.4.1 普查对象

规模化畜禽养殖场：饲养猪、奶牛、肉牛、蛋鸡和肉鸡，具有一定规模，并且经有关部门批准的具有法人资格的畜禽养殖场。养殖规模规定如下：猪≥1 500 头（出栏），奶牛≥100 头（存栏），肉牛≥200 头（出栏）、蛋鸡≥20 000 羽（存栏）、肉鸡≥150 000 羽（出栏）。

畜禽养殖小区：是指在统一规划的区域内，由多个养殖业主共同组成、按照统一操作规程进行养殖、管理的养殖单元。

畜禽养殖专业户：除规模化畜禽养殖场、畜禽养殖小区以外，饲养猪、奶牛、肉牛、蛋鸡和肉鸡，并且达到一定养殖规模的畜禽养殖户：生猪≥150 头（出栏）、奶牛≥5 头（存栏）、肉牛≥10 头（出栏）、蛋鸡≥500 羽（存栏）、肉鸡≥2 000 羽（出栏）。

规模化畜禽养殖场、畜禽养殖小区和畜禽养殖专业户全部普查。

5.4.2 表格总体结构与主要内容

畜禽养殖业污染源普查表共 1 张。

畜禽养殖场基本情况：包括养殖场名称/小区名称/专业户、单位代码（小区编码、养殖户编码）、养殖场/小区/专业户所在地地址、行政区划代码、负责人/户主及其联系电话、占地面积、饲养目的、畜禽种类、存栏量、出栏量、饲养阶段、各阶段存栏量、饲养周期等。

污染物产生和排放情况：包括污水产生量、清粪方式、粪便和污水处理利用方式、粪便和污水处理利用量、排放去向、受纳水体及代码等。

5.4.3 指标解释与填报说明

【1-1.养殖场名称】指经有关部门批准正式使用的畜禽养殖场的全称。包括经各级工商行政管理部门核准登记，领取《营业执照》的单位，包括法人单位和产业活动单位。

按工商部门登记的名称填写，填写时要求使用规范化汉字全称，与单位公章所使用的名称完全一致。如单位名称变更（含当年变更），应同时填上变更前的名称（曾用名）。

凡经登记主管机关核准或批准，具有 2 个或 2 个以上名称的单位，要求填写 1 个法人单位名称，同时用括号注明其余的单位名称。

【1-2.养殖小区名称】填写被普查畜禽养殖小区的名称。

【1-3.养殖专业户】填写被普查养殖专业户的户主姓名。

★注意事项和主要审核要求：此三项根据被普查对象进行选择，只能填写三种类型之一。

【2-1.单位代码】指根据中华人民共和国国家标准《全国组织机构代码编制规则》（GB 11714—1997），由组织机构代码登记主管部门给该畜禽养殖场颁发的在全国范围内唯一的、始终不变的法定代码。已

经领取了法定代码的法人单位和产业活动单位必须使用法定代码，法人单位和产业活动单位代码均由 8 位无属性的数字和 1 位校验码组成。填写时，要按照技术监督部门颁发的《中华人民共和国组织机构代码证》上的代码填写。产业活动单位是本部的，如果没有法定代码，使用法人单位法定代码的前 8 位，第 9 位校验码填“B”。

对于大型联合企业（或集团）所属二级单位，凡具有法人资格、符合独立核算法人企业条件的，填写企业的法人代码。不具有法人资格的二级单位在填写企业法人代码时，除填写其所属单位（联合企业、集团，或独立核算单位）的法人代码外，还应在括号内方格中填写二级单位代码（系 2 位码）。二级单位代码指联合企业（或集团）内对其下属的不属于法定赋码范围的二级单位的顺序编号，此码由联合企业（或集团）统一编制。

★注意事项和主要审核要求：当【1-1.养殖场名称】填写时此项才填。

【2-2.小区编码】小区编码=县行政区划代码+识别码（XQ）+3 位小区编号。3 位小区编号：从 001 开始升序排列，最大到 999。必须填满 3 格，不足的左补“0”。

★注意事项和主要审核要求：当【1-2.养殖小区名称】填写时此项才填。

【2-3.包含户数】指养殖小区内包含的各养殖户的户数。

★注意事项和主要审核要求：当【1-2.养殖小区名称】填写时此项才填。

【2-4.专业户编码】养殖专业户编码=县行政区划代码+识别码（XH）+4 位户编号。4 位户编号：从 0001 开始升序排列，最大到 9999。必须填满 4 格，不足的左补“0”。

★注意事项和主要审核要求：当【1-3.养殖专业户】填写时此项才填。

【3.地址】指本畜禽养殖场/小区/专业户生产场所实际所在地的详细地址。地跨几个行政村的畜禽养殖场/养殖小区/专业户详细地址只要写到乡（镇）一级，依此类推。填写地址按照民政部门认可的名称填写。不得填写通讯号码和通讯邮箱号码。

★注意事项和主要审核要求：此项必填。

【4.行政区划代码】根据畜禽养殖场/小区/专业户的详细地址填写相对应的行政区划代码。地跨几个行政村的畜禽养殖场/小区/专业户行政区划代码只要写到乡（镇）一级，后面几位补“0”，依此类推。由所在地普查机构统一填写。按污染源普查用分类与代码表附表 1《行政区划代码》，将相应行政区划代码填写在方格内。不在污染源普查用分类与代码表附表1提供范围内的县以下地区，由县（区）普查机构按编码规则自行编码填报，自行编码不得与已统一编制的代码重复。

污染源普查用分类与代码表附表 1《行政区划代码》为按照 2006 年的全国行政区划编码，共有 12 位阿拉伯数字，分为三段。第一段为 6 位数字，表示县及县以上的行政区划；第二段、第三段 6 位编码，表示县以下的行政区划。

如 2007 年行政区划代码有变动的：

（1）县及县以上的行政区划有变动的，则县及县以上的行政区划代码（第 1—6 位码）按最新的《中华人民共和国行政区划代码》（GB/T 2260）填报；

（2）县及县以上行政区划变化但县以下行政区划未变化的，按附表 1《行政区划代码》库中的代码第 7—12 位码填报；

（3）县以下行政区划有变化的，按编码原则自行编码。

县以下行政区划代码编码原则如下：

第二段 3 位数字，表示街道、镇和乡；第二段 3 位代码中的第 1 位数字为类别标识，以“0”表示街道，“1”表示镇，“2”和“3”表示乡，“4”和“5”表示政企合一的单位；第 2、3 位数字为该代码段中各行政区划的顺序号。

（1）街道的代码从 001—099 由小到大顺序编写；

（2）镇的代码从 100—199 由小到大顺序编写；

（3）乡的代码从 200—399 由小到大顺序编写；

（4）政企合一单位的代码从 400—599 由小到大顺序编写。

第三段的 3 位数字，表示居民委员会和村民委员会的代码，用 3 位顺序码表示。具体编码方法如下：

（1）居民委员会的代码从 001—199 由小到大顺序编写；

（2）村民委员会的代码从 200—399 由小到大顺序编写。

行政区划编码中的地址名称应采用民政部门认可的正式名称。

★注意事项和主要审核要求：此项必填。

【5.负责人/户主】当养殖场为企业法人单位时填写企业法定代表人姓名；不具有法人资格的产业活动单位填写本单位的主要负责人姓名。企业法定代表人，是指依照法律或者法人组织章程规定，代表法人行使职权的负责人。企业法定代表人按《企业法人营业执照》填写。

养殖小区负责人姓名填写此小区行政负责人姓名。

养殖专业户填写户主姓名。

★注意事项和主要审核要求：此项必填，其中养殖专业户名称与户主姓名必须一致。

【6.联系电话】填写被普查畜禽养殖场负责人、养殖小区负责人、养殖专业户户主的联系电话。

★注意事项和主要审核要求：此项必填。

【7.养殖场/小区/户占地面积】养殖场/小区/专业户占地总面积，含养殖用地、建设用地、景观用地及处置产品、处理废弃物等所需的各类用地。

★注意事项和主要审核要求：此项必填。

【8.饲养目的】指养殖畜禽用途：①种畜禽、②商品畜禽。

★注意事项和主要审核要求：此项必填。只能从两项中选一项。当被普查对象同时养殖种畜禽和商品畜禽时，分别按种畜禽和商品畜禽填写两张普查表，两张普查表中污染物产生处理利用情况应相同。当被普查养殖场/小区/专业户饲养种肉鸡时，须按蛋鸡填报。

【9.存栏量】指被普查对象 2007 年饲养的畜禽平均存栏数量。

★注意事项和主要审核要求：此项必填。

【10.出栏量】指被普查对象 2007 年畜禽出栏总数。

★注意事项和主要审核要求：奶牛和蛋鸡不填，其他畜禽动物此项必填。

【11.各阶段存栏量】指被普查对象饲养的各阶段畜禽 2007 年平均存栏数量。

猪分 3 个阶段：

◆ 保　育：断奶——育成之前

◆ 育成育肥：育成——出栏之前

◆ 繁殖母猪

奶牛分 2 个阶段：

◆ 成乳母牛：第一次产奶之后（含）的奶牛

◆ 育成牛：6 个月以上——第一次产奶之前

肉牛不分阶段：架子牛

蛋鸡分 2 个阶段：

◆ 产蛋鸡：开始产蛋以后

◆ 育雏育成：第一次产蛋之前

肉鸡：

◆ 商品肉鸡不分阶段

◆ 种肉鸡养殖场/小区/户按蛋鸡填写。

★注意事项和主要审核要求：此项必填。

【12.饲养周期】指完成畜禽特定阶段饲养的全部时间。

★注意事项和主要审核要求：此项必填，如果某一动物的特定阶段饲养时间超过 1 年，最长时间只能填写 365 天。

【13.清粪方式】选择被普查对象所采用清粪方式。

★注意事项和主要审核要求：此项必填。只能从 3 种方式中选 1 项。

【14.污水日产生量】指养殖场在生产过程中产生的冲洗水、漏水等所有污水总量，此处填写全年平均日产生量。

★注意事项和主要审核要求：此项必填。

【15.污水主要处理利用方式】主要有以下类型：①灌溉农田、②生产沼气、③排入鱼塘、④沉淀、⑤好氧处理、⑥氧化塘、⑦无处理、无利用、⑧其他，选择主要种类。

★注意事项和主要审核要求：此项必填。可以单选也可以多选。

【16.污水处理利用量】是指养殖场/小区/专业户在 1 年内所产生的污水中处理和利用的数量。当指标 15 中同时选择⑦和①～⑥、⑧其中任意一种处理方式时，请填写污水处理利用实际数量；当仅仅选择“⑦无处理、无利用”时，污水处理利用量应为“0”。

★注意事项和主要审核要求：此项必填。

【17.粪便主要处理利用方式】主要有以下类型：①施入农田、②生产沼气、③有机肥、④种植蘑菇、⑤销售、⑥无处理、无利用、⑦其他，选择主要种类。其中“③有机肥”和“④种植蘑菇”指的是被普查对象本身将畜禽粪便制成有机肥或用于种植蘑菇，如果是销售畜禽粪便给他人制造有机肥或种植蘑菇，应选择“⑤销售”。

★注意事项和主要审核要求：此项必填。可以单选也可以多选。

【18.粪便处理利用量】1 年内所有被利用的粪便数量。当指标 17 中同时选择⑥和①～⑤、⑦其中任意一种处理方式时，请填写粪便处理利用实际数量；当仅仅选择“⑥无处理、无利用”时，粪便处理利用量应为“0”。

★注意事项和主要审核要求：此项必填。

【19.污水粪便排放受纳水体名称】系指排水最终汇入当地县、市、区、旗或上一级区域内较大的江、河、湖泊、海域名称（如××河、××港、××江、××湖、××海湾等）。

★注意事项和主要审核要求：如果污水和粪便全部处理利用的可不填此项。

【20.受纳水体代码】此项由普查对象所在地普查机构统一填报。水体代码要按照统一给定的编码填报（见污染源普查用分类与代码表附表 6《河流代码表》）。海域代码分别是：1—渤海，2—黄海，3—东海，4—南海。

《河流代码表》中未编入的河流，可按编码方法在相应的空码上继续编排。如确实编码困难，可按汇入的上一级河流代码填报。对于跨省河流编码，请报全国污染源普查工作办公室统一编码；对于省内河流，如其上一级河流也完全在省内，则由省普查机构编码并报全国污染源普查工作办公室备案；如上一级河流跨省，则需报全国污染源普查工作办公室统一编码。

★注意事项和主要审核要求：如果污水和粪便全部处理利用的可不填此项。

5.5 水产养殖业污染源普查表（池塘养殖／工厂化养殖）

5.5.1 普查对象

规模化养殖场是指经有关部门批准的具有法人资格的水产养殖场；养殖专业户是指除规模化养殖场以外的水产养殖户或养殖单位。

规模化水产养殖场全部普查；水产养殖专业户符合以下标准的进行普查：

1）池塘养殖：养殖面积≥15 亩；

2）工厂化养殖：养殖水体体积≥1 500 米^3。

5.5.2 表格总体结构与主要内容

水产养殖业污染源普查表（池塘养殖/工厂化养殖）共 2 张。

（1）水产养殖基本情况普查表（池塘养殖/工厂化养殖）（N306-1）

填写本规模化水产养殖场（水产养殖专业户）在池塘养殖或工厂化养殖模式下不同养殖单元的基本情况，每一养殖单元填写一张表格。主要内容：养殖单位编码，养殖模式、水体、类型、产品类别、面积，水深，换水情况，排水去向及排放量，养殖品种的名称、投放量、产量等情况。

（2）水产养殖投入品使用情况普查表（池塘养殖/工厂化养殖）（N306-2）

填写本规模化水产养殖场（水产养殖专业户）在池塘养殖/工厂化养殖模式下不同养殖单元的投入品使用情况，每一养殖单元填写一张表格。主要内容：饲料、渔药及肥料的年使用情况。

5.5.3 指标解释与填报说明

（1）N306-1：水产养殖基本情况普查表（池塘养殖/工厂化养殖）

【1.规模化水产养殖场（水产养殖专业户）名称】指经有关部门批准正式使用的规模化水产养殖场全称或水产养殖专业户的户主名称。

其中规模化水产养殖场包括经各级工商行政管理部门核准登记，领取《营业执照》的单位，包括法人单位和产业活动单位。按工商部门登记的名称填写；填写时要求使用规范化汉字全称，与单位公章所使用的名称完全一致。如单位名称变更（含当年变更），应同时填上变更前的名称（曾用名）。凡经登记主管机关核准或批准，具有两个或两个以上名称的单位，要求填写一个法人单位名称，同时用括号注明其余的单位名称。

★注意事项和主要审核要求：此项必填。

【2.行政区划代码】按污染源普查用分类与代码表附表 1《行政区划代码》，将相应行政区划代码填写在方格内。不在污染源普查用分类与代码表附表 1 提供范围内的县以下地区，由县（区）普查机构按编码规则自行编码填报，自行编码不得与已统一编制的代码重复。地跨两个行政村以上的规模化水产养殖场或水产养殖专业户行政区划代码只要填写到乡（镇）一级，后面三位补“0”，依此类推。由所在地普查机构统一填写。

污染源普查用分类与代码表附表 1《行政区划代码》为按照 2006 年的全国行政区划编码，共有 12 位阿拉伯数字，分为三段。第一段为 6 位数字，表示县及县以上的行政区划；第二段、第三段 6 位编码，表示县以下的行政区划。

如 2007 年行政区划代码有变动的：

① 县及县以上的行政区划有变动的，则县及县以上的行政区划代码（第 1—6 位码）按最新的《中华人民共和国行政区划代码（GB/T 2260）》填报；

② 县及县以上行政区划变化但县以下行政区划未变化的，按附表 1《行政区划代码》库中的代码第 7—12 位码填报；

③ 县以下行政区划有变化的，按编码原则自行编码。

县以下行政区划代码编码原则如下：

第二段 3 位数字，表示街道、镇和乡；第二段 3 位代码中的第 1 位数字为类别标识，以“0”表示街道，“1”表示镇，“2”和“3”表示乡，“4”和“5”表示政企合一的单位；第 2、3 位数字为该代码段中各行政区划的顺序号。

① 街道的代码从 001—099 由小到大顺序编写；

② 镇的代码从 100—199 由小到大顺序编写；

③ 乡的代码从 200—399 由小到大顺序编写；

④ 政企合一单位的代码从 400—599 由小到大顺序编写。

第三段的 3 位数字，表示居民委员会和村民委员会的代码，用 3 位顺序码表示。具体编码方法如下：

① 居民委员会的代码从 001—199 由小到大顺序编写；

② 村民委员会的代码从 200—399 由小到大顺序编写。

行政区划编码中的地址名称应采用民政部门认可的正式名称。

★注意事项和主要审核要求：此项必填。

【3.地址】填写该规模化水产养殖场或水产养殖专业户所属省（自治区、直辖市）、地区（市、州、盟）、县（区、市、旗）、乡（镇或路）、村（或号）、组的名称。地跨两个行政村以上的规模化水产养殖场或水产养殖专业户地址只要写到乡（镇）一级，依此类推。不得填写通讯号码和通讯邮箱号码。

★注意事项和主要审核要求：此项必填。

【4.负责人】规模化水产养殖场填写法定代表人姓名。法定代表人是指依照法律或者法人组织章程规定代表法人行使职权的负责人。无法定代表人的填写行政负责人姓名。

水产养殖专业户填写户主姓名。

★注意事项和主要审核要求：此项必填。

【5.联系电话】填写该规模化水产养殖场负责人或水产养殖专业户户主的电话号码。

★注意事项和主要审核要求：此项必填。

【6.养殖单元编码】当普查对象为规模化水产养殖场时，填写【6-1.规模化水产养殖场养殖单元编码】；当普查对象为水产养殖专业户时，填写【6-2.水产养殖专业户养殖单元编码】。

养殖单元：指养殖模式、养殖水体、养殖类型、养殖产品类别及养殖品种皆相同的水体为一个养殖单元。在任一个规模化水产养殖场或水产养殖专业户中，不同养殖单元必须分别填写。

★注意事项和主要审核要求：指标 6-1 和 6-2 必填其中 1 项。

【6-1.规模化水产养殖场养殖单元编码】规模化水产养殖场的养殖单元编码 = 单位代码 + 识别码（SC）+ 2 位单元编号。

前 11 位为养殖场单位代码，指根据中华人民共和国国家标准《全国组织机构代码编制规则》（GB 11714—1997），由组织机构代码登记主管部门给该规模化水产养殖场颁发的在全国范围内唯一的、始终不变的法定代码。已经领取了法定代码的法人单位和产业活动单位必须使用法定代码，法人单位和产业活动单位代码均由 8 位无属性的数字和 1 位校验码组成。填写时，要按照技术监督部门颁发的《中华人民共和国组织机构代码证》上的代码填写。产业活动单位是本部的，如果没有法定代码，使用法人单位法定代码的前 8 位，第 9 位校验码填“B”。

对于大型联合企业（或集团）所属二级单位，凡具有法人资格、符合独立核算法人企业条件的，填写企业的法人代码。不具有法人资格的二级单位在填写企业法人代码时，除填写其所属单位（联合企业、集团、或独立核算单位）的法人代码外，还应在括号内方格中填写二级单位代码（系 2 位码）。二级单位代码指联合企业（或集团）内对其下属的不属于法定赋码范围的二级单位的顺序编号，此码由联合企业（或集团）统一编制。

后 2 位为本养殖场养殖单元编码的范围，从 01 开始升序排列，最大到 99。必须填满 2 格，不足的左补 0。

【6-2.水产养殖专业户养殖单元编码】水产养殖专业户的养殖单元编码 = 县级以上行政区划代码 + 识别码（SH）+ 5 位户编号 + 2 位单元编号。

前 6 位为水产养殖专业户所属县级以上行政区划代码，由 6 位数字组成；中间 5 位户编码为本县所有被普查的水产养殖专业户，从 00 001 开始升序排列，最大到 99 999；后 2 位养殖单元编码，从 01 开始升序排列，最大到 99，必须填满 2 格，不足的左补 0。

【7.养殖模式】分为①池塘养殖和②工厂化养殖两种。

"池塘养殖"指在由人工开挖或天然水塘等改造而成的静水封闭的水体中进行养殖的方式；"工厂化养殖"是指按一定工艺过程的连续性和流水性的原则，通过机械或自动化设备，对养殖水体进行水质和水温的控制，保持最适宜于鱼类生长和发育的生态条件，使鱼类的繁殖、苗种培育、商品鱼的养殖等各个环节能相互衔接，形成一个独自的生产体系，以进行无季节性的连续生产，达到高效率、高速度养殖目的的一种养殖模式。池塘养殖填写"1"，工厂化养殖填写"2"。

★注意事项和主要审核要求：只能从 2 项中选 1 项。

【8.养殖水体】分为①淡水养殖和②海水养殖两种，淡水养殖填写"1"，海水养殖填写"2"。

★注意事项和主要审核要求：只能从 2 项中选 1 项。

【9.养殖类型】分为①单品种和②混养两种，单一品种养殖填写"1"，多品种混合养殖填写"2"。

★注意事项和主要审核要求：只能从 2 项中选 1 项。

【10.养殖产品类别】分为①苗种和②成鱼（虾、贝、蟹）两种；苗种养殖（育苗或育种），填写"1"，成鱼（虾、贝、蟹）养殖填写"2"。

★注意事项和主要审核要求：只能从 2 项中选 1 项。

【11.养殖面积】指同一养殖单元的养殖面积，单位用亩表示。

★注意事项和主要审核要求：此项必填。

【12.水深】指同一养殖单元的常年养殖水深，单位用米表示。

★注意事项和主要审核要求：养殖水体的水深存在变化的，可按常年养殖水深填写。

【13.换水频率】指同一养殖单元全年的换水次数。若无换水，填写数字"0"。

★注意事项和主要审核要求：此项必填。

【14.换水比例】指同一养殖单元的每次换水量占该养殖单元的正常用水量的百分比；清塘时的换水比例为 100%；若无换水，填写数字"0"。若每次换水比例不同，可填写其平均值。

★注意事项和主要审核要求：此项必填。

【15.排水处理情况】分为①不处理和②处理两种，该池塘养殖或工厂化养殖外排水未经处理直接排放填写"1"，经处理后排放填写"2"。

★注意事项和主要审核要求：此项必填。

【16.排入外部水体量】包括排入江（河、湖泊、海域）、渗漏、蒸发及其他的水体量，单位用米 ^{3}/年表示；若无排放，填写数字"0"。

★注意事项和主要审核要求：此项必填；其单位为米 ^{3}/年，若面积单位为"亩"，必须将其转换成"米 ^{2}"，1 亩=667 米 ^{2}。

【17.受纳水体名称】指外排水最终汇入当地县、市、区、旗或上一级区域内较大的江、河、湖泊、海域名称（如××河、××港、××江、××湖、××海湾等）。

★注意事项和主要审核要求：此项选填。

【18.受纳水体代码】按照统一给定的编码填报（见污染源普查用分类与代码表附表 6《河流代码表》)。海域代码分别是：1—渤海，2—黄海，3—东海，4—南海。《河流代码表》中未编入的河流，可按编码方法在相应的空码上继续编排。如确实编码困难，可按汇入的上一级河流代码填报。对于跨省河流编码，请报全国污染源普查工作办公室统一编码；对于省内河流，如其上一级河流也完全在省内，则由省普查机构编码并报全国污染源普查工作办公室备案；如上一级河流跨省，则需报全国污染源普查工作办公室统一编码。此指标由普查对象所在地普查机构统一填报。

★注意事项和主要审核要求：此项选填。

【19.排入农田量】指外排水体中排入农田，用于灌溉农田的水体量，单位用米 ^{3}/年表示。若无排放，填写数字"0"。

★注意事项和主要审核要求：此项必填；其单位为米 ^{3}/年，若面积单位为"亩"，必须将其转换成"米 ^{2}"，1 亩=667 米 ^{2}。

【20.循环使用量】指外排水体再次用于养殖的水体量，单位用米³/年表示。若无排放，填写数字“0”。

★注意事项和主要审核要求：此项必填；其单位为米³/年，若面积单位为“亩”，必须将其转换成“米²”，1 亩=667 米²。

【21.养殖品种名称】若养殖池塘或工厂化养殖水体是单一品种养殖，只在养殖品种序号①后填写唯一养殖种类名称；若养殖池塘或工厂化养殖水体是多品种混合养殖，可在养殖品种序号①②③……后按产量从高到低依次填写所有养殖种类名称；每一种类填写在一格内，统一填写学名。

★注意事项和主要审核要求：此项必填。

【22.养殖品种代码】按表 5-12 填写对应的养殖品种代码。

★注意事项和主要审核要求：此项必填。

【23.投放量】当养殖产品类别为苗种（育苗或育种）时，为 2007 年度内养殖亲本的总投放量，单位用千克表示；当养殖产品类别为成鱼（虾、贝、蟹）时，为 2007 年度内养殖苗种的总投放量，单位用千克表示。

★注意事项和主要审核要求：此项必填。

表 5-12　养殖品种名称与代码对应表

品种名称	代码	品种名称	代码	品种名称	代码	品种名称	代码	品种名称	代码
鲟鱼	S01	鲑鱼	S14	青虾	S27	美国红鱼	S40	牡蛎	S53
鳗鲡	S02	鳟鱼	S15	克氏原螯虾	S28	军曹鱼	S41	鲍	S54
青鱼	S03	河鲀	S16	南美白对虾（淡）	S29	鲕鱼	S42	蚶	S55
草鱼	S04	池沼公鱼	S17	河蟹	S30	鲷鱼	S43	贻贝	S56
鲢鱼	S05	银鱼	S18	河蚌	S31	大黄鱼	S44	江珧	S57
鳙鱼	S06	短盖巨脂鲤	S19	螺	S32	鲆鱼	S45	扇贝	S58
鲤鱼	S07	长吻鮠	S20	蚬	S33	鲽鱼	S46	蛤	S59
鲫鱼	S08	黄鳝	S21	龟	S34	南美白对虾（海）	S47	蛏	S60
鳊鱼	S09	鳜鱼	S22	鳖	S35	斑节对虾	S48	海参	S61
泥鳅	S10	加州鲈	S23	蛙	S36	中国对虾	S49	海胆	S62
鲶鱼	S11	乌鳢	S24	淡水珍珠	S37	日本对虾	S50	海水珍珠	S63
鮰鱼	S12	罗非鱼	S25	鲈鱼	S38	梭子蟹	S51	海蜇	S64
黄颡鱼	S13	罗氏沼虾	S26	石斑鱼	S39	青蟹	S52	其他	S65

备注：若出现本表未列入的养殖品种，都计入为其他品种。

【24.产量】当养殖产品类别为苗种（育苗或育种）时，为 2007 年度内养殖亲本量和育苗量（或育种量）之和，单位用千克表示；当养殖产品类别为成鱼（虾、贝、蟹）时，为 2007 年度内满足商品规格后收获的产量，单位用千克表示。

★注意事项和主要审核要求：此项必填。

（2）N306-2：水产养殖投入品使用情况普查表（池塘养殖/工厂化养殖）

当普查对象为规模化水产养殖场时，填写【规模化水产养殖场养殖单元编码】；当普查对象为水产养殖专业时，填写【水产养殖专业户养殖单元编码】。并与 N306-1《水产养殖基本情况普查表（池塘养殖/工厂化养殖）》中的养殖单元编码一致。

★注意事项和主要审核要求：此项必填。

【1.饲料名称】填写各种主要投喂饲料的详细名称全称，根据使用量从多到少顺序依次填写。若不投入饲料，填写“无”。

★注意事项和主要审核要求：此项必填。

【2.饲料代码】按表5-13填写对应的饲料代码。

表5-13 饲料名称与代码对应表

饲料名称	饲料代码	饲料名称	饲料代码
无（不投饲料）	R00	微颗粒饲料	R05
粉末饲料	R01	青饲料	R06
颗粒饲料	R02	鲜活饲料	R07
膨化饲料	R03	冰鲜饲料	R08
片状饲料	R04	其他类	R09

【3.总用量】指主要投喂饲料全年使用的总重量，单位用千克表示。若不投入饲料，填写数字“0”。

★注意事项和主要审核要求：此项必填。

【4.饲料主要成分所占比例】指主要投喂的饲料中其主要成分所占比例，用%表示。

【4-1.蛋白质】指投喂的饲料中蛋白质含量，用%表示；

★注意事项和主要审核要求：此项选填。

【4-2.总磷】指投喂的饲料中总磷含量，用%表示。

★注意事项和主要审核要求：此项选填。

【5.药物名称】填写各种主要使用药品的名称全称，根据使用量从多到少顺序依次填写。若不使用药物，填写“无”。

★注意事项和主要审核要求：此项必填。

【6.药物代码】按表5-14填写对应的药物代码。

★注意事项和主要审核要求：此项必填。

【7.总用量】指各种主要药品每年使用的总重量，单位用千克表示。若不使用药物，填写数字“0”。

★注意事项和主要审核要求：此项必填。

【8.主要成分】指药品中成分含量最大的名称。

★注意事项和主要审核要求：此项选填。

【9.含量】指药品中主要成分的含量，用%表示。

★注意事项和主要审核要求：此项选填。

【10.使用方法】指该对应药品的使用方法，有两种选择，若口服就填写“1”，若泼撒就填写“2”。若不使用药物，此栏不填写。

★注意事项和主要审核要求：此项选填。

【11.肥料名称】填写主要使用肥料的名称全称，根据使用量从多到少顺序依次填写。若不使用肥料，填写“无”。

★注意事项和主要审核要求：此项必填。

表 5-14　渔药名称与代码对应表

渔药名称	渔药代码	渔药名称	渔药代码
无（不投渔药）	Y00	雷丸槟榔散	Y31
阿苯达唑粉	Y01	硫酸新霉素粉	Y32
板蓝根大黄散	Y02	六味地黄散	Y33
板蓝根末	Y03	诺氟沙星粉	Y34
苯扎溴铵	Y04	蒲甘散	Y35
苯扎溴铵溶液	Y05	青板黄柏散	Y36
次氯酸钠溶液	Y06	青莲散	Y37
大黄芩蓝散	Y07	醛洁	Y38
恩诺沙星粉	Y08	乳酸诺氟沙星可溶性粉	Y39
恩诺勇	Y09	三宝高稳	Y40
二氯异氰脲酸钠粉	Y10	三宝有机碘	Y41
氟苯尼考粉	Y11	三黄散	Y42
氟苯尼考粉	Y12	三氯异氰脲酸粉	Y43
复方磺胺二甲嘧啶粉Ⅱ型	Y13	三氯异氰脲酸片	Y44
复方磺胺二甲嘧啶粉Ⅰ型	Y14	双黄白头翁散	Y45
复方磺胺甲噁唑粉	Y15	双黄苦参散	Y46
复方磺胺嘧啶粉	Y16	双链季铵盐络合碘消毒剂	Y47
复方硫酸锌粉Ⅱ型	Y17	脱壳促长散	Y48
富贵霉素可溶性粉	Y18	戊二醛溶液	Y49
高碘酸钠溶液	Y19	辛硫磷粉	Y50
根莲解毒散	Y20	溴氯海因粉	Y51
癸甲溴铵溶液	Y21	烟酸诺氟沙星可溶性粉	Y52
过硼酸钠粉	Y22	盐酸多西环素粉	Y53
过碳酸钠	Y23	盐酸沙拉沙星可溶性粉	Y54
含氯石灰	Y24	盐酸小檗碱预混剂	Y55
甲苯咪唑溶液	Y25	鱼肝宝散	Y56
甲砜霉素粉	Y26	敌百虫	Y57
健鱼灵散	Y27	漂白粉	Y58
聚维酮碘溶液	Y28	高锰酸钾	Y59
菌虫清，苦参末	Y29	硫酸铜	Y60
克菌灵	Y30	其他类	Y61

【12.肥料代码】按表 5-15 填写对应的肥料代码。

表 5-15　肥料名称与代码对应表

有机肥料		无机肥料	
肥料名称	肥料代码	肥料名称	肥料代码
无（不投肥料）	F00	氮肥	F05
粪肥	F01	磷肥	F06
绿肥	F02	钾肥	F07
厩肥	F03	钙肥	F08
堆肥	F04	复合肥料	F09
其他	F10		

★注意事项和主要审核要求：此项必填。

【13.总用量】指主要肥料全年使用的总重量，单位用千克表示。若不使用肥料，填写数字“0”。

★注意事项和主要审核要求：此项必填。

【14.养分含量】指使用肥料中 N、P_2O_5 的含量，用%表示。

★注意事项和主要审核要求：此项选填。

【15.施用方法】指该对应肥料的施用方法，有两种选择，若泼撒就填写“1”，若其他就填写“2”。若不使用肥料，此栏不填写。

★注意事项和主要审核要求：此项选填。

5.6 水产养殖业污染源普查表（网箱养殖/围栏养殖/浅海筏式养殖/滩涂增养殖/其他）

5.6.1 普查对象

规模化养殖场是指经有关部门批准的具有法人资格的水产养殖场；养殖专业户是指除规模化养殖场以外的水产养殖户或养殖单位。

规模化水产养殖场全部普查；水产养殖专业户符合以下标准的进行普查：

1）网箱养殖：养殖面积≥100 米^2；

2）围栏养殖：养殖面积≥2 亩；

3）浅海筏式养殖：养殖面积≥10 亩；

4）滩涂增养殖：养殖面积≥100 亩。

5.6.2 表格总体结构与主要内容

水产养殖业污染源普查表（网箱养殖/围栏养殖/浅海筏式养殖/滩涂增养殖/其他）表共 2 张。

（1）水产养殖基本情况普查表（网箱养殖/围栏养殖/浅海筏式养殖/滩涂增养殖/其他）（N307-1）

填写本规模化水产养殖场（水产养殖专业户）在网箱养殖/围栏养殖/浅海筏式养殖/滩涂增养殖/其他养殖模式下不同养殖单元的基本情况，每一养殖单元填写一张表格。主要内容：养殖单位编码，养殖模式、水体、类型、产品类别、面积，水体交换情况，养殖品种的名称、投放量、产量等情况。

（2）水产养殖投入品使用情况普查表（网箱养殖/围栏养殖/浅海筏式养殖/滩涂增养殖/其他）（N307-2）

填写本规模化水产养殖场（水产养殖专业户）在网箱养殖/围栏养殖/浅海筏式养殖/滩涂增养殖/其他养殖模式下不同养殖单元的投入品使用情况，每一养殖单元填写一张表格。主要内容：饲料、渔药及肥料的年使用情况。

5.6.3 指标解释与填报说明

（1）N307-l：水产养殖基本情况普查表（网箱养殖/围栏养殖/浅海筏式养殖/滩涂增养殖/其他）

【1.规模化水产养殖场（水产养殖专业户）名称】指经有关部门批准正式使用的规模化水产养殖场全称或水产养殖专业户的户主名称。

其中规模化水产养殖场包括经各级工商行政管理部门核准登记，领取《营业执照》的单位，包括法人单位和产业活动单位。按工商部门登记的名称填写；填写时要求使用规范化汉字全称，与单位公章所使用的名称完全一致。如单位名称变更（含当年变更），应同时填上变更前的名称（曾用名）。凡经登记主管机关核准或批准，具有 2 个或 2 个以上名称的单位，要求填写 1 个法人单位名称，同时用括号注明其余的单位名称。

★注意事项和主要审核要求：此项必填。

【2.行政区划代码】按污染源普查用分类与代码表附表 1《行政区划代码》，将相应行政区划代码填写在方格内。不在污染源普查用分类与代码表附表 1 提供范围内的县以下地区，由县（区）普查机构按编码规则自行编码填报，自行编码不得与已统一编制的代码重复。地跨两个行政村以上的规模化水产养殖场或水产养殖专业户行政区划代码只要填写到乡（镇）一级，后面三位补“0”，以此类推。由所在地普查机构统一填写。

污染源普查用分类与代码表附表 1《行政区划代码》为按照 2006 年的全国行政区划编码，共有 12 位阿拉伯数字，分为三段。第一段为 6 位数字，表示县及县以上的行政区划；第二段、第三段 6 位编码，表示县以下的行政区划。

如 2007 年行政区划代码有变动的：

① 县及县以上的行政区划有变动的，则县及县以上的行政区划代码（第 1—6 位码）按最新的《中华人民共和国行政区划代码》（GB/T 2260）填报；

② 县及县以上行政区划变化但县以下行政区划未变化的，按附表 1《行政区划代码》库中的代码第 7—12 位码填报；

③ 县以下行政区划有变化的，按编码原则自行编码。

县以下行政区划代码编码原则如下：

第二段 3 位数字，表示街道、镇和乡；第二段 3 位代码中的第 1 位数字为类别标识，以“0”表示街道，“1”表示镇，“2”和“3”表示乡，“4”和“5”表示政企合一的单位；第 2、3 位数字为该代码段中各行政区划的顺序号。

① 街道的代码从 001—099 由小到大顺序编写；

② 镇的代码从 100—199 由小到大顺序编写；

③ 乡的代码从 200—399 由小到大顺序编写；

④ 政企合一单位的代码从 400—599 由小到大顺序编写。

第三段的 3 位数字，表示居民委员会和村民委员会的代码，用 3 位顺序码表示。

具体编码方法如下：

① 居民委员会的代码从 001—199 由小到大顺序编写；

② 村民委员会的代码从 200—399 由小到大顺序编写。

行政区划编码中的地址名称应采用民政部门认可的正式名称。

★注意事项和主要审核要求：此项必填。

【3.地址】填写该规模化水产养殖场或水产养殖专业户所属省（自治区、直辖市）、地区（市、州、盟）、县（区、市、旗）、乡（镇或路）、村（或号）、组的名称。地跨两个行政村以上的规模化水产养殖场或水产养殖专业户地址只要填写到乡（镇）一级，以此类推。不得填写通讯号码和通讯邮箱号码。

★注意事项和主要审核要求：此项必填。

【4.负责人】规模化水产养殖场填写法定代表人姓名。法定代表人是指依照法律或者法人组织章程规定代表法人行使职权的负责人。无法定代表人的填写行政负责人姓名。

水产养殖专业户填写户主姓名。

★注意事项和主要审核要求：此项必填。

【5.联系电话】填写该规模化水产养殖场负责人或水产养殖专业户户主的电话号码。

★注意事项和主要审核要求：此项必填。

【6.养殖单元编码】当普查对象为规模化水产养殖场时，填写【6-1.规模化水产养殖场养殖单元编码】；当普查对象为水产养殖专业户时，填写【6-2.水产养殖专业户养殖单元编码】。

★注意事项和主要审核要求：指标 6-1 和 6-2 必填其中 1 项。

【6-1.规模化水产养殖场养殖单元编码】规模化水产养殖场的养殖单元编码 = 单位代码 + 识别

码（SC）+ 2 位单元编号。

前 11 位为养殖场单位代码，指根据中华人民共和国国家标准《全国组织机构代码编制规则》（GB 11714—1997），由组织机构代码登记主管部门给该规模化水产养殖场颁发的在全国范围内唯一的、始终不变的法定代码。已经领取了法定代码的法人单位和产业活动单位必须使用法定代码，法人单位和产业活动单位代码均由 8 位无属性的数字和 1 位校验码组成。填写时，要按照技术监督部门颁发的《中华人民共和国组织机构代码证》上的代码填写。产业活动单位是本部的，如果没有法定代码，使用法人单位法定代码的前 8 位，第 9 位校验码填“B”。

对于大型联合企业（或集团）所属二级单位，凡具有法人资格、符合独立核算法人企业条件的，填写企业的法人代码。不具有法人资格的二级单位在填写企业法人代码时，除填写其所属单位（联合企业、集团，或独立核算单位）的法人代码外，还应在括号内方格中填写二级单位代码（系 2 位码）。二级单位代码指联合企业（或集团）内对其下属的不属于法定赋码范围的二级单位的顺序编号，此码由联合企业（或集团）统一编制。

后 2 位为本养殖场调查养殖单元编码的范围，从 01 开始升序排列，最大到 99。必须填满 2 格，不足的左补 0。

【6-2.水产养殖专业户养殖单元编码】水产养殖专业户的养殖单元编码 = 县级以上行政区划代码 + 识别码（SH）+5 位户编号 +2 位单元编号。

养殖单元：指养殖模式、养殖水体、养殖类型、养殖产品类别及养殖品种皆相同的水体为一个养殖单元。在任一个规模化水产养殖场或水产养殖专业户中，不同养殖单元必须分别填写。

前 6 位为水产养殖专业户所属县级以上行政区划代码，由 6 位数字组成；中间 5 位户编码为本县所有被普查的水产养殖专业户，从 00001 开始升序排列，最大到 99999；后 2 位单元编码，从 01 开始升序排列，最大到 99，必须填满 2 格，不足的左补 0。

【7.养殖模式】分为①网箱养殖②围栏养殖③浅海筏式养殖④滩涂增养殖⑤其他共五种。网箱养殖填写“1”，围栏养殖填写“2”，浅海筏式养殖填写“3”，滩涂增养殖填写“4”，其他填写“5”。

★注意事项和主要审核要求：只能从 5 项中选 1 项。

【8.养殖水体】分为①淡水养殖和②海水养殖两种，淡水养殖填写“1”，海水养殖填写“2”。

★注意事项和主要审核要求：只能从 2 项中选 1 项。

【9.养殖类型】分为①单品种和②混养两种，单一品种养殖填写“1”，多品种混合养殖填写“2”。

★注意事项和主要审核要求：只能从 2 项中选 1 项。

【10.养殖产品类别】分为①苗种和②成鱼（虾、贝、蟹）两种；苗种养殖（育苗或育种）填写“1”，成鱼（虾、贝、蟹）养殖填写“2”。

★注意事项和主要审核要求：只能从 2 项中选 1 项。

【11.养殖面积】指同一养殖单元的养殖面积，单位用亩表示。

★注意事项和主要审核要求：此项必填。

【12.水体交换情况】分为①定向交换和②四周交换两种。定向交换是指水体的交换有固定方向，四周交换是指水体的交换没有固定方向且无规律。定向交换填写“1”，四周交换填写“2”。

★注意事项和主要审核要求：只能从 2 项中选 1 项。

【13.交换水体名称】指外排水最终汇入当地县、市、区、旗或上一级区域内较大的江、河、湖泊、海域名称（如××河、××港、××江、××湖、××海湾等）。

★注意事项和主要审核要求：此项选填。

【14.交换水体代码】按照统一给定的编码填报（见污染源普查用分类与代码表附表 6《河流代码表》）。海域代码分别是：1—渤海，2—黄海，3—东海，4—南海。《河流代码表》中未编入的河流，可按编码方法在相应的空码上继续编排。如确实编码困难，可按汇入的上一级河流代码填报。对于跨省河流编码，请报全国污染源普查工作办公室统一编码；对于省内河流，如其上一级河流也完全在省内，

则由省普查机构编码并报全国污染源普查工作办公室备案；如上一级河流跨省，则需报全国污染源普查工作办公室统一编码。此指标由普查对象所在地普查机构统一填报。

★注意事项和主要审核要求：此项选填。

【15.养殖品种名称】若养殖水体是单一品种养殖，只在养殖品种序号①后填写唯一养殖种类名称；若养殖水体是多品种混合养殖，可在养殖品种序号①②③……后按产量从高到低依次填写所有养殖种类名称；每一种类填写在一格内，统一填写学名。

★注意事项和主要审核要求：此项必填。

【16.养殖品种代码】按表 5-16 填写对应的养殖品种代码。

【17.投放量】当养殖产品类别为苗种（育苗或育种）时，为 2007 年度内养殖亲本的总投放量，单位用千克表示；当养殖产品类别为成鱼（虾、贝、蟹）时，为 2007 年度内养殖苗种的总投放量，单位用千克表示。

★注意事项和主要审核要求：此项必填。

【18.产量】当养殖产品类别为苗种（育苗或育种）时，为 2007 年度内养殖亲本量和育苗量（或育种量）之和，单位用千克表示；当养殖产品类别为成鱼（虾、贝、蟹）时，为 2007 年度内满足商品规格后收获的产量，单位用千克表示。

★注意事项和主要审核要求：此项必填。

表 5-16　养殖品种名称与代码对应表

品种名称	代码	品种名称	代码	品种名称	代码	品种名称	代码	品种名称	代码
鲟鱼	S01	鲑鱼	S14	青虾	S27	美国红鱼	S40	牡蛎	S53
鳗鲡	S02	鳟鱼	S15	克氏原螯虾	S28	军曹鱼	S41	鲍	S54
青鱼	S03	河鲀	S16	南美白对虾（淡）	S29	鰤鱼	S42	蚶	S55
草鱼	S04	池沼公鱼	S17	河蟹	S30	鲷鱼	S43	贻贝	S56
鲢鱼	S05	银鱼	S18	河蚌	S31	大黄鱼	S44	江珧	S57
鳙鱼	S06	短盖巨脂鲤	S19	螺	S32	鲆鱼	S45	扇贝	S58
鲤鱼	S07	长吻鮠	S20	蚬	S33	鲽鱼	S46	蛤	S59
鲫鱼	S08	黄鳝	S21	龟	S34	南美白对虾（海）	S47	蛏	S60
鳊鱼	S09	鳜鱼	S22	鳖	S35	斑节对虾	S48	海参	S61
泥鳅	S10	加州鲈	S23	蛙	S36	中国对虾	S49	海胆	S62
鲶鱼	S11	乌鳢	S24	淡水珍珠	S37	日本对虾	S50	海水珍珠	S63
鮰鱼	S12	罗非鱼	S25	鲈鱼	S38	梭子蟹	S51	海蜇	S64
黄颡鱼	S13	罗氏沼虾	S26	石斑鱼	S39	青蟹	S52	其他	S65

（2）N307-2：水产养殖投入品使用情况普查表（网箱养殖/围栏养殖/浅海筏式养殖/滩涂增养殖/其他）

当普查对象为规模化水产养殖场时，填写【规模化水产养殖场养殖单元编码】；当普查对象为水产养殖专业时，填写【水产养殖专业户养殖单元编码】。并与 N307-1《水产养殖基本情况普查表（网箱养殖/围栏养殖/浅海筏式养殖/滩涂增养殖/其他）》中的养殖单元编码一致。

★注意事项和主要审核要求：此项必填。

【1.饲料名称】填写各种主要投喂饲料的详细名称全称，根据使用量从多到少顺序依次填写。若不

投入饲料，填写“无”。

★注意事项和主要审核要求：此项必填。

【2.饲料代码】按表 5-17 填写对应的饲料代码。

表 5-17　饲料名称与代码对应表

饲料名称	饲料代码	饲料名称	饲料代码
无（不投饲料）	R00	微颗粒饲料	R05
粉末饲料	R01	青饲料	R06
颗粒饲料	R02	鲜活饲料	R07
膨化饲料	R03	冰鲜饲料	R08
片状饲料	R04	其他	R09

★注意事项和主要审核要求：此项必填。

【3.总用量】指主要投喂饲料全年使用的总重量，单位用千克表示。若不投入饲料，填写数字“0”。

★注意事项和主要审核要求：此项必填。

【4.饲料主要成分所占比例】指主要投喂的饲料中其主要成分所占比例，用%表示。

【4-1.蛋白质】指投喂的饲料中蛋白质含量，用%表示；

★注意事项和主要审核要求：此项选填。

【4-2.总磷】指投喂的饲料中总磷含量，用%表示。

★注意事项和主要审核要求：此项选填。

【5.药物名称】填写各种主要使用药品的名称全称，根据使用量从多到少顺序依次填写。若不使用药物，填写“无”。

★注意事项和主要审核要求：此项必填。

【6.药物代码】按表 5-18 填写对应的药物代码。

表 5-18　渔药名称与代码对应表

渔药名称	渔药代码	渔药名称	渔药代码
无（不投渔药）	Y00	雷丸槟榔散	Y31
阿苯达唑粉	Y01	硫酸新霉素粉	Y32
板蓝根大黄散	Y02	六味地黄散	Y33
板蓝根末	Y03	诺氟沙星粉	Y34
苯扎溴铵	Y04	蒲甘散	Y35
苯扎溴铵溶液	Y05	青板黄柏散	Y36
次氯酸钠溶液	Y06	青莲散	Y37
大黄芩蓝散	Y07	醛洁	Y38
恩诺沙星粉	Y08	乳酸诺氟沙星可溶性粉	Y39
恩诺勇	Y09	三宝高稳	Y40
二氯异氰脲酸钠粉	Y10	三宝有机碘	Y41
氟苯尼考粉	Y11	三黄散	Y42
氟苯尼考粉	Y12	三氯异氰脲酸粉	Y43
复方磺胺二甲嘧啶粉 II 型	Y13	三氯异氰脲酸片	Y44
复方磺胺二甲嘧啶粉 I 型	Y14	双黄白头翁散	Y45

渔药名称	渔药代码	渔药名称	渔药代码
复方磺胺甲噁唑粉	Y15	双黄苦参散	Y46
复方磺胺嘧啶粉	Y16	双链季铵盐络合碘消毒剂	Y47
复方硫酸锌粉Ⅱ型	Y17	脱壳促长散	Y48
富贵霉素可溶性粉	Y18	戊二醛溶液	Y49
高碘酸钠溶液	Y19	辛硫磷粉	Y50
根莲解毒散	Y20	溴氯海因粉	Y51
癸甲溴铵溶液	Y21	烟酸诺氟沙星可溶性粉	Y52
过硼酸钠粉	Y22	盐酸多西环素粉	Y53
过碳酸钠	Y23	盐酸沙拉沙星可溶性粉	Y54
含氯石灰	Y24	盐酸小檗碱预混剂	Y55
甲苯咪唑溶液	Y25	鱼肝宝散	Y56
甲砜霉素粉	Y26	敌百虫	Y57
健鱼灵散	Y27	漂白粉	Y58
聚维酮碘溶液	Y28	高锰酸钾	Y59
菌虫清，苦参末	Y29	硫酸铜	Y60
克菌灵	Y30	其他类	Y61

★注意事项和主要审核要求：此项必填。

【7.总用量】指各种主要药品每年使用的总重量，单位用千克。若不使用药物，填写数字“0”。

★注意事项和主要审核要求：此项必填。

【8.主要成分】指药品中成分含量最大的名称。

★注意事项和主要审核要求：此项选填。

【9.含量】指药品中主要成分的含量，用%表示。

★注意事项和主要审核要求：此项选填。

【10.使用方法】指该对应药品的使用方法，有两种选择，若口服就填写“1”，若泼撒就填写“2”。若不使用药物，此栏不填写。

★注意事项和主要审核要求：此项选填。

【11.肥料名称】填写主要使用肥料的名称全称，根据使用量从多到少顺序依次填写。若不使用肥料，填写“无”。

★注意事项和主要审核要求：此项必填。

【12.肥料代码】按表 5-19 填写对应的肥料代码。

表 5-19　肥料名称与代码对应表

有机肥料		无机肥料	
肥料名称	肥料代码	肥料名称	肥料代码
无（不投肥料）	F00	氮肥	F05
粪肥	F01	磷肥	F06
绿肥	F02	钾肥	F07
厩肥	F03	钙肥	F08
堆肥	F04	复合肥料	F09
其他	F10		

★注意事项和主要审核要求：此项必填。

【13.总用量】指主要肥料全年使用的总重量，单位用千克表示。若不使用肥料，填写数字“0”。

★注意事项和主要审核要求：此项必填。

【14.养分含量】指使用肥料中 N、P_2O_5 的含量，用%表示。

★注意事项和主要审核要求：此项选填。

【15.施用方法】指该对应肥料的施用方法，有两种选择，若泼撒就填写“1”，若其他就填写“2”。若不使用肥料，此栏不填写。

★注意事项和主要审核要求：此项选填。

5.7 重点流域农村生活污染源调查表

5.7.1 调查范围与对象

农村生活污染源调查范围为太湖、巢湖、滇池流域和三峡库区的所有行政村和抽样农户。

调查对象为农村生活过程中产生的生活垃圾和生活污水。

5.7.2 农户抽样原则

重点流域农户抽样调查以乡（镇）为单位组织实施。在清查的基础上，根据流域农户人均纯收入水平（高、中、低三个档次）和农民生活习惯（有无下水）将农户分为 6 种类型，即高收入-有下水、高收入-无下水、中等收入-有下水、中等收入-无下水、低收入-有下水、低收入-无下水，分类随机抽取样本。

不同流域农户抽样比例不同，太湖、巢湖、滇池流域和三峡库区农户抽样比例分别为 1%、1%、3% 和 2%。每种类型农户的样本量不得少于 5 个，不足 5 个的全部进行调查。抽出每一样本后，在抽样框中就近挑选类型上与抽中样本较近的农户为备用样本，当正选样本因各种原因无法实施调查时，启用备用样本。

5.7.3 表格总体结构与主要内容

农村生活污染调查表分成 2 张

（1）农村生活污染源行政村调查表

行政村的户籍户数、户籍人口、户籍常住人口、外来常住人口、农民人均纯收入，高收入-有下水、高收入-无下水、中等收入-有下水、中等收入-无下水、低收入-有下水、低收入-无下水等不同类型常住人口数量，以及本村生活污水受纳水体名称、代码等。

（2）农村生活污染源农户调查表

农户的基本情况，包括户籍人口、户籍常住人口、外来常住人口、人均纯收入、家庭生活日用水量、厕所类型等；生活污染物基本情况，包括人粪尿去向、生活污水日处理量和日利用量、有无下水、厨余垃圾日利用量等。

5.7.4 指标解释与填报说明

（1）N308 表：农村生活污染源行政村调查表

【1.村名】是指行政村的正式名称。

★注意事项和主要审核要求：此项必填。

【2.所属乡镇】指调查行政村所在地的详细地址。要求写明村所在的省（直辖市）、市（州、区）、县（区、市）、乡（镇）名称。

★注意事项和主要审核要求：此项必填。按照民政部门认可的名称填写。

【3.联系人姓名】指调查行政村依法行使管理职权的主要负责人，如村长、村书记等村民代表的户籍姓名。

★注意事项和主要审核要求：此项必填。

【4.联系电话】指调查行政村依法行使管理职权的主要负责人，如村长、村书记等村民代表的联系电话。

★注意事项和主要审核要求：此项必填。

【5.所属流域】指从行政管理和地理位置上所属的流域，分成①太湖、②巢湖、③滇池流域和④三峡库区。

★注意事项和主要审核要求：此项必填，只能从四项中选一项。

【6.行政区划代码】由所在地普查机构统一填写。按污染源普查用分类与代码表附表1《行政区划代码》，将相应行政区划代码填写在方格内。不在污染源普查用分类与代码表附表 1 提供范围内的县以下地区，由县（区）普查机构按编码规则自行编码填报，自行编码不得与已统一编制的代码重复。

污染源普查用分类与代码表附表 1《行政区划代码》为按照 2006 年的全国行政区划编码，共有 12 位阿拉伯数字，分为三段。第一段为 6 位数字，表示县及县以上的行政区划；第二段、第三段 6 位编码，表示县以下的行政区划。

如 2007 年行政区划代码有变动的：

① 县及县以上的行政区划有变动的，则县及县以上的行政区划代码（第 1—6 位码）按最新的《中华人民共和国行政区划代码》（GB/T 2260）填报；

② 县及县以上行政区划变化但县以下行政区划未变化的，按附表 1《行政区划代码》库中的代码第 7—12 位码填报；

③ 县以下行政区划有变化的，按编码原则自行编码。

县以下行政区划代码编码原则如下：

第二段 3 位数字，表示街道、镇和乡；第二段 3 位代码中的第 1 位数字为类别标识，以“0”表示街道，“1”表示镇，“2”和“3”表示乡，“4”和“5”表示政企合一的单位；第 2、3 位数字为该代码段中各行政区划的顺序号。

① 街道的代码从 001—099 由小到大顺序编写；

② 镇的代码从 100—199 由小到大顺序编写；

③ 乡的代码从 200—399 由小到大顺序编写。

第三段的 3 位数字，表示居民委员会和村民委员会的代码，用 3 位顺序码表示。具体编码方法如下：

① 居民委员会的代码从 001—199 由小到大顺序编写；

② 村民委员会的代码从 200—399 由小到大顺序编写。

行政区划编码中的地址名称应采用民政部门认可的正式名称。

★注意事项和主要审核要求：此项必填。

【7.户籍户数】是指在本村居住 1 年以上的户籍在本村的农户户数。

★注意事项和主要审核要求：此项必填。

【8.户籍人口】是指在本村居住 1 年以上的户籍在本村的人口。

★注意事项和主要审核要求：此项必填。

【9.户籍常住人口】是指户籍在本村且 1 年中有半年以上时间居住在本村的人口数。

★注意事项和主要审核要求：此项必填，户籍常住人口≤户籍人口。

【10.外来常住人口】是指户籍不在本村，但 1 年中有半年以上时间居住在本村的外来人口数。

★注意事项和主要审核要求：此项必填。

【11.农民人均纯收入】“纯收入”指的是农村居民当年从各个来源渠道得到的总收入，相应地扣除获得收入所发生的费用后的收入总和。“农民人均纯收入”指的是按农村人口平均的“农民纯收入”，反映的是一个国家或地区农村居民收入的平均水平。

★注意事项和主要审核要求：此项必填。

【12.高收入-有下水人数】【13.高收入-无下水人数】【14.中等收入-有下水人数】【15.中等收入-无下水人数】【16.低收入-有下水人数】【17.低收入-无下水人数】高收入、中等收入和低收入标准由各流域所包含省（市）级普查机构农业组自行协商确定，同一流域制定统一的收入标准。

有下水是指农户家庭生活污水经收集管道排入处理设施或户外沟渠等，如厨房和冲厕污水经管道排入沼气池，洗澡、洗衣污水通过管道排入户外沟渠等。无下水是指农户家庭无生活污水收集管道，生活污水无序排放，如洗菜、洗锅、洗衣、洗澡等污水随意泼洒或倾倒等。

有无处理设施是指农户家庭有无生活污水净化池等设施。

以上各类型人数之和等于常住人口，即户籍常住人口与外来常住人口数之和。

★注意事项和主要审核要求：此项必填。

【18.受纳水体名称】是指排水最终汇入当地县、市、区、旗或上一级区域内较大的江、河、湖泊、海域名称（如××河、××港、××江、××湖、××海湾等）。

★注意事项和主要审核要求：此项必填。

【19.受纳水体代码】此项由普查对象所在地普查机构统一填报。水体代码要按照统一给定的编码填报（见污染源普查用分类与代码表附表 6《河流代码表》）。海域代码分别是：1—渤海，2—黄海，3—东海，4—南海。

《河流代码表》中未编入的河流，可按编码方法在相应的空码上继续编排。如确实编码困难，可按汇入的上一级河流代码填报。对于跨省河流编码，报请全国污染源普查工作办公室统一编码；对于省内河流，如其上一级河流也完全在省内，则由省普查机构编码并报全国污染源普查工作办公室备案；如上一级河流跨省，则需报全国污染源普查工作办公室统一编码。

★注意事项和主要审核要求：此项必填。

（2）N309 表：农村生活污染源农户调查表

【1.户主姓名】填写户主的正式姓名，即身份证上的姓名，没有身份证的按户口簿填写。没有正式姓名的可填小名或××氏，但不能填笔名、代号等。户主为家庭主要决策人或收入主要来源人。

★注意事项和主要审核要求：此项必填。

【2.联系电话】户主的联系电话。

★注意事项和主要审核要求：如果没有电话，可以不填。

【3.所属流域】指从行政管理和地理位置上所属的流域，分成①太湖、②巢湖、③滇池流域和④三峡库区。

★注意事项和主要审核要求：此项必填，只能从 4 项中选 1 项。

【4.地址】指农户户口所在地的详细地址。要求写明农户所在的省（直辖市）、市（州、区）、县（区、市）、乡（镇）、行政村、组的名称，不得填写通讯号码或通讯信箱号码。

★注意事项和主要审核要求：此项必填。

【5.行政区划代码】由所在地普查机构统一填写。按污染源普查用分类与代码表附表 1《行政区划代码》，将相应行政区划代码填写在方格内。不在污染源普查用分类与代码表附表 1 提供范围内的县以下地区，由县（区）普查机构按编码规则自行编码填报，白行编码不得与已统一编制的代码重复。

污染源普查用分类与代码表附表 1《行政区划代码》为按照 2006 年的全国行政区划编码，共有 12 位阿拉伯数字，分为三段。第一段为 6 位数字，表示县及县以上的行政区划；第二段、第三段 6 位编码，表示县以下的行政区划。

如 2007 年行政区划代码有变动的：

① 县及县以上的行政区划有变动的，则县及县以上的行政区划代码（第 1—6 位码）按最新的《中华人民共和国行政区划代码》（GB/T 2260）填报；

② 县及县以上行政区划变化但县以下行政区划未变化的，按附表 1《行政区划代码》库中的代码第 7—12 位码填报；

③ 县以下行政区划有变化的，按编码原则自行编码。

县以下行政区划代码编码原则如下：

第二段 3 位数字，表示街道、镇和乡；第二段 3 位代码中的第一位数字为类别标识，以“0”表示街道，“1”表示镇，“2”和“3”表示乡，“4”和“5”表示政企合一的单位；第 2、3 位数字为该代码段中各行政区划的顺序号。

① 街道的代码从 001—099 由小到大顺序编写；

② 镇的代码从 100—199 由小到大顺序编写；

③ 乡的代码从 200—399 由小到大顺序编写。

第三段的 3 位数字，表示居民委员会和村民委员会的代码，用 3 位顺序码表示。具体编码方法如下：

① 居民委员会的代码从 001—199 由小到大顺序编写；

② 村民委员会的代码从 200—399 由小到大顺序编写。

行政区划编码中的地址名称应采用民政部门认可的正式名称。

★注意事项和主要审核要求：此项必填。

【6.户编码】户编码 = 乡镇行政区划代码+识别码（NH）+ 3 位户编号。3 位户编号：从 001 开始升序排列，最大到 999。必须填满 3 格，不足的左补 0。

★注意事项和主要审核要求：此项必填。

【7.家庭生活日用水量】是指农户家庭平均每天的生活用水量，包括做饭、洗衣、洗澡、冲厕等，不包括家庭养殖和其他用水，单位为升/天。

★注意事项和主要审核要求：此项必填。

【8.户籍人口】是指户籍在本村的农户家庭人口数。

★注意事项和主要审核要求：此项必填。

【9.户籍常住人口】是指 1 年中有半年以上居住在村里的农户家庭人口数。

★注意事项和主要审核要求：此项必填，户籍常住人口≤户籍人口。

【10.外来常住人口】是指户籍不在本村，但 1 年中有半年以上时间居住在本村的外来人口数。

★注意事项和主要审核要求：此项必填。

【11.人均纯收入】“纯收入”指的是农村居民当年从各个来源渠道得到的总收入，相应地扣除获得收入所发生的费用后的收入总和。“农民人均纯收入”指的是按农村人口平均的“农民纯收入”，反映的是一个国家或地区农村居民收入的平均水平。人均纯收入是按农户家庭为单位计算的农民人均纯收入。

★注意事项和主要审核要求：此项必填。

【12.收入水平】按照流域农民人均纯收入划分标准，①、②、③分别表示高、中、低人均收入水平，请选择相应的标准，不同流域农民人均纯收入高、中、低划分标准如下：

流域	高收入	中等收入	低收入
太湖流域	＞9 000	7 000≤中等收入≤9 000	＜7 000
巢湖流域	＞3 500	2 500≤中等收入≤3 500	＜2 500
滇池流域	＞5 000	4 000≤中等收入≤5 000	＜4 000
三峡库区	＞3 200	2 200≤中等收入≤3 200	＜2 200

★注意事项和主要审核要求：此项必填。

【13.厕所类型】厕所类型分成①简易厕所；②卫生旱厕；③水冲式厕所；④无厕所。

卫生旱厕：指将粪便等生物性致病因子就地无害化后进行农业（植物）利用的厕所，包括粪尿分集式、双瓮式以及有蓄粪池且蓄粪池经过防渗漏处理的厕所。

水冲式厕所：指有上、下水冲管道设备的厕所，如抽水马桶等。与沼气池相连的，或在农村推广的三格式化粪池式的厕所，也算水冲式厕所。

简易厕所：指上述水冲式厕所、卫生旱厕之外的厕所。

★注意事项和主要审核要求：此项必填。

【14.人粪尿去向】包括①土地利用，②直接排放。土地利用包括直接利用(如直接施入农田)和间接利用（如经沼气池发酵或堆肥后施入农田）。

★注意事项和主要审核要求：此项必填。

【15.有无下水】有下水是指农户家庭生活污水经收集管道排入处理设施或户外沟渠等，如厨房和冲厕污水经管道排入沼气池，洗澡、洗衣污水通过管道排入户外沟渠等。无下水是指农户家庭无生活污水收集管道，生活污水无序排放，如洗菜、洗锅、洗衣、洗澡等污水随意泼洒或倾倒等。

★注意事项和主要审核要求：此项必填。

【16.生活污水日处理利用情况】日处理量是指经过污水净化池等设施处理后排放的生活污水量。日利用量是指用于喂猪、灌溉、沼气发酵等的生活污水量，包括经过污水净化池等设施处理后被利用的生活污水量。

★注意事项和主要审核要求：此项必填。

【17.厨余垃圾日利用量】是指每日厨余垃圾作为饲料、肥料等的利用量。

★注意事项和主要审核要求：此项必填。

5.8 普查表填报要求

为保证普查表填报内容的识别率，减少错误修订工作量，提高普查数据质量，普查表现场登记填写和数据抄录必须符合以下要求：

（1）现场登记必须严格按照各普查表填报说明进行填写。

（2）现场登记要求不使用草表。在确保普查表印刷质量、妥善保护普查表的基础上，利用同一张表进行填写和录入。

（3）现场登记填写必须使用签字笔、钢笔和圆珠笔，禁止使用铅笔。不得随意涂改。签字笔尖要保持圆润、书写流畅，防止晕染、划破或戳破普查表。

（4）表内必须填写的指标不能为空。其他指标在没有数据时，可以为空，不必补 0。

（5）填写中文字时必须按照国家公布的《简化字总表》书写，不得使用繁体字、已经废止的简体字和异体字。

普查表中的数字一律用阿拉伯数字填写。阿拉伯数字必须按“0123456789”的正体书写，不得使用自由体书写。

文字和数字的书写要本着宜大不宜小的原则，尽量不要超出每个指标设定的格子大小。书写要上下均匀，避免断笔连笔，笔画要清晰，不能太细或太粗。

（6）普查表内有计量单位的数据必须按注明的计量单位填写，除规定保留的小数位外，一律按四舍五入取整数。

要注意普查表中的小数位数。如耕地面积指标保留 1 位小数，当数据为整数时，小数点后面必须补零。例如：3 亩应写为 3.0 亩。

（7）对带选项答案的指标，只能在选项后面的“_____”上填入要选择选项对应的号码，如要选择选项对应的号码是①，那么在“_____”上填入“1”即可，依此类推。并要注意有的指标可选择多个选项。

（8）有指定数字录入格的（如行政区划代码□□□□□□-□□□-□□□），必须将数字填入录入格子内，每个录入格只填写一个数字，不能跨格连笔书写。

县（区、旗）行政区划代码必须填满 6 格，乡镇行政区划代码必须填满 9 格，行政村行政区划代码必须填满 12 格。

农场、畜禽养殖场、水产养殖场中的单位代码由 8 位无属性的数字和 1 位校验码组成。

地块编码、畜禽养殖小区编码、畜禽养殖专业户编码、水产养殖专业户编码、农户编码中识别码后的编号，填入数字时一律靠右填写，数字位数不足位的左边空格需补“0”。

受纳水体代码的填入数字一律靠左填写，数据位数小于 10 位的，右边空格不需补“0”。

（9）普查表必须保持清洁，遭到污染、破损的表必须更换重新填写。

第6章 《第一次全国污染源普查普查员和普查指导员工作细则》主要内容

普查员和普查指导员都是受政府委托，直接从事污染源普查的具体工作。当好一名普查员和普查指导员，首先应明确自己的作用，同时要了解自己的工作职责、任务、纪律和权益。

6.1 普查员和普查指导员的作用

第一次全国污染源普查是一项重要的国情调查，是一项利国利民的大事。这次普查涉及对象多、范围广，技术难度大，质量要求高，时间要求紧，任务十分艰巨。污染源普查成功与否的关键，在于能否得到真实、可靠的普查数据。而真实的普查数据需要广大普查员和普查指导员付出辛苦的劳动。污染源普查需要普查对象如实提供有关情况，如果原始数据不准确，就好比高楼大厦的基础不稳，依据不准确的数据制定的政策就好像是随时可能倒塌的危楼，最终受损失的是广大人民群众。普查员和普查指导员直接面对普查对象，是普查一线的人员，是污染源普查工作的具体承担者，也是普查工作的宣传员（提高认识，消除顾虑，赢得配合），是政府和普查对象之间的桥梁。因此，每个普查员和普查指导员都要充分认识这次普查的重要性和艰巨性。要本着对国家负责，对各级政府负责，对群众负责，对历史负责的精神，树立高度的责任感，以社会大局为重，以反映真实情况为本；要有任劳任怨、埋头苦干的奉献精神；要有迎难而上、知难而进的进取精神；要有兢兢业业、求真务实的工作作风；要忠于职守，坚持原则，依法普查，排除干扰；要向普查对象宣传污染源普查的意义、内容和方法等。对违反《中华人民共和国统计法》和《全国污染源普查条例》的人和事要敢于斗争；对虚报、瞒报、拒报、迟报，或伪造、篡改普查资料的，要坚决报告有关部门予以处罚。只有这样，才能高质量地完成所承担的工作任务，不辜负党和政府的重托。

6.2 普查员的职责任务

6.2.1 被选为普查员

地方各级第一次全国污染源普查领导小组办公室配备筛选普查员（2007 年 9 月开始至 10 月底完成人员筛选，12 月 10 日之前完成培训和聘用）。

条件：高中（或中专）以上文化程度，能工整、清楚地填写普查表，能独立工作；责任心强，工作细致认真；熟悉当地情况，了解环保知识，热心环保事业；身体健康。

数量配备原则：

（1）每 10 个重点工业污染源配备 2 名普查员；

（2）每 40 个一般工业污染源和集中式污染治理设施配备 2 名普查员；

（3）每 60 个农业污染源或 10 个行政村配备 2 名普查员；

（4）每 80 个生活污染源配备 2 名普查员。

同时，各地普查机构可根据本地普查工作难度、污染源密度、交通条件等因素酌情增减普查员数量。对普查员的配备要有约5%的预备数。

主要来源：从党政机关（工商、税务、统计、民政、质检、机构编制、卫生、建设、农业、文化、科技、教育、铁路等部门）、企事业单位、乡镇（街道）干部和教师、大中专在校学生和未就业的大中专毕业生中选聘，也可以临时从社会招聘及其他适合本地情况的途径筛选。

6.2.2 认真学习，积极参加培训

认真学习和听课，了解污染源普查条例、普查方案等普查基础知识；明确污染源普查标准时间，掌握清查、普查、质量控制等工作内容和技能（实地试填普查表）。

参加测试，合格后，由地方第一次全国污染源普查领导小组办公室聘用为普查员并颁发工作证件（样式附后）。

分级、规范培训，分类、灵活培训。国家污染源普查机构对省级和地市级污染源普查机构的业务骨干（包括地方培训用教员）进行培训；省级污染源普查机构对地市级和县级污染源普查机构的业务骨干（普查指导员）进行培训；市级污染源普查机构负责培训普查员。所有普查人员都要经过培训，以教员面授为主，着重对普查人员进行普查技能的训练。既要对普查人员进行系统培训，也要分门别类，有的放矢地针对工业污染源、农业污染源、生活污染源、集中式污染治理设施进行分类培训，提高工作效能。普查员培训不得少于 2 天，普查指导员培训不得少于 3 天。课堂授课结束后，要安排一定的时间进行实地试填，或进行课堂模拟试填，重点掌握如何填好普查表。对试填中的疑难问题，要认真讨论，统一认识。

6.2.3 认真做好清查摸底工作

当地污染源普查机构向各级有单位审批权的行政主管部门，如：工商、税务、统计、民政、质检、发改、经委、机构编制、乡镇、卫生、建设（建材）、公安、农业、文化、科技、教育、社会保障、交通、铁路、邮电等部门索要相关资料[工商企业名录、产业活动单位名录（经济普查）、中小企业名录等]，结合本地污染源监管等信息，以各地 2007 年基本单位名录库为基础，经整理形成当地第一次全国污染源普查《单位清查底册》（基础资料库），并划分清查区域（以行政区划为基础，按地理位置划分，避免交叉、跨区域问题），作为开展单位清查工作的线索和依据。

普查员在当地污染源普查机构的统一领导下，进入清查区域后，最好与该区域有关行政管理部门取得联系，在其配合下开展清查。要明确清查范围界限（地域）、数量及分布情况，按照清查区示意图沿交界处实地勘察，熟悉环境。逐一入户核实登记，“地毯式”清查，掌握清查对象基本情况，包括单位名称、地址、联系人、行业类别（各类代码，如：单位/法人、产品等代码）、经济（生产）规模等，编制《污染源普查单位名录》。坚持实事求是，做到不漏、不错、不重；及时发现问题，提出意见与建议。

6.2.4 指导、协助普查对象填写普查表

向列入重点工业污染源的企业和集中式污染治理设施单位分别发放《工业污染源普查详表》和《集中式污染治理设施普查表》，指导企业填报。

向一般工业污染源、农业源、生活源普查对象分别发放《工业污染源普查简表》、《农业污染源普查表》、《生活污染源普查表》，指导普查对象填报，或经了解普查对象情况后代为填报。代填的数据要符合普查对象的实际情况，并经普查对象认可。

若发现清查工作中遗漏的污染源，应根据污染源的规模及性质向其发放普查表，并及时报告当地普查机构备案；发现普查对象在普查片区内不存在或清查后关闭的企业，应及时报告当地普查机构。

6.2.5 对普查对象填报的内容进行核实

严格按照要求，现场查阅相关原始台账记录和企业生产经营情况及由普查对象提供的原辅材料使用情况等基础资料。资料主要包括：厂区平面布置图，排水管网图，水平衡图，主要工艺流程图，主要物料（或排放污染物的前体物）平衡图，生产报表，煤、电、水票，产污、治污设施运行记录，环评、清洁生产报告及各种监测报告等。

普查表必填项目要填报齐全（特别是行政区划、单位法人、行业类型、产品/设施、废水类型、排水去向类型、处理方法、工艺等各类代码和登记注册类型、设施编号等要查找相关对应表值的项目）；普查表填报栏目要准确、有依据，如能源、水、主要原辅材料、主要产品产量、生产（运营）工况等基本情况要与有关台账和票据相符；普查对象内部要进行内审并加盖印章。

若核实发现一般工业污染源所使用的原、辅材料中含有重金属、危险废物或放射性污染物质的，应及时报告当地污染源普查机构，并改为填报普查详表。

根据《全国污染源普查条例》的规定：此次污染源普查取得的单个普查对象的资料严格限定用于污染源普查目的，不作为考核普查对象是否完成污染物总量削减计划的依据，不作为依照其他法律、行政法规对普查对象实施行政处罚和征收排污费的依据。

6.2.6 配合做好相关检查、抽查工作

按照上一级污染源普查机构的部署，在国家、省、市各级普查机构进行普查质量抽查时，配合做好相关检查工作。发现差错，据实更正。

6.2.7 做好各种普查表的收集（装订）及交接、上报工作

6.3 普查指导员的职责任务

在承担普查员职责任务的基础上，还应做好以下工作：

6.3.1 被选为普查指导员

地方各级第一次全国污染源普查领导小组办公室配备抽调普查指导员。

条件：大专以上文化程度，具有较高的环保业务知识水平；工作认真负责，吃苦耐劳，具有一定的社会工作经验和较强的组织协调能力；熟悉当地情况，热心环保事业；身体健康，能胜任工作。

数量配备原则：一般每 10 名普查员配备 1 名普查指导员。

主要来源：从各级环保、农业（畜牧、渔业）、统计系统内部抽调。

6.3.2 积极参加专门培训

熟悉污染源普查条例、普查方案、普查表填报规定及有关技术规定和工作细则等普查知识，熟练掌握清查、普查、检查、质量控制等工作内容和技能。辅助教员做好普查员培训辅导工作。

参加测试，合格后，由地方第一次全国污染源普查领导小组办公室颁发普查指导员工作证件。

6.3.3 负责协调本普查区的工作

在当地污染源普查机构统一领导下，及时将上级的指示传达给每一位普查员，并对普查员的工作进行巡回检查，了解和掌握普查员的工作进度和质量，具体指导，发现问题要认真查明原因，及时予以纠正，确保普查员各项工作达到规定的标准。解答普查员提出的疑难问题，对于不能自行解答的问题要及时请示上级给予解决。

6.3.4 对普查员核实后的普查表进行审核

审核内容包括：普查数据的合理性和逻辑性；如能源消耗与废气中主要污染物、固废产生量，水平衡，主要产品产量与能源、水、原辅材料消耗量的关系等。

6.3.5 保证清查、普查工作和普查资料的交接、上报按时完成

6.4 普查员和普查指导员的工作纪律

1．要落实上级污染源普查机构布置的各项任务，按照计划和日程表，完成普查工作。普查期间不得无故脱离岗位，有病有事应请假。

2．要坚持实地调查的原则，逐家、逐项进行调查，认真细致、一丝不苟。严禁不经调查，只凭经验或行政记录进行填报，杜绝急于求成、赶进度的做法。

3．普查员赴现场调查，原则上须两人以上同行，佩戴普查员工作证件。要讲文明，有礼貌，谦虚谨慎，衣着整洁，尽量不影响调查对象正常的生活和生产，不侵犯其利益，不与其发生纠纷。

4．随身携带普查工作手册，不断改进和完善工作方法。不得自作主张、随意处理普查中遇到的情况，更不得编造或隐瞒普查中发现的问题。要保持普查表的整洁，不得任意涂改。

5．遵守保密规则，自觉为普查对象保密，严禁向无关人员扩散或谈论普查对象的具体情况。

6.5 普查员和普查指导员享有的权益

1．普查员和普查指导员有依法独立行使调查、报告、监督和检查的职权，有权查阅普查对象的原材料消耗记录、生产记录、污染物治理设施运行记录、污染物排放监测记录以及其他与污染物产生和排放有关的原始资料，并有权要求普查对象改正其填报的污染源普查表中不真实、不完整的内容（《全国污染源普查条例》规定）。

2．普查员和普查指导员有完成自身工作后获取相应物质报酬和精神奖励的权利。从环保、农业、统计或其他党政机关抽调的普查员和普查指导员的工资和福利待遇，由原单位支付并保持其标准不变，当地污染源普查机构可视情况对其发放适当的补贴；聘用的其他单位的或向社会招聘的普查员和普查指导员的劳动报酬，由聘用他的当地污染源普查机构支付，其标准原则上应至少比当地最低工资标准高80%；所需经费由各级地方财政列支。

附件一

第一次全国污染源普查
普查员证件样式（90 mm×60mm）

正面：

第一次全国污染源普查

普　查　员　证

1 寸免冠

照　片

姓名 __________

编号 __________

反面：

全国污染源普查

China Pollution Source Census

发证单位 _____省_____市_____县（区、市）

第一次全国污染源普查领导小组办公室（印章）

发证日期 ________年____月____日

有效期至 ________年____月____日

国务院第一次全国污染源普查领导小组办公室监制

图 6-1

注：底色为绿色，徽标为多色。

附件二

第一次全国污染源普查
普查指导员证件样式（90 mm×60mm）

正面：

第一次全国污染源普查

普查指导员证

1 寸免冠

照 片

姓名 ____________

编号 ____________

反面：

全国污染源普查

China Pollution Source Census

发证单位 ________省________市________县（区、市）

第一次全国污染源普查领导小组办公室（印章）

发证日期 ________年_____月_____日

有效期至 ________年_____月_____日

国务院第一次全国污染源普查领导小组办公室监制

图 6-2

注：底色为绿色，徽标为多色。

第7章　数据处理

7.1 数据处理工作细则

7.1.1 总则

第一次全国污染源普查数据处理工作，在全国污染源普查工作办公室统一组织领导下，按照“分级负责”的原则，采取县（区）、地（市）、省、国家四级数据处理的方式组织实施。

数据处理以普查基层表数据为直接处理对象。各级普查机构要按照“统一组织、分类处理”的技术路线，严格执行第一次全国污染源普查工作办公室统一规定的数据处理工作流程和操作规范，并按统一规定的时间、数据格式和要求上报普查数据。

7.1.2 数据处理工作要求

数据处理统一使用全国污染源普查工作办公室组织编制的数据处理软件。

数据处理主要包括数据录入、审核、编辑、汇总、传输等工作，由各级污染源普查机构承担，全国污染源普查工作办公室予以指导。

在普查数据处理过程中，数据处理人员要与有关专业人员密切配合，严格遵守本细则等相关文件的规定和安排，保证数据处理工作顺利进行。

数据处理工作的各个环节必须以质量为中心，凡达不到质量要求的，必须坚决返工重做，直至达到要求。

7.1.3 数据处理工作任务

第一次全国污染源普查数据处理工作大体可分为三个阶段，各阶段工作任务描述如下：

第一阶段为准备阶段。本阶段的主要任务是做好普查数据处理前期的各项准备工作，主要包括：制定数据处理工作的有关细则和规定，数据处理软件编制，数据处理人员的培训，建立和完善数据处理软硬件、网络、机房环境以及其他基础设施，完成基本单位清查的资料入库和基本单位名录库的修订等。

第二阶段为数据处理和上报阶段。本阶段的主要任务是：各普查机构按照数据处理工作流程按时、按质、按量组织完成污染源普查数据的录入、编辑、审核、汇总和上报工作，全国污染源普查工作办公室对各级普查机构的数据处理工作进行检查和审核。

第三阶段为数据处理总结阶段。本阶段的主要工作任务是：各地汇总形成各自的普查数据库，进行普查数据的汇总和分析工作；总结普查数据处理工作经验，开展有关的验收和评优工作。

7.1.4 数据处理流程

第一次全国污染源普查数据处理工作流程按照以下七个步骤展开：

7.1.4.1 形成污染源清查单位名录库

各县（区）污染源普查机构应按照要求完成数据录入人员聘任、数据处理环境配置等数据处理的各项准备工作。

以统计、工商等相关部门提供的单位名录库为基础，开展清查工作，完成基本单位清查的资料入库和基本单位名录库的修订，形成各地区清查单位名录库，并逐级上报国家。

7.1.4.2 制度首次下发

全国污染源普查工作办公室制定污染源普查数据处理电子制度并逐级下发各地区。

7.1.4.3 数据录入、审核及第一阶段数据报送

各县（区）污染源普查机构将初审通过的普查表按普查对象类别，分工业源、农业源、生活源与集中式污染治理设施分别进行数据录入、复录，并完成数据的审核、编辑、查错、改错和计算机自动校正等工作，合并生成标准的县级数据文件。全部审核通过后，进行第一阶段数据报送，按照《第一次全国污染源普查数据录入和传输技术规定》的要求，将数据直接上报给全国污染源普查工作办公室，并同时上报上一级普查机构。

7.1.4.4 制度二次下发

第一阶段数据报送任务完成后，全国污染源普查工作办公室二次下发数据处理制度。

7.1.4.5 数据分析及汇总

各级污染源普查机构根据二次下发制度完成基层数据的汇总、审核、校正，形成本级汇总数据和普查数据库。

7.1.4.6 第二阶段数据报送

各区（县）污染源普查机构对基层数据审核、汇总后，将基层数据与汇总数据上报市级普查机构。市级普查机构将接收的各区（县）上报数据与市级录入的数据一同审核、汇总后，上报省级普查机构。省级普查机构对上报的数据进行审核、汇总后，上报全国污染源普查工作办公室完成全国普查数据的编辑、审核、汇总等工作。

各级普查机构接收上级反馈的问题数据，按要求完成审核、校正和重新上报。

7.1.4.7 数据处理工作总结

各级污染源普查机构根据需要，对本地区普查数据进行分析汇总，提供必要的普查成果。同时，对数据处理工作进行认真的总结、验收和评比表彰工作。

7.1.5 各级污染源普查机构数据处理工作任务、人员安排与职责

第一次全国污染源普查工作办公室下设数据处理组，负责组织指导数据处理工作。各省、地市和县级污染源普查机构结合本地区的实际情况，设立本级的污染源普查数据处理组。下级数据处理组在上级数据处理组的指导下，在本级污染源普查机构的统一领导下，负责组织实施本级数据处理工作。各级数据处理组要建立岗位责任制，确保数据处理工作各项任务责任到人。各级污染源普查机构要遵守国家下发的《第一次全国污染源普查数据处理工作细则》和有关技术规定，对数据质量严格把关，保证后续工作的顺利进行。

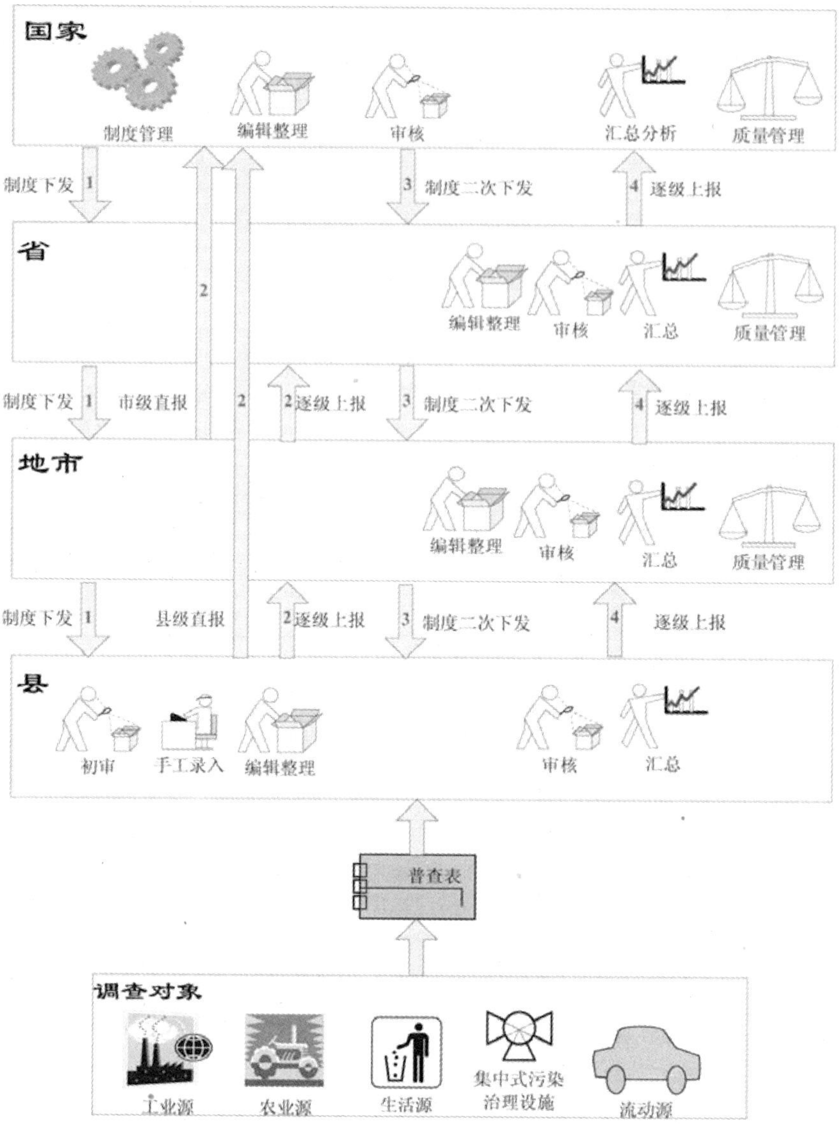

图 7-1 污染源普查数据处理流程

7.1.5.1 全国污染源普查工作办公室

（1）数据处理任务

负责数据处理的制度设计、制度下发和通过网络或存储介质接收县/市级直报的原始数据和省级上报的数据，进行数据审核验收，数据处理质量控制、数据汇总加工，数据管理、数据发布和向省级反馈数据。

（2）人员安排与职责

- 数据处理技术负责人。领导并负责数据处理工作，协调解决数据处理过程中出现的技术问题。
- 数据编审人员。负责数据的审核、编辑和反馈，记录编审规则存在的问题及地方上报的问题，配合技术组等进行普查制度的修订。
- 数据质量监控人员。负责数据处理质量的全程控制。
- 其他组配合人员。负责本类别调查对象数据处理中制度的解释、制度的修订。

7.1.5.2 省级污染源普查机构

（1）数据处理任务

负责接收全国污染源普查工作办公室下发的电子制度，并将制度下发到地市。负责对接收的地（市）数据进行审核验收，及时反馈验收结果。在验收通过的基础上，汇总出本省污染源普查综合数据，形成本省污染源普查数据库，并将评估审定后的数据上报全国污染源普查工作办公室。

（2）岗位与职责

- 数据处理技术负责人。负责数据处理工作的技术指导，数据处理软件的维护与日常管理，及时解决下级反映的问题。难以解决的及时上报全国污染源普查工作办公室。
- 数据编审人员。负责数据的审核、编辑、反馈工作，记录编审规则存在的问题并及时上报全国污染源普查工作办公室。
- 数据质量监控人员。负责数据处理质量的全程控制。
- 数据录入指导员。负责数据录入工作的指导、监督。

7.1.5.3 地市级污染源普查机构

（1）数据处理任务

负责接收省级污染源普查机构下发的普查制度并将制度下发到县（区）。负责部分污染源普查表的填报和数据录入、审核等任务，完成第一阶段数据报送。对县（区）级污染源普查机构上报的数据进行审核验收，及时反馈验收结果。在验收通过的基础上，汇总生成本地区的综合数据，形成本地区的普查数据库，并将本地区的基层数据、综合数据一并上报省级污染源普查机构。接收省级普查机构反馈的问题数据，按要求完成审核、校正并重新上报。

（2）岗位与职责

- 地市级数据录入员（若地市级承担县级数据处理任务，人员可酌情多配）。负责普查表的录入，记录录入过程表格和软件发生的问题。
- 数据录入指导员。负责数据录入工作的指导、监督。
- 数据处理技术负责人。负责数据处理工作的技术指导，数据处理软件的维护与日常管理，记录软件出现的问题并查明原因，及时解决下级反映的问题，难以解决的及时上报上级普查机构。
- 数据编审人员。负责数据的审核、编辑、修改，记录编审规则存在的问题并及时上报上级普查机构。
- 数据质量监控人员。负责数据处理质量的全程控制。

7.1.5.4 县级污染源普查机构

（1）数据处理任务

县（区）级普查机构是这次普查的最基本组织机构，担负着主要的数据调查、录入和审核等工作。

负责接收地（市）级下发的普查制度。并根据所接收到的制度组织普查表的填报，对收集到的普查表进行初审、编码、整理，组织手工录入以及数据编辑、审核等数据处理工作，形成县级数据库，完成数据第一阶段报送。在接收二次制度下发后，对数据进行审核、汇总，进行第二阶段报送。接收地市级普查机构反馈的问题数据，按要求完成审核、校正并重新上报。

（2）岗位与职责

- 县级数据录入员。负责普查表的录入，记录录入过程表格和软件发生的问题。
- 数据录入指导员。负责数据录入工作的指导、监督。

- 数据处理技术负责人。负责数据处理工作的技术指导，数据处理软件的维护与日常管理，记录软件出现的问题并查明原因，及时上报解决不了的问题。
- 数据编审人员。负责数据的审核、编辑、修改，记录编审规则存在的问题并及时上报上级普查机构。
- 数据质量监控人员。负责数据处理质量的全程控制。

7.1.6 数据处理软件及培训

7.1.6.1 数据处理软件

第一次全国污染源普查工作办公室统一组织数据处理软件开发，统一规定数据处理各类标准、软件运行环境、数据结构以及备份和上报格式等。

数据处理软件分为单机版和网络版，原则上数据处理工作采用网络版软件，各地也可根据本地区县、地（市）两级实际情况，选用单机版软件。

数据处理软件具有以下功能：

—普查数据处理制度管理：可分别完成（区县、地市、省和国家）普查表式、审核公式、普查指标、汇总表式的管理工作。省以下污染源普查机构从上一级污染源普查机构接受制度数据，按照制度要求完成数据处理工作。

—普查数据处理：可完成普查数据的录入、编辑和审核。可进行普查数据的汇总处理。支持在数据集中的条件下，分类进行数据处理。

—数据上报/接收：可将各级的基层数据和汇总数据打包上报上一级污染源普查机构。

—普查数据管理：可对普查基层数据和汇总数据进行管理，方便查询。

7.1.6.2 技术培训

第一次全国污染源普查数据处理培训工作采取统一组织、分级负责的办法。培训要讲求实效，必须坚持考核合格才能上岗工作的原则。第一次全国污染源普查工作办公室直接组织开展数据处理技术骨干的技术培训。

7.1.7 数据处理的计算机软、硬件配置

7.1.7.1 省级

- 硬件环境：高端 PC 服务器、PC 机、打印机
- 操作系统：windows（2000/2003/XP）
- 数据库：SQL Server2005 企业版
- 中间件：Weblogic9.2
- 数据报送方式：通过网络报送

7.1.7.2 地（市）级

- 硬件环境：PC 服务器、PC 机、打印机、光盘刻录机
- 操作系统：Windows（2000/2003/XP）
- 数据库：SQL Server2005 标准版或企业版
- 数据报送方式：通过网络或介质报送

7.1.7.3 县级

- 硬件环境：PC 服务器或 PC 机、打印机、光盘刻录机
- 操作系统：Windows（2000/2003/XP）
- 数据报送方式：通过网络或介质报送

具体的软硬件配置环境要求可参考附件。

7.1.8 数据处理的质量控制

7.1.8.1 总体要求

数据质量控制工作贯穿于数据处理全过程。各级普查机构通过质量抽（检）查等方式对数据质量进行控制，各地区、各部门要认真做好以下几个方面的工作：

（一）严格执行有关数据处理的统一规定，保证各级数据处理工作的一致性，减少技术性差错。凡国家有统一规定的，未经第一次全国污染源普查工作办公室许可，任何地区和部门不得改变，只能结合本地区、本部门的实际情况进一步加以细化。

（二）做好基本单位名录库的管理和维护工作。通过单位清查建立完好的基本单位名录库，是防止漏报、重报、错报的重要措施，是正确录入和汇总普查数据的基础。因此，各级普查办公室必须在普查数据录入前，认真做好基本单位清查和名录库的建库工作，普查人员与数据处理人员要密切配合，下大力气搞准调查单位数，保证做到单位不重不漏，各项属性准确无误。

（三）加强基层表数据的人工审核。计算机数据录入之前，必须对基层表数据先进行人工审核，人工审核合格方可交付录入人员，人工审核由普查指导员和普查机构工作人员完成。审核人员与录入人员之间应建立交接验收制度。

（四）强化对普查基层表的计算机审核功能。数据录入后，一定要按要求进行计算机审核操作。根据制定的数据审核规则，进行各类审核关系操作，并打印审核结果报告单，经普查办数据审核人员确认后，对确实需要修改的问题，可由软件或人工进行编辑校正。

（五）加强汇总表的人工审核，把住综合审核关。各级污染源普查机构，要组织有经验的人员分析综合汇总表的信息，及时发现基层数据中的问题，并在数据上报前，对主要综合数据和主要的统计分组数据进行合理性检验和质量评估。一个县（区）的所有数据全部审核完成后，组织有关质量控制人员对数据进行质量评估，并写出质量评估报告；最后对数据进行整理合并。

（六）坚持“分级负责、就地解决”的质量控制原则。未经审核通过和质量评估的数据不得上报。各级污染源普查机构验收上报的数据要严格把关，保证上报的基层表数据和综合表数据的一致性。发现异常情况和错误信息及时反馈给下级单位检查核实，对不合格数据退回报送单位重新加工修改，限时重报。

（七）做好定期检查工作。各级污染源普查机构在数据处理、上报阶段要组成检查组，对下级污染源普查机构执行统一的数据质量控制标准的情况进行检查，对检查中发现的问题要及时予以纠正，重大问题报第一次全国污染源普查工作办公室。

7.1.8.2 质量抽查

数据处理质量抽查的内容主要为普查表各项指标的录入、复录、审核情况，重点关注填报说明中必填指标项的录入准确情况。各级普查机构要做好下级普查机构数据处理的质量抽查工作。第二阶段数据上报完成后，各级普查机构根据上报数据核查所辖地区的复录率和审核无误率。录入准确率通过随机抽取抽查地区调查对象的录入情况来确定。录入准确率、复录率和审核无误率应满足国家要求。抽查完成后，各级普查机构应编写抽查工作报告，同时将抽查报告和相关材料报上级普查机

构备案。

● 录入准确率：

$$录入准确率=\frac{\sum 录入准确指标数}{\sum 录入指标数}\times 100\%$$

● 复录率

为减少录入过程中产生的再生性错误，所有的录入调查对象必须进行复录，复录率是指复录调查对象数与录入调查对象数的比率。

$$复录率=\frac{复录调查对象数}{录入调查对象数}\times 100\%$$

● 审核无误率

为了确保普查数据的准确性、合理性，录入数据必须通过计算机审核，审核无误率是指审核无错误的调查对象数与录入调查对象数的比率。

$$审核无误率=\frac{审核无错误调查对象数}{录入调查对象数}\times 100\%$$

7.2 数据录入与传输技术规定

为保证第一次全国污染源普查数据处理工作的顺利实施，制定本技术规定。

7.2.1 范围

本技术规定对第一次全国污染源普查数据处理过程中数据录入与传输等方面做出规定。

7.2.2 工作内容

7.2.2.1 数据录入

各级普查机构使用国家统一下发的数据处理软件完成数据录入工作，按照《第一次全国污染源普查录入人员工作细则》的要求按时完成录入人员的选聘和培训，增强录入人员的责任意识，并通过复录和数据初审保证数据录入质量。

数据录入

1. 录入员向普查表管理人员领取经过人工审核的普查表格，做好交接与保管工作。

2. 录入及数据处理制度版本确认。确认使用的第一次全国污染源数据处理软件和录入制度是最新的版本。

3. 录入员在录入过程中要保证录入资料安全，每录入完成一个单位应在该单位普查资料封面做好初、复录标记并填写日期和录入人姓名等信息。

4. 录入结束后，录入员应尽快归还普查表格。普查表管理员在回收资料时，除检查资料完整性外，还必须逐一检查各单位录入完成情况：

（1）全部资料是否已注明“录入日期”、“录入人员姓名”等信息；

（2）资料领取数量与数据处理软件统计的录入单位数量是否相符。

数据复录

1. 数据录入的普查机构要保证达到100%的复录率，并使用普查软件提供的批量复录功能进行复录。

2. 数据的录入和复录不能为同一人。

3. 结束后，分别以工业源、生活源、农业源、集中式污染处理设施为单位与原录数据进行对比和错误修改，不要求修改复录数据。

4. 录入完成的普查表格做好标记，注明复录时间和复录人姓名。

数据集中

网络版软件进行数据录入，不需要数据集中操作。对于使用单机版软件进行录入的数据，采用以下步骤进行数据集中：

1. 软件提供的数据导出功能，从每台机器中导出录入的资料；
2. 软件提供的数据导入功能，将导出的数据集中导入到指定的一台机器上。

7.2.2.2 数据上报与接收

数据准备

数据上报分为第一阶段和第二阶段。各级污染源普查机构负责数据上报的组织工作。根据上报要求对上报资料审核无误后，通过网络或介质将普查数据资料上报上级污染源普查机构，同时报送经本级普查机构负责人签字盖章的《第一次全国污染源普查数据上报函》（见附件二）

上报的数据文件包必须通过污染源普查数据处理软件的数据导出功能生成：

1. 第一阶段上报的数据包括：全部基层表数据及全部复录数据。
2. 第二阶段上报的数据包括：全部基层表、复录、汇总表数据。

数据文件包命名规则：

XXXXXX-YYYYMMDD-n.ZIP

其中：

XXXXXX 为上报数据所在地的中文名称，包括省、市和区县名称。

YYYYMMDD 为上报数据的时间，YYYY 表示年，MM 表示月份，DD 表示日期。

n 为两个阶段数据的区分码，n =1 表示第一阶段；n =2 表示第二阶段。

-为各段信息的分隔符，用英文“-”表示。

.ZIP 为数据文件包的文件后缀，由软件自动生成。

例如：河北省石家庄市桥东区 2007 年 7 月 20 日上报的第一阶段数据文件包命名为：

河北省石家庄市桥东区-20070720-1.ZIP

数据上报

数据文件上报的方式分为两种：网络传输方式和介质传输方式。

- 网络传输方式：以普查软件提供的网络传输功能为主，将普查数据报送到上级普查部门。
- 介质传输方式：将存储普查数据信息的介质通过邮寄、快递等方式报送到上级普查部门。

有网络条件的地区尽量使用网络传输方式。采用介质传输方式的地区要充分考虑到数据的保密及安全性。省级与国家级之间的数据传输一律使用“环保系统电子政务外网”。

数据接收

各级普查机构按照污染源普查的组织机构建立所属下级的签收对象花名册。并根据签收对象花名册接收数据，在接收数据文件时须填写《普查数据文件签收册》（见附件三），并做好签收记录的归档和管理。对于以网络传输方式上报的数据，“上报的形式”填写实际上报的方式，“上报的时间”填写接收的时间；对于以介质传输方式上报的数据，“上报的形式”填写“邮寄”，“上报的时间”填写邮戳的时间，并保留信封等相关资料。

各级普查机构负责接收下一级上报的普查数据，检查其上报的普查数据资料是否齐全，格式是否符合要求，有否审批上报手续。对不符合要求的要求重报，并说明理由。对符合要求的上报普查数据资料加载入数据库，并进行上报数据资料审核，对于审核出错的数据可根据情况要求下级部门重新上报。

逾期催报

各级普查机构超过规定期限没有报送数据的，上级普查机构应当在期限届满之日起三日内，制发《普查数据文件催报通知书》（附件四）并载明以下内容：

1. 被催报单位的名称；
2. 催报的数据范围；
3. 补报的期限、方式；
4. 其他事项。

各级普查机构催报后，下级普查机构必须在规定期限之内上报普查数据文件，并上报《第一次全国污染源普查数据上报函》，上级普查机构应当填写《普查数据文件签收册》，在“报送时间”一栏应当填写催报后实际上报时间。

7.2.2.3 数据安全

采取以下措施确保数据安全：

（一）数据日备份。在数据录入和审核修改期间，每日都要利用移动硬盘或其他介质对处理机上的普查基层表数据进行备份。

（二）建立污染源普查制度环境参数备份，在制度变更时，应同时进行备份更新。

（三）定期用防病毒软件进行查毒杀毒。

（四）不在数据处理微机进行与污染源普查数据处理无关的操作。

附件一

第一次全国污染源普查数据处理软硬件环境要求

一、国家级数据处理硬件环境要求

（一）小型机、磁盘阵列配置及性能指标要求

小型机

指标	指标项	技术规格要求
CPU	字长	64 位
	实配	≥8 个双核 CPU（共 16 个核）
	主频	≥1.6GHz（本机型应提供当前可配置最高主频）
	L3 CACHE	≥9Mb/核
内 存	内存实配	≥32Gb
磁 盘	内置磁盘容量	≥4 块 146Gb
光驱	DVD-ROM	≥1 个内置
网络接口	网卡	≥2 个 10 Mb /100 Mb /1 000Mb 以太网卡（双绞线）
	接口类型	≥2 FC 接口
存储接口	接口速率	≥4Gb/s
操作系统	类型	HP-UX 11i

存储磁盘阵列

	项目	要求
1	CPU/控制器	采用双控制器，RISC（主频≥900MHz）或 INTEL（主频≥1.5GHz）芯片
2	硬件 RAID 校验	采用 ASIC 芯片实现 RAID 校验
3	内核操作系统	专用的存储系统内核
4	支持 SAN	支持 SAN 光纤通道交换机和点对点连接方式
5	主机接口	≥4 个 4Gb 的 FC-SW 接口
11	冗余电源	配置双电源
12	硬盘类型	300Gb FC 硬盘，需支持 72Gb、146Gb、300Gb FC 硬盘，500Gb 7 200 r/m SATA 硬盘混插
13	存储容量	14 块 300Gb 10 000 转光纤硬盘，磁盘裸容量 4TB
19	支持的操作系统	Microsoft Windows NT，Microsoft Windows 2000，Microsoft Windows 2003，Sun Solaris，HP-UX，IBM AIX，主流 LINUX 操作系统

（二）高端PC服务器配置及性能指标要求

指标	指标项	技术规格
处理器	处理器类型	64bit Intel 双核 Xeon 7120 及以上
	处理器2级高速缓存	≥4Mb
	处理器配置数目	≥4
	主频	≥3.0GHz
总线	系统前端总线	≥800MHz
内存	内存类型	高级 PC2-3200R 400MHz DDR-Ⅱ内存
	内存配置数目	≥16Gb
	内存扩展性	≥64Gb
	内存保护技术	支持在线备用内存保护技术
磁盘	内置硬盘容量及数目	≥146Gb 10K SAS 2.5″ 热插拔硬盘*4
	阵列卡	集成磁盘阵列控制器，高速缓存≥256Mb；支持 RAID 0、1、1+0、5
显示器	17″LCD 显示器	

（三）PC机配置和性能指标要求

指标项	技术规格
CPU	P4 2.8Gb HT 或双核心 CPU 以上
芯片组	INTEL 865 系列或以上
前端总线频率	800MHz
内存	1Gb DDR
显卡	独立显卡，显存 128Mb（便于维修、提高速度）
硬盘	160Gb（7 200 转）
光驱	≥48 倍 CD-ROM
网卡（一块）	10 Mb /100 Mb 自适应或更高
声卡	集成声卡
电源	≥250W（要求电源电压稳定范围 180～260V）
鼠标	USB 光电鼠标
键盘	防水键盘
操作系统	Windows 2000/2003/XP

二、国家级数据处理软件环境要求

1	数据库	ORACLE 10g R2 版本
2	中间件	BEA WebLogic Server 9.2 BEA Tuxedo 9.1

三、省级数据处理软件环境要求

(一) 高端PC服务器配置及性能指标要求

指标	指标项	技术规格
处理器	处理器类型	64bit Intel 双核 Xeon 7120
	处理器2级高速缓存	≥4Mb
	处理器配置数目	≥4
	主频	≥3.0GHz
总线	系统前端总线	≥800MHz
内存	内存类型	高级 PC2-3200R 400MHz DDR-Ⅱ内存
	内存配置数目	≥16Gb
	内存扩展性	≥64Gb
磁盘	内置硬盘容量及数目	≥146Gb 10K SAS 2.5″ 热插拔硬盘*4
	阵列卡	集成磁盘阵列控制器，高速缓存≥256Mb；支持 RAID 0、1、1+0、5
网络	网卡	≥内置2块 10Mb /100Mb /1 000Mb 多功能 RJ45 以太网卡
输入输出	输入输出部件	DVD-RW 驱动器或更好
键盘、鼠标	USB 光电双键滚轮鼠标，USB 或 PS/2 键盘	
显示器	17″LCD 显示器	

(二) PC机配置和性能指标要求

指标项	技术规格
CPU	P4 2.8Gb HT 或双核心 CPU 以上
芯片组	INTEL 865 系列或以上
前端总线频率	800MHz
内存	512DDR
显卡	独立显卡，显存 128Mb（便于维修、提高速度）
硬盘	80Gb（7 200 转）
光驱	≥48 倍 CD-ROM
网卡（一块）	10Mb /100 Mb 自适应或更高
操作系统	Windows 2000/2003/XP

四、省级数据处理软件环境要求

1	数据库	Sqlserver 2005 企业版
2	中间件	BEA WebLogic Server 9.2 BEA Tuxedo 9.1

五、地市级数据处理软件环境要求

（一）PC 服务器配置和性能指标

指标	指标项	技术规格
处理器	处理器类型	64bit Intel 双核 Xeon 7120
	处理器 2 级高速缓存	≥4Mb
	处理器配置数目	≥2
	主频	≥3.0GHz
总线	系统前端总线	≥800MHz
内存	内存类型	高级 PC2-3200R 400MHz DDR-Ⅱ内存
	内存配置数目	≥2Gb
磁盘	内置硬盘容量及数目	≥146Gb 10K SAS 2.5″热插拔硬盘*2
	阵列卡	集成磁盘阵列控制器，高速缓存≥256Mb；支持 RAID 0、1、1+0、5
I/O 扩展	PCI I/O 插槽	≥6 个 PCI-X 和 PCI-E 插槽
网络	网卡	≥内置 2 块 10Mb /100Mb /1000Mb 多功能 RJ45 以太网卡
输入输出	输入输出部件	DVD-RW 驱动器或更好
键盘、鼠标	USB 光电双键滚轮鼠标，USB 或 PS/2 键盘	
显示器	17″LCD 显示器	

（二）PC 机配置和性能指标要求

指标项	技术规格
CPU	P4 2.8Gb HT 或双核心 CPU 以上
芯片组	INTEL 865 系列或以上
前端总线频率	800MHz
内存	512DDR
硬盘	80Gb（7 200 转）
光驱	≥48 倍 CD-ROM
网卡（一块）	10Mb /100 Mb 自适应或更高
操作系统	Windows 2000/2003/XP

六、地市级数据处理软件环境要求

1	数据库	Sqlserver2005 标准版或企业版

七、县级数据处理软件环境要求

PC 机配置和性能指标要求

指标项	技术规格
CPU	P4 2.8Gb HT 或双核心 CPU 以上
芯片组	INTEL 865 系列或以上
前端总线频率	800MHz
内存	512DDR
显卡	显存 128Mb
硬盘	60Gb（7 200 转）
光驱	≥48 倍 CD-ROM
网卡（一块）	10Mb /100Mb 自适应或更高
操作系统	Windows 2000/2003/XP

八、县级数据处理软件环境要求

1	数据库	由数据处理软件提供

附件二

《第一次全国污染源普查数据上报函》

____________普查办：

现将我地区第一次全国污染源普查数据上报你办，上报数据详情如下：

数据上报阶段：　　□第一阶段　　□第二阶段

上报方式：　　□网络　　□介质

上报数据清单：汇总表：____________张

基层表：　　重点工业源____________家

一般工业源____________家

生　活　源____________家

农　业　源____________家

集中式污染处理设施________家

上报日期：________年______月______日

上报负责人：____________；联系电话：____________

上报联系人：____________；联系电话：____________

________普查办（盖章）

□□□□年□□月□□日

附件三

《普查数据文件签收册》

序号	上报时间	上报形式	上报地区	上报内容	上报人员	接收人员	是否提供资料清单

附件四

《普查数据文件催报通知书》

______________普查办：

截至□□□□年□□月□□日，你办上报的第一次全国污染源普查相关数据文件存在以下第____项问题：

1．未收到上报数据文件；

2．上报数据文件不全；

3．上报文件不能正确读取；

4．反馈的问题未予修改；

5．其他问题（具体情况，具体说明）。

请你办于□□□□年□□月□□日前，以网络传输或介质传输方式将普查数据文件上报我办。

特此通知。

________________普查办（盖章）

□□□□年□□月□□日

附　录

一、工业源普查详表

工业企业基本情况表（G101 表）
主要产品、原辅材料及能源消费情况普查表（G102 表）
工业用水、排水情况普查表（G103 表）
废水处理设施普查表（G104 表）
废水污染物产生量、排放量普查表（G105 表）
废水污染物产排污系数测算表（G105-1 表）
废水污染物监测表（G105-2 表）
锅炉及废气处理设施普查表（G106 表）
窑炉及废气处理设施普查表（G107 表）
生产工艺废气处理设施普查表（G108 表）
废气污染物产生量、排放量普查表（G109 表）
废气污染物产排污系数测算表（G109-1 表）
废气污染物监测表（G109-2 表）
工业固体废物普查表（G110 表）
危险废物普查表（G111 表）
电磁辐射设备和放射性同位素与射线装置普查表（G112 表）
伴生放射性污染源普查表（G113 表）
持久性有机污染物普查表（G114 表）
含多氯联苯电容器（变压器）普查表（G115 表）
消耗臭氧层物质普查表（G116 表）

二、工业源普查简表

工业企业基本情况表（G201 表）
主要产品、原辅材料及能源消费情况普查表（G202 表）
工业用水及废水处理、排放情况普查表（G203 表）
废水污染物监测表（G203-1 表）
废气污染物产生及处理、排放情况普查表（G204 表）
废气污染物监测表（G204-1 表）
工业固体废物普查表（G205 表）
电磁辐射设备和放射性同位素与射线装置普查表（G206 表）
含多氯联苯电容器（变压器）普查表（G207 表）
消耗臭氧层物质普查表（208 表）

三、生活源普查表

住宿业、餐饮业污染源普查表（S401 表）
居民服务和其他服务业污染源普查表（S402 表）
医院污染源普查表（S403 表）
医用电磁辐射设备和放射性同位素与射线装置普查表（S403-1 表）
独立燃烧设施普查表（S404 表）
城镇居民生活污染源普查表（S405 表）
机动车污染源普查表（S406 表）

四、集中式污染治理设施普查表

污水处理厂基本情况表（J501 表）
污水处理厂污染物排放量普查表（J501-1 表）
污水处理厂污水监测表（J501-2 表）
垃圾处理厂（场）基本情况表（J502 表）
垃圾处理厂（场）污染物排放量普查表（J502-1 表）
垃圾处理厂（场）渗滤液监测表（J502-2 表）
垃圾处理厂（场）焚烧废气监测表（J502-3 表）
危险废物处置厂基本情况表（J503 表）
危险废物处置厂污染物排放量普查表（J503-1）
危险废物处置厂废水监测表（J503-2 表）
危险废物处置厂焚烧废气监测表（J503-3 表）
医疗废物处置厂基本情况表（J504 表）
医疗废物处置厂污染物排放量普查表（J504-1 表）
医疗废物处置厂废水监测表（J504-2 表）
医疗废物处置厂焚烧废气监测表（J504-3 表）

注：本书略

编辑说明

《第一次全国污染源普查资料文集》（以下简称《文集》）是一套系列丛书。这套《文集》共 8 卷，包括之一《污染源普查公报与大事记》、之二《污染源普查文献汇编》、之三《污染源普查工作总结》、之四《污染源普查技术报告》、之五《污染源普查数据集》、之六《污染源普查图集》、之七《污染源普查产排污系数手册》、之八《污染源普查培训教材》。这套《文集》所用各地的数据资料，均来源于 2009 年 5 月（工业源、生活源和集中式污染治理设施）和 2009 年 7 月（农业源）各地普查办报送的最终数据。

参与这项工作的人员比较多且变动大，为客观反映每位同志的工作，现将有关情况说明如下。

1. 关于编委成员。《文集》的编写以“第一次全国污染源普查工作办公室”的同志为主，但有些同志在办公室的工作时间比较短，而《文集》编委又不宜过多，经研究，编委成员只将在污染源普查工作办公室全职工作两年以上者列入，其他参与与《文集》编写有关工作的同志在相关章节执笔人中体现。

2.《污染源普查公报与大事记》由隋筱婵、张治忠、高嵘、刘艳青同志执笔，集体讨论修改成稿。

3.《污染源普查文献汇编》由陈斌、赵建中、陈善荣、朱建平、佟羽、张治忠、高嵘同志整理、编辑。毛玉如、江希流二位同志分别参与了有关部分编写工作。沈阳市环保局骆虹同志、济南市环保局付军华同志和青岛市环保局谢依民同志分别参与了其中“9 项普查技术规定”和“5 项工作细则”的编写工作。

4.《污染源普查工作总结》由隋筱婵、张珺、叶琛同志执笔，集体讨论修改成稿。地方工作总结由各省（自治区、直辖市）污染源普查办公室提供。

5.《污染源普查技术报告》共分 9 章：第一章至第三章由孔益民、潘文、马晓溪、谢依民同志执笔；第四章由景立新、罗建军、安海蓉、骆虹同志执笔；第五章由曹东、江希流、高月香同志执笔；第六章由沈鹏、佟羽、毛玉如同志执笔；第七章由王利强、刘艳青、付军华同志执笔；第八章由张战胜、张治忠、姬刚同志执笔；第九章由陈斌、赵建中、陈善荣、朱建平同志执笔，集体讨论修改成稿。

6.《污染源普查数据集》由陈斌、赵建中、陈善荣、朱建平、曹东、孔益民、景立新、佟羽、张治忠、隋筱婵、张战胜、沈鹏、王利强同志主要参与，北京联盈同创信息技术有限公司为技术支持单位共同编制。

7.《污染源普查图集》由陈斌、赵建中、陈善荣、朱建平、曹东、孔益民、张治忠、沈鹏、佟羽、景立新、隋筱婵同志主要参与，北京联盈同创信息技术有限公司为技术支持单位共同编制。

8.《污染源普查产排污系数手册》由中国环境科学研究院（负责工业源产排污系数）、环境保护部华南环境科学研究所（负责生活源和集中式污染治理设施产排污系数）牵头，联合相关行业协会共同编制，具体参加单位及人员见“手册”的说明。

9.《污染源普查培训教材》共分6部分，分别由以下同志执笔：

工业源普查教材：景立新、骆虹、罗建军、佟羽、刘艳青、安海蓉、周涛；

农业源普查教材：刘宏斌、江希流、刘东生、陈永杏、高月香、成振华、李绪兴；

生活源普查教材：毛玉如、陈志良、安海蓉、张治忠、潘文；

集中式污染治理设施普查教材：付军华、谢依民、吴彩霞、高嵘；

普查员和普查指导员工作细则：隋筱婵、张珺、马晓溪、叶琛；

数据处理教材：曹东、孔益民、张战胜、沈鹏、王利强。

10. 农业部科教司的王衍亮和方放同志，虽然没有具体参与《文集》编辑工作，但《文集》中大量农业源普查资料的获取与他们三年多时间的辛勤工作分不开，需要特别加以说明。

11. 污染源普查工作基本结束后，普查办大多数同志回到原单位工作。赵建中、张治忠同志为《文集》后期的编辑出版作了大量组织协调工作，需要特别加以感谢。

12. 特别要提出的是，国务院第一次全国污染源普查领导小组办公室主任王玉庆同志，在文集审核、定稿、编辑、出版全过程中倾注了大量心血，为文集最终出版作出了突出贡献，在此深表敬意。

编　者

二〇一一年六月

后　记

《第一次全国污染源普查资料文集》是污染源普查工作成果的具体体现。这一成果是全国环保、农业、统计及有关部门和几十万普查工作人员，在国务院与地方各级人民政府领导下，历经3年时间，不懈努力、辛勤劳动获得的。及时整理、编辑出版这些成果资料，使政府有关部门、广大人民群众、科研人员及社会各界了解普查情况、开发利用普查成果，是十分必要又非常有意义的一件大事。

在普查资料编纂委员会指导下，《文集》的编纂工作主要由第一次全国污染源普查工作办公室的同志完成，他们为此付出了很多心血。在此过程中，得到了环境保护部领导及相关司、局的关心和支持。中国环境科学出版社许多同志不辞辛劳，为《文集》的出版作了大量的编辑工作。北京联盈同创信息技术有限公司参与并大力支持了《污染源普查数据集》、《污染源普查图集》的编制。测绘出版社为编制《污染源普查图集》做了很多工作。在此一并表示由衷的感谢！

至《文集》出版这项工作历时4年半，相关数据、资料收集整理过程中会有不尽人意之处，希望读者谅解指正。

王玉庆

二〇一一年六月